離散数学への入門

わかりやすい離散数学

小倉 久和 著

近代科学社

- 本書の複製権・翻訳権・譲渡権は株式会社近代科学社が保有します.
- JCOPY 〈(社)出版者著作権管理機構 委託出版物〉
  本書の無断複写は著作権法上での例外を除き禁じられています.
  複写される場合は，そのつど事前に(社)出版者著作権管理機構
  (https://www.jcopy.or.jp, e-mail: info@jcopy.or.jp) の許諾を得てく
  ださい.

まえがき

　本書は、情報科学や工学における基礎となる離散数学の入門的内容をできるだけ体系的に説明し、かつ多数の演習問題を配置することで、初学者の理解を助けることを目的としている。6年前に「情報の基礎離散数学」を出版したが、その"まえがき"で「情報科学・情報工学の基礎に関しては、いわゆる工学の基礎科目としての数学（線形代数、微分積分など）や物理学（力学、電磁気学など）に比べると圧倒的に少ない。本書が、この様な状況を少しでも改善するのに役立つことを期待する」と書いた。前著と多くの部分で重複するにもかかわらず、本書をあえて作成したのは、多様な記述や見方の教科書が必要であると考えているからである。本書も、それなりの工夫と体系化を志した。近年、離散数学を冠した教科書や入門書、解説書が多数出版され、大学のカリキュラムでも「離散数学」という名前の科目が現れてきており、悦ばしく思っている。

　離散数学は、離散的な対象に対する数学的なアプローチであるから、従来の数学の区分で見れば、非常に多岐にわたる。情報科学・工学を初めとする工学の各専門分野とも密接に関わる分野も多く、その点でも多岐にわたる。もちろん、その背景にはコンピュータの発達がある。前著は、幸い多くの学校で教科書として使って頂いている。しかし、内容が量的にやや多く、半期1コマの授業ではとても困難であるし、通年で行うには、他の科目との整合性もあって使いにくい、という指摘があった。もちろん、このことはそれぞれのカリキュラムに依存するものであるから、多様な教科書の必要性がここにもある。また、伝統的な「線形代数」や「微分積分」、あるいは「物理学」などと比較すると、内容とレベルに標準がないことに気付く。さらに、最近では「高大連携」が強調され、大学初年度で行う「線形代数」や「微分積分」もどんどん「中等教育」化していっている状況がある。このような数学は、中等教育で体系的に学ぶことができる数少ない分野であったはずであるが、学生たちにとっては、なぜか断片的な知識になってしまっている。体系的に学ぶためにも、多様な教科

書が編纂される必要があろう。

　本書は、本文中の記述はできるだけ簡潔に、かつわかりやすくすることに気を配った。そして、章末にはできるだけ多数の演習問題を用意した。第1章で論証の形式に少しスペースを割いた。これは、学生たちは証明が苦手で、何を証明すべきなのか、そして、どのように論証を組立ててよいかわからない学生も多数いるからである。高等学校の数学の教科書は我々の時代に比べて極端に薄くなってしまったが、それはともかく、論証の形式については数学Aにあり、これが選択科目となっているため、「必要十分条件」についても「聞いたことがある」などと答えるのである。前著で1章ずつ割いていた「形式言語」と「ブール代数」関係の記述は、ごく簡単にした。代わりに、6章では整数を対象として代数系への導入をはかり、現代暗号への取っ掛かりも入れてみた。

　記述にはかなり念を入れたが、なお不備なところが多数残っているかもしれない。しかし、本書が、多様な数学教育の発展に少しでも寄与することができることを期待している。記述の誤り、誤植、筆者の思い違いなど、気付いたことがあれば、電子メールなどでもかまわないので、ご連絡いただければ幸いである。

　本書を作成する上で、お世話になった方々に感謝する。本書は前著に多くのものを負っているが、巻末に挙げた多くの教科書も、特に演習問題の作成の参考にさせて頂いた。深く感謝する。前著では多くの方々に原稿に目を通して頂き、多数のコメントをもらうことができたが、本書は時間が許さなかったため、それが叶わなかったことが非常に残念であるし、心残りでもある。そして、出版事情が急速に悪化しつつある現状であるが、近代科学社の吉原寿和氏と福澤富仁氏には構想の打合せから出版にいたるまで、大変お世話になった。深甚な謝意を表したい。最後に、国立大学大学法人化後の1年目から2年目に掛けての非常に多忙な中、この半年あまりの土日や休日のほとんどを原稿作成についやし、全く相手できなかった私を、それにもかかわらずよく労って励ましてくれた妻の富貴子に感謝する。

2005年 盛夏　　　　　　　　　　　　　　　　　　　　小倉　久和

目　次

第 1 章　論理と証明 ··· 1
  1.1　述語と論理演算 ··· 1
     命題、述語、限量子、否定、選言と連言、排他的選言、含意
  1.2　論理と証明 ··· 9
     証明の形式、対偶問題による証明、逆・裏・対偶、必要条件と十分条件、
     背理法
     【コラム：逆問題】
  1 章の演習問題 ··15

第 2 章　離散集合 ··18
  2.1　集　合 ··18
     集合の表現、離散集合
     【コラム：コンピュータにおける集合表現、有理数と実数の稠密性】
  2.2　集合演算 ··22
     部分集合と包含関係、ベキ集合、集合と述語、論理演算の性質、集合演算、
     直和、集合演算の性質
     【コラム：演算と演算結果】
  2 章の演習問題 ··30

第 3 章　写像・関数 ··34
  3.1　対応と写像 ··34
     対応、集合の直積、部分写像と写像、全射・単射・全単射、対等な集合
  3.2　写像と関数 ··40
     関数、逆写像、多変数写像(多変数関数)、関数の行列表現、
     写像(関数)の合成、置換の合成

【コラム：置換の積の解釈】
3章の演習問題 ·· 46

第4章 帰納法 ·· 51
4.1 無限の数え挙げ ·· 51
自然数と可付番集合、無限集合の濃度
4.2 帰納法と自然数 ·· 54
数学的帰納法、自然数とペアノの公理
4.3 帰納的定義 ·· 57
帰納的定義、無限集合の帰納的定義、数式の集合、帰納的アルゴリズム、ハノイの塔、リスト
【コラム：コンピュータ・プログラムと帰納的関数】
4章の演習問題 ·· 65

第5章 離散関係 ·· 68
5.1 関係 ·· 68
2項関係、関係と写像、関係の和と合成
【コラム：関係データベース】
5.2 関係グラフと関係行列 ·· 72
関係グラフ、関係行列、関係行列の和と積
5.3 同値関係 ·· 76
関係の性質、推移的閉包、同値関係、同値類
【コラム：同値類による分類】
5章の演習問題 ·· 83

第6章 整数演算 ·· 87
6.1 数値演算 ·· 87
四則演算、実数における四則演算の性質、整数の集合における演算、素数と約数、最大公約数とユークリッドの互除法
6.2 剰余演算の代数 ·· 92

剰余演算、合同関係、剰余系における演算、2を法とする剰余系
【コラム：最小剰余と2の補数表現】
 6.3 剰余演算と暗号 …………………………………………………99
  一方向性関数、離散対数、暗号への利用
  【コラム：素数判定法】
 6章の演習問題 ……………………………………………………105

第7章 離散代数系 ……………………………………………109
 7.1 演算と代数系 ……………………………………………………109
  演算、代数系、等式と演算、単位元と逆元、交換律、結合律
 7.2 群とモノイド ……………………………………………………113
  群、逆演算、正規部分群と剰余系、剰余系の代数、置換の代数、
  巡回置換と互換、巡回群、文字列の演算、モノイド
 7.3 数の代数系 ………………………………………………………122
  体、環、整数の剰余系による体
  【コラム：多項式の環】
 7章の演習問題 ……………………………………………………126

第8章 順序集合と束 …………………………………………131
 8.1 順序関係と順序集合 ……………………………………………131
  順序関係、順序集合の表現、約数関係、派生語関係、集合の包含関係、
  分割、上限と下限、約数関係の上限と下限
 8.2 順序集合と束 ……………………………………………………138
  順序集合上の和と積、束の性質、約数関係の作る束、分割の作る束、
  分配束、補元、双対律、ブール束
 8.3 ブール代数 ………………………………………………………142
  ブール代数の公理的定義、ブール代数の性質、等式の変形、
  ブール代数B_2、ブール関数とブール形式
 8章の演習問題 ……………………………………………………146

第9章 離散グラフ ... 151

9.1 有限離散グラフ ... 151
離散グラフ、無向グラフと有向グラフ、同型グラフ、節点の次数、径路・順路、連結性

9.2 グラフの隣接行列 ... 156
グラフの表現、隣接行列、隣接行列のブール和とブール積、多重グラフの隣接行列、有向グラフの隣接行列

9.3 離散グラフの特徴 ... 160
グラフの特徴、補グラフ、オイラーグラフ、ハミルトン閉路
【コラム：平面グラフ】

9章の演習問題 ... 166

第10章 木グラフ ... 170

10.1 木 ... 170
無向木、全域木、有向木、根付き木、根付き木の順序構造、順序木、派生語関係と辞書式順序、順序木の表現、リスト
【コラム：ディレクトリの木と決定木、2分木リスト構造】

10.2 グラフの探索と探索木 ... 177
探索木、横型探索と縦型探索、順序木の縦型探索、重み付きグラフの探索、最小全域木の探索

10.3 構文木 ... 186
関数のリスト表現、数式の表現、数式の構文木
【コラム：文の構文木】

10章の演習問題 ... 191

参考図書 ... 195

練習問題略解 ... 197

索引 ... 217

第1章　論理と証明

1.1　述語と論理演算

命　題

　文で表された、真偽の明確な言明(statement)を、命題(proposition)という。数式などの形で表されたものも言明である。命題は小文字あるいは大文字のアルファベットで表そう。次の言明

$$p = \text{アリストテレスは人間である} \tag{1.1}$$
$$q = \text{``}(4-3)^2 = 4\text{''} \tag{1.2}$$

は真偽の明確な言明で、命題である。まぎらわしいときは、言明を" "で囲って表すことにしよう。命題 q は"左辺の$(4-3)^2$ と右辺の 4 が等しい"という言明を数式で表したものである。命題を表す記号 p, q を命題記号という。あとで定義する複合命題と区別して、素命題あるいは基本命題(アトム、atom)ともいう。真・偽を真理値(truth value)といい、真(しん)(true)を記号 T で、偽(ぎ)(false)を F で表す。なお、真偽が明確であるとは、真か偽かのどちらか一方が必ず成立し、かつ両方同時に成立することはない、ことを意味する。

　ある命題 p の真理値は $\mathrm{val}(p)$ と表す。

$$\mathrm{val}(p) = \mathrm{val}(\text{アリストテレスは人間である}) = \mathrm{T}$$
$$\mathrm{val}(q) = \mathrm{val}((4-3)^2 = 4) = \mathrm{F}$$

簡単のため、命題と同じ記号 p で $\mathrm{val}(p)$ を表すことも多い。本書でもまぎれがない範囲で、同じ記号で命題とその真理値を表す。

$$p = \mathrm{T}, \quad \text{``アリストテレスは人間である''} = \mathrm{T}$$
$$q = \mathrm{F}, \quad \text{``}((4-3)^2 = 4)\text{''} = \mathrm{F}$$

述語

式(1.1), (1.2)の言明の一部を一般化して**変数**(variable)とすると、変数を含む言明となる。

$$p(x) = x \text{は人間である} \tag{1.3}$$
$$q(x, y) = \text{``}(x-y)^2 = 4\text{''} \tag{1.4}$$

たとえば、$p(x)$に$x=$ソクラテスを代入したもの$p(ソクラテス)=$ソクラテスは人間であるは真だから、命題である。また、"ポチ"が犬であるとすると$p(ポチ) =$ ポチは人間であるは偽であり、$q(4,2) =$ "$(4-2)^2=4$" は真で、ともに命題である。

$$p(アリストテレス) = \mathsf{T}, \quad p(ポチ) = \mathsf{F}, \quad q(4,2) = \mathsf{T}$$

このように、変数にある特定の要素を代入すると真偽の決まる変数付きの言明を**述語**(predicate)という。

述語は、述語を表す文字列p, q(これを**述語記号**という)に、(x, y)のような**引数**(argument)を付けて表す。この述語表現は関数の表現と同じである。引数の変数の**変域**(述語の対象要素の集合)を**ドメイン**(domain)という。変数はドメイン内の任意の要素(これを**変数の値**という)を取り得る。変数には主に英小文字のx, y, zなどを用いる。**定数**(constant)はドメイン内の特定の要素で、定数記号としてa, b, cなどが使われる。式(1.3)の述語$p(x)$のドメインは、人間かどうか判定する対象の集合である。式(1.4)の述語$q(x, y)$のドメインは2つの整数の組(x, y)を要素とする集合である。

一般に、述語はドメインDを変域とし真理値$\{\mathsf{T}, \mathsf{F}\}$をその値域とする関数である。引数に定数の代入された述語は命題となる。この意味で、述語は**命題関数**(propositional function)と呼ばれる。

限量子

変数を含む言明であっても、次の言明は真偽が決まるから、命題である。

$p_1 =$ **すべての対象 x は人間である**
$q_1 =$ **ある整数 y が存在して、$(4-y)^2=4$**

p_1は全称言明、q_1は存在言明である。p_1は、p_1の対象となるドメインが人間しか含まなければ真、人間以外も含めば偽である。q_1は$(4-y)^2=4$となる整

数 $y=2$(あるいは $y=6$)が存在するから、真である。「すべての」、「ある…が存在して」などを限量子(げんりょうし)といい、それぞれ全称限量子(universal quantifier)、存在限量子(existential quantifier)という。これらの命題は、式(1.3), (1.4)の述語 $p(x), q(x,y)$ を用いて次のように表す。

$$p_1 = \forall x\, p(x) \quad \text{任意の } x \text{ に対して } p(x) \text{ である} \qquad (1.5)$$
$$p_1 = \exists y\, q(4,y) \quad \text{ある整数 } y \text{ が存在して } q(4,y) \text{ である} \qquad (1.6)$$

$\forall$ や $\exists$ を限量記号といい、$\forall$ は全称記号、$\exists$ は存在記号である。「‥子」は演算子の意味であるが、たとえば、$\forall x$ を $p(x)$ に作用させる(演算する)と命題になる、という主旨である。これらの例で背景となるドメインは、p_1 では人間かどうか判定する対象の集まり D で、q_1 では整数の集合 Z である。ドメインは、

$$p_1 = \text{``} \forall x \in D\, p(x) \text{''}$$
$$q_1 = \text{``} \exists y \in Z\, q(4,y) \text{''}$$

のように明示することもある(記号 $\in$ は集合の要素を表す記号である)。

全称言明 p_1 のドメイン D の要素としてポチがあると、p(ポチ)は偽であるから、p_1 は偽となる。全称記号で修飾された変数をもつ述語は、ドメイン中のすべての要素について真であるときにのみ真であるから、1つでも偽となる例があれば全体としては偽となる。このような例を反例(counter example)という。

次の2つの表現を考えよう。ドメインは整数の集合として、

$$q_2 = \text{``} \forall x \exists y\, (x-y)^2 = 4 \text{''} \qquad (1.7)$$
$$q_3 = \text{``} \exists y \forall x\, (x-y)^2 = 4 \text{''} \qquad (1.8)$$

これらは、それぞれ次の言明に対応する。

$q_2 = $ "任意の整数 x に対し、ある整数 y が存在して、$(x-y)^2 = 4$"
$q_3 = $ "ある整数 y が存在して、任意の整数 x に対し、$(x-y)^2 = 4$"

q_2 は、任意の整数 x に対して整数 $y = x - 2$(あるいは $y = x + 2$)が存在するから、真である。q_3 は、y としてどのような整数を選んでも反例が必ず存在するから、偽である。全称記号と存在記号で修飾された変数があるとき、その順序によって意味が異なるから注意が必要である。一般に、存在記号で修飾された変数は、その左側にある全称記号で修飾された変数に依存してよい。全称記号で修飾さ

れた変数がなければ、依存する変数はなく定数となる。

[例1.1] 次の表現の意味を説明し、真か偽か示せ。ドメインは整数の集合である。
(1) $\exists y \forall x \, x+y = x$ 　　(2) $\forall x \exists y \, x+y = 0$

[解] (1) "ある整数 y が存在して、任意の整数 x について、$x+y=x$ となる"。実際、$y=0$ が存在するから、真。(2) "任意の整数 x に対して、整数 y が存在し、$x+y=0$ となる"。実際、$y=-x$ が存在するから、真。■

否定

次の言明は、式(1.1)と(1.2)の p, q の否定である。否定を～の記号で表す。

　　$\sim p = $ アリストテレスは人間である、ということではない

　　$\sim q = $ "$(4-3)^2 = 4$ が成立しない"

通常の表現としては、アリストテレスは人間ではない、$(4-3)^2 \neq 4$ とするのが普通である。$\sim p$ は偽で、$\sim q$ は真である。一般に、ある命題 p があったとき、その否定(negation、not 演算、論理否定)を、

　　$\sim p$ 　あるいは　 not p 　　　　　　　　　　　　　　　　　　(1.9)

と表す。p が真のとき $\sim p$ は偽、p が偽のとき $\sim p$ は真である。表1.1 はこれを演算表として表したものである。このような表を真理値表(truth table)という。

表1.1　否定の真理値表

p	$\sim p$ (not p)
T	F
F	T

なお、二重否定と呼ばれる対合律(involution law)が成立する。

　　対合律　　$\sim\sim p = p$ 　　　　　　　　　　　　　　　　　　(1.10)

さて、$\sim p$ は、p が偽のときかつそのときに限り、真である。このことに注意して、式(1.5)と(1.6)の言明 p_1, q_1 の否定の言明を検討しよう。

　　$\sim p_1 = $ すべての x は人間である、というわけではない

　　$\sim q_1 = $ ある整数 y が存在して $(4-y)^2=4$ ということではない

これらの否定を、しばしば、

すべての x は人間ではない

あるyについて $(4-y)^2 \neq 4$

と解釈する人がいるが、これは誤りである。p_1 は、すべての対象が人間であるときにのみ真で、1つでも反例があれば偽である。したがって、$\sim p_1$ は、次のように言い換えられる。

$\sim p_1$ = ある x は人間ではない

q_1 は、等式を成立させる整数 y が存在しないとき偽であるから、$\sim q_1$ は次のように言い換えられることになる。

$\sim q_1$ = 任意の整数 y に対して $(4-y)^2 \neq 4$

一般に、限量記号を伴った命題の否定についてまとめると、次のようになる。

$$\sim(\forall x\, p(x)) = \exists x \sim p(x) \quad \sim p(x) \text{ となる } x \text{ が存在する} \tag{1.11}$$

$$\sim(\exists x\, p(x)) = \forall x \sim p(x) \quad \text{任意の } x \text{ について} \sim p(x) \text{ である} \tag{1.12}$$

選言と連言

次のような言明を考える。

$$R_1 = \text{プラトンが人間か、ポチが人間か、どちらかだ} \tag{1.13}$$

$$R_2 = \text{プラトンは人間であるし、ポチも人間である} \tag{1.14}$$

これは、r = プラトンは人間である，s = ポチは人間であるからなる複合的な言明 R_1 = "r または s"、R_2 = "r かつ s" である。R_1 は、プラトンかポチかいずれかが人間であれば真である。両方が人間であってもよい。どちらも人間でないときは偽である。R_2 は、プラトンもポチもともに人間であるときのみ真となり、他は偽である。

R_1 のような複合命題を、r と s の選言(せんげん)(disjunction、あるいは or 演算、論理和ともいう)、R_2 を、r と s の連言(れんげん)(conjunction、あるいは and 演算、論理積ともいう)という。これらの演算はそれぞれ論理記号 $\vee$、$\wedge$ で表す。

$$\text{選言} \quad p \vee q \quad (p \text{ or } q) \tag{1.15}$$

$$\text{連言} \quad p \wedge q \quad (p \text{ and } q) \tag{1.16}$$

式(1.13)と(1.14)の言明 R_1, R_2 の否定 $\sim R_1, \sim R_2$ を考えてみよう。

$\sim R_1$ = プラトンが人間かポチが人間かどちらか、というわけではない

$\sim R_2$ = プラトンは人間で、ポチも人間である、というわけではない

これをつぎのように解釈する人がいる。

　　　プラトンが人間でないか、ポチが人間でないか、どちらかである
　　　プラトンは人間ではないし、ポチも人間ではない

しかし、これらは正しくない。R_1 はプラトンもポチも人間でないときのみ偽であるから、$\sim R_1$ はこのときにのみ真となる。R_2 はプラトンが人間でないかあるいはポチが人間でないとき（両方とも人間でないときを含む）に偽となるから、$\sim R_2$ はこのときに真となる。つまり、次のように言い換えられる。

　　　$\sim R_1 =$ プラトンもポチも人間ではない
　　　$\sim R_2 =$ プラトンが人間でないか、ポチが人間でないか、どっちかだ

一般に、次のド・モルガン律 (de Morgan's law) が成立する。

$$\text{ド・モルガン律} \quad \sim(p \lor q) = \sim p \land \sim q \tag{1.17}$$
$$\sim(p \land q) = \sim p \lor \sim q \tag{1.18}$$

実際、この等式の両辺の真偽値は、次の［例1.2］のように真理値表を構成すると、一致する。

表 1.2 に、選言 (or) と連言 (and)、および、あとで説明するいくつかの演算について、真理値表をまとめておく。

表1.2　論理演算の真理値表

$p\ q$	$p \lor q$ 選言 (p or q)	$p \land q$ 連言 (p and q)	排他的選言 (p xor q)	同値 (p equiv q)	$p \to q$ 含意 (p imp q)
T T	T	T	F	T	T
T F	T	F	T	F	F
F T	T	F	T	F	T
F F	F	F	F	T	T

［例1.2］　式(1.17)のド・モルガン律が成立することを示せ。

［解］

$p\ q$	A $p \lor q$	左辺 $\sim A$	B $\sim p$	C $\sim q$	右辺 $B \land C$
T T	T	F	F	F	F
T F	T	F	F	T	F
F T	T	F	T	F	F
F F	F	T	T	T	T

左表より左辺 = 右辺。■

排他的選言

命題pとqの選言$p \vee q$は、pとqの少なくとも一方が真であれば真であるから、両方が真のときも真となる。ところで、レストランのメニューで食事のセットに「ライスまたはパン」と書いてあるのは、「ライス」と「パン」のうちどちらか一方だけ、の意味で使っており、両方は含まない。このように日常的に使う「または」は「どちらか一方で、両方ではない」という意味で使うことが多い。このような「または」を選言と区別して、**排他的選言**(exclusive or)という(排他的論理和ともいう)。通常の選言は、特に区別するときは包括的選言(inclusive or)という。数学的(論理的)には、単に選言というと後者を指す。次の関係(1.19)が成立することは、定義から容易に理解できるだろう。

$$\text{排他的選言} \quad p \text{ xor } q = (p \text{ and } \sim q) \text{ or } (\sim p \text{ and } q) \tag{1.19}$$

これは、論理記号で表現すると $(p \wedge \sim q) \vee (\sim p \wedge q)$ である。

排他的選言の真理値表は表1.2に示したが、これは見方を変えると、pとqの真理値が一致しないときに真、一致するときに偽、と見なすことができる。排他的選言の否定は、pとqの真理値が一致するときに真、一致しないときに偽となる。この論理演算を**同値**(equivalence)といい、p equiv q と表す。

含 意

次のような条件付きの言明(conditional statement)を考える。

$$A = \text{問題 1 が正解できたら、離散数学は合格である} \tag{1.20}$$
$$B = \text{任意の自然数 } n \text{ に対し、} n \text{ が素数ならば、} n \text{ は奇数である} \tag{1.21}$$
$$C = \text{任意の実数 } x \text{ に対して、} x>2 \text{ ならば } x^2-2x>1 \text{ である} \tag{1.22}$$

この言明の「…ならば」の部分を条件、「…である」の部分を結論という。これらの複合言明も、条件と結論の真偽が明確ならば真偽が決定できるから、命題である。一般に、条件付き命題は、条件の命題pと結論の命題qからなる複合命題で、**含意**(implication)という。演算記号として→を使う。

$$\text{含意} \quad p \rightarrow q \quad (p \text{ imp } q) \tag{1.23}$$

条件pを含意の前件、結論qを後件ともいう。含意命題の真偽を検討しよう。

たとえば、言明Aは、離散数学の授業担当者が問題1について説明した掲示ビラの文、と考えてみるとわかりやすい。まず、条件pと結論qを定義し

よう。

p = 問題 1 が正解である, q = 離散数学は合格である

実際に問題 1 が正解できて (条件 p = T), そして離散数学が合格であった (結論 q = T) とすると, A は正しい (真である) 言明である。もし, 問題 1 が正解できた (p = T) のに離散数学が不合格 (q = F) ならば, A は偽の言明である (担当者はウソをついた!)。それでは, 条件が偽であるときはどうなるだろうか。もし問題 1 が不正解 (p = F) で離散数学が不合格 (q = F) であったとしても, それは A と矛盾するわけではないから, A は偽ではない (真である)。また, 問題 1 が不正解 (p = F) なのに離散数学に合格していた (q = T) とすると, それは他の条件で合格になったということであり, A はやはりこのようなことを排除しているわけではないから, A は偽ではない (真である)。

以上の考察から, 含意は, 前件が真, 後件が偽のときのみ偽となり, 他は真となる。重要なのは, 前件が偽ならば後件によらず真となることである。含意の真理値表はすでに表 1.2 に示してある。

含意について, 次の性質は重要である。

$$p \to q = \sim q \to \sim p \tag{1.24}$$
$$p \to q = \sim p \lor q \tag{1.25}$$

これらの性質は真理値表を構成すれば容易に示せる。

最後に, 条件付き言明の否定を考えよう。たとえば, 式 (1.20) の A は,

$\sim A$ = 問題 1 が正解できれば離散数学は合格である, というわけではない

となる。条件付き言明, 含意命題, の否定の真偽は普通に考えると混乱するが, 論理的に考えると分りやすい。$\sim A$ は, A が偽になるときのみ, 真となる。言明 A が偽であるとき, つまり, ある先生の掲示がウソであったとしよう。A が偽になるのは, 問題 1 が正解なのに離散数学が不合格になるときだから $\sim A$ は次のように言い換えられる。

$\sim A$ = 問題 1 が正解でも, 離散数学は不合格となることがある

一般に, 式 (1.25) とド・モルガン律 (1.17), 対合律 (1.10) を考慮すると, 次の等式が成立する。

$$\sim (p \to q) = p \land \sim q \tag{1.26}$$

[例1.3] 式(1.21), (1.22)の否定〜B と〜C を分りやすく言い換えて、その真偽を示せ。
[解] 〜B：任意の自然数 n に対し、n が素数であっても、奇数でないものがある。真。(B は偽、$n=2$ は B の反例)。〜C：実数 x について、$x>2$ であっても、$x^2-2x \leq 1$ となる x がある。真。(C は偽、反例：$x=2.1$ とすると左辺 $=0.21 \leq 1$ となる。) ■

1.2 論理と証明

この節では、証明と論理の関係について考えてみよう。まず、例を示す。

[例1.4] a, b, c を実数として、$a+b+c=0$ ならば、$a^3+b^3+c^3=3abc$ となることを証明せよ。
[解] $a+b+c=0$ ならば $a=-(b+c)$ である。証明すべき式について、
左辺 − 右辺 $= a^3+b^3+c^3-3abc = -(b+c)^3+b^3+c^3-3(-(b+c))bc$
$\qquad\qquad = -(b^3+3b^2c+3bc^2+c^3)+b^3+c^3+3(b^2c+bc^2) = 0$
よって、$a+b+c=0$ ならば、$a^3+b^3+c^3=3abc$ が成立する。■

証明の形式

上の[例1.4]は、
$$p = \text{``}a+b+c=0\text{''}, \quad q = \text{``}a^3+b^3+c^3=3abc\text{''} \tag{1.27}$$
として、問題は p ならば q、$p \to q$ の形式の条件付き命題である。証明は、前件(条件)の $p=\mathsf{T}$(およびその背景となる数学知識)を前提として、後件(結論)の $q=\mathsf{T}$ を導いている。条件 p が成立しない場合 $p=\mathsf{F}$ は、q の真偽によらず $p \to q = \mathsf{T}$ であるから、結局、条件付き命題である含意命題 $p \to q$ が常に真(恒真性)であることを証明していることと同じである。

この例では、p も q も任意の実数 a, b, c を含むから、実際には、
$$p(a,b,c) = \text{``}a+b+c=0\text{''}, \quad q(a,b,c) = \text{``}a^3+b^3+c^3=3abc\text{''}$$
であって、次の含意命題(条件付き命題)
$$\forall a \forall b \forall c \ p(a,b,c) \to q(a,b,c)$$
の恒真性を証明せよ、というのが問題である。証明は、$p(a,b,c)$ を真とする任意の a, b, c が必ず $q(a,b,c)$ も真とすることを示せばよいことになる。繰り返すが、$p(a,b,c)=\mathsf{F}$ となる a, b, c については考える必要がない。

一般の証明では、いくつかの中間結果を導き、それを利用して多段に証明を行うことも多い。たとえば、$p=\mathsf{T}$ から $q=\mathsf{T}$ が証明でき、さらに、$q=\mathsf{T}$ から $r=\mathsf{T}$ が証明できれば、$p=\mathsf{T}$ から $r=\mathsf{T}$ が証明できることになる。これは2つの前提から1つの結論を導く三段論法の1つである。代表的な三段論法を示しておこう。数学的に重要な形式は前提に含意命題を含む仮言的三段論法である。（この名称は、論理学では含意の表す条件付き命題を仮言的命題と呼ぶことによる。）

$p \to q = \mathsf{T}$ と $p = \mathsf{T}$ とから、$q = \mathsf{T}$ を示す　　　　　(1.28)

$p \to q = \mathsf{T}$ と $q \to r = \mathsf{T}$ とから、$p \to r = \mathsf{T}$ を示す　　　(1.29)

式(1.28)はモダス・ポネンス(modus ponens，ラテン語で method of affirming(肯定式)の意味)、式(1.29)は全仮言的三段論法でシロギズム(syllogism)と呼ばれる。後者は、その形から連鎖律(chain rule)とも呼ばれる。

対偶問題による証明

次の例は[例1.4]と似ているが、証明には因数分解が必要で少し面倒である。

[例1.5]　a, b, c を実数として、$a^3+b^3+c^3 \neq 3abc$ ならば、$a+b+c \neq 0$ であることを証明せよ。

[解1]　$a^3+b^3+c^3-3abc = (a+b+c)(a^2+b^2+c^2-ab-bc-ca)$ と因数分解できる。条件より $a^3+b^3+c^3-3abc \neq 0$ であるから、$a+b+c \neq 0$。■

これは、式(1.27)の p, q で表すと $\sim q \to \sim p = \mathsf{T}$ の証明である。上の証明では、

$\sim q = \text{``}a^3+b^3+c^3 \neq 3abc\text{''}, \quad \sim p = \text{``}a+b+c \neq 0\text{''}$

として、$\sim q = \mathsf{T}$ から $\sim p = \mathsf{T}$ を示している。ところで、式(1.24)の $\sim q \to \sim p = p \to q$ に留意すれば、$p \to q = \mathsf{T}$ を証明してもよいことになる。これは[例1.4]と同じ内容の問題である。[例1.4]は[例1.5]の対偶問題であるという。対偶問題を証明すれば、もとの問題を証明したことになる。もちろん、見方をかえれば[例1.5]は[例1.4]の対偶問題でもある。

[解2]　この問題の対偶、$a+b+c=0$ ならば $a^3+b^3+c^3=3abc$、を証明する。(以下、[例1.4]の[解]と同じ)　■

前頁の[解1]では因数分解を使って証明したが、それよりは[解2]の方が証明法としては容易である。[解1]の証明は**直接法**である。これに対し、[解2]のように対偶問題から証明する方法は**間接法**の一種である。

逆・裏・対偶

任意の条件付き命題 $p \to q$ に対して、$q \to p$ を逆(converse)、$\sim p \to \sim q$ を裏(reverse)、$\sim q \to \sim p$ を対偶(contraposition)の関係にある命題という。もちろん、$q \to p$ に対しては、$p \to q$ が逆、$\sim q \to \sim p$ が裏、$\sim p \to \sim q$ が対偶、の関係にあることになる。$p \to q$ を順命題と呼ぶと、$q \to p$ はその逆命題、$\sim p \to \sim q$ は裏命題、$\sim q \to \sim p$ は対偶命題である。これらの関係を図示しておこう。

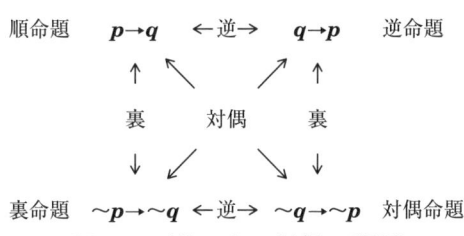

```
順命題    p→q   ←逆→   q→p    逆命題
           ↑  ↘    ↗  ↑
           裏    対偶    裏
           ↓  ↗    ↘  ↓
裏命題  ~p→~q  ←逆→  ~q→~p   対偶命題
```
図1.1　逆・裏・対偶の関係

＜コラム：逆問題＞

医療診断などは逆問題と呼ばれることがある。病因を P、症状を Q とすると、P ならば Q である $P \to Q$ というのが因果関係を表す既知の知識である。病因と症状の関係は、科学的・生物学的に、あるいは生理学や生化学、細胞学、遺伝学、疫学など、さまざまな分野の医学的な研究と分析によって、明示的に記述される（もちろん、その因果関係には詳細さのレベルの問題があるし、〇〇症候群のような病因の特定できない病気もあるが）。診断は、逆に、症状から病因を特定・推定する作業である。これは、$P \to Q$ の逆、$Q \to P$ を示すこと、つまり Q から P を推定することに相当する。同じ症状を引き起こす病因はさまざまあるから、Q から P への対応を見いだすことは容易ではない。専門家を必要とするゆえんである。

方程式を解くのも逆問題と呼ばれる。解を $P = ``x = a"$ とし、方程式を $Q = ``f(x) = 0"$ とすると、P から Q を導くのは、$x = a$ を代入すればよいから、容易である。しかし、方程式を解くのは一般にはやっかいである。これは Q から P を求めることで、逆問題である。

一般に、順命題が真であるとき、対偶命題も真であるが、逆命題と裏命題は必ずしも真とは限らない。それは、それぞれの命題の真理値表を構成すれば容易に分る。たとえば、[例1.4]の対偶問題についてはすでに示した。逆問題と裏問題を示しておこう。

[例1.6]　([例1.4]の逆問題)　a,b,c を実数として、$a^3+b^3+c^3=3abc$ ならば $a+b+c=0$ となる。

[解]　$a=b=c=1$ のとき、$a^3+b^3+c^3=3abc=3$ であるが、$a+b+c=3\neq 0$ であるからこれは反例であり、この問題は正しくない。■

[例1.7]　([例1.4]の裏問題)　a,b,c を実数として、$a+b+c\neq 0$ ならば $a^3+b^3+c^3\neq 3abc$ となる。

[解]　$a=b=c=1$ のとき、$a+b+c=3\neq 0$ であるが、$a^3+b^3+c^3=3abc=3$ であるから、これは反例であり、この問題は正しくない。■

必要条件と十分条件

順命題 $p\to q$ とその逆命題 $q\to p$ がともに成立する場合は、前件 p と後件 q は、その真偽が一致する(一方が真なら他方も真、一方が偽なら他方も偽、つまり、p equiv q が成立する)から、論理的には同じ内容を表していることになる。これを p と q は同値であるという。2つの命題が同値であることを証明するには、順と逆とをそれぞれ証明する必要がある。これについて少し考えよう。

含意命題 $p\to q$ は条件付き命題であるが、**if-then 命題**ともいう。

$\qquad\qquad p$ ならば q である、if p then q または q if p \hfill (1.30)

次の表現も同じ命題を表す。

$\qquad\qquad q$ であるときに限り p である、p only if q \hfill (1.31)

この表現が $p\to q$ と同じ内容であることを、たとえば、$p=$ 人間である、$q=$ 動物である、として検討してみよう。$p\to q=$ 人間であれば、動物であるは真の含意命題である。この対偶は、$\sim q\to\sim p=$ 動物でなければ、人間ではないであるが、これは"動物であるときだけ、人間である可能性がある"ことを意味する。つまり、"動物であるときに限り、人間である"ということになる。式(1.31)と式(1.30)とは、同じ内容の表現である、ことを理解して頂きたい。

含意 $p \to q$ が成立する($p \to q =$ T)とき、図のように、p は q に含まれる概念となっている。

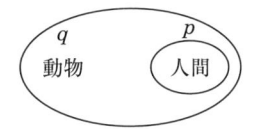

図1.2　条件付き命題(含意) $p \to q$ の概念包含関係

p, q を命題として、p が q であるための**十分条件**(sufficient condition)であるとは、q であるためには p であればよいの意味である。これは言い換えれば p であれば q であるということになるから、$p \to q =$ T に対応する。次に、p が q であるための**必要条件**(necessary condition)であるとは、q であるためには p でなければならないの意味であるが、これは言い換えれば p であるときに限り q であるということであるから、式(1.30)(1.31)が同じ論理表現であることより q であれば p である、つまり $q \to p =$ T である。

$$p \text{ は } q \text{ の十分条件} \Leftrightarrow p \to q \tag{1.32}$$
$$p \text{ ならば } q \text{ である、} q \text{ if } p$$

$$p \text{ は } q \text{ の必要条件} \Leftrightarrow q \to p \tag{1.33}$$
$$p \text{ であるときに限り } q \text{ である、} q \text{ only if } p$$

記号 $\Leftrightarrow$ は、その両辺が論理的に同じ意味であること、同値であることを示す。

p が q であるための**必要十分条件**(necessary and sufficient condition)である、ということは、p が q であるための必要条件であり、かつ十分条件でもあることで、順と逆の命題がともに成立していることである。

$$p \text{ は } q \text{ の必要十分条件} \Leftrightarrow p \to q (\text{十分性}) \text{ かつ } q \to p (\text{必要性}) \tag{1.34}$$

もちろん、このとき、q は p であるための必要十分条件、でもある。この必要十分性は、

$$p \text{ であるとき、かつそのときに限り、} q \text{ である} \tag{1.35}$$
$$q \text{ if and only if } p$$

とも表現する。これは、しばしば次のように略記する。

$$q \text{ iff } p \tag{1.36}$$

p が q の必要十分条件であるとき、p と q は論理的には意味は同じであって、互いに同値である。したがって、iff は記号 $\Leftrightarrow$ と同じ意味を表すことになる。

本書では、同値の表現に iff あるいは ⇔ の記号を使用する。

　条件 p から結論 q を証明するとき、通常は十分性 ($p \to q$) のみ示せばよい。しかし、必要十分条件を要求しているときもある。p と q が同値であることの証明には必要十分条件の証明を必要とする。

[例 1.8]　$x+y>0$, $xy>0$ は $x>0$, $y>0$ であるための必要十分条件であることを示せ。
[解]　$p =$ "$x+y>0, xy>0$", $q =$ "$x>0, y>0$" として、必要条件であること ($q \to p$) の証明：$x>0$, $y>0$ ならば、その和も積も正、$x+y>0$, $xy>0$、である。よって、q ならば p である。十分条件であること ($p \to q$) の証明：x, y について、次の 4 通りに分けて考える。case 1：$x \leq 0$ かつ $y \leq 0$、case 2：$x \leq 0$ かつ $y > 0$、case 3：$x > 0$ かつ $y \leq 0$、case 4：$x > 0$ かつ $y > 0$。p が成立するのは case 4 の時だけで、これは q と一致する。よって、p ならば q である。∎

背理法

　ある条件付き命題 $p \to q$ について、含意の真理値表から、次のように言い換えることができる。

$$p \to q = \mathsf{T} \text{ ならば、} p = \mathsf{T} \text{ かつ } q = \mathsf{F} \text{ ということはあり得ない} \quad (1.37)$$

「$p = \mathsf{T}$ かつ $q = \mathsf{F}$」はあり得ないということは、$p = \mathsf{T}$ のときには必ず $q = \mathsf{T}$ となる、ということを意味する。もし結論 q を否定（$\sim q$ つまり $q = \mathsf{F}$）すると矛盾が生じる。そこで、p ならば q ($p \to q$) を証明するのに、結論 q を否定して矛盾を導き、q の否定が誤りで q は真でなければならない、とする証明手法が成立する。このような証明法を背理法という。命題 $\sim q$ を背理法の仮定という。

　背理法において、$\sim q$ と矛盾するのは直接には p であるが、多くの場合すべての条件が明示的に p として表現されているわけではない。数学や自然科学など学問上の知識、あるいは常識、暗黙知などがそれらの背景となっている。$\sim q$ との矛盾は、p とともにそれらの背景知識との間で生じる。背理法は、対偶問題の証明と並んで、間接的証明法の代表的なものである。

[例 1.9]　[例 1.8]の十分性を、背理法によって証明せよ。
[解]　p, q を[例 1.8]での定義として、背理法の仮定は、$\sim q = \sim$"$x>0$ かつ $y>0$" = "$x \leq 0$ または $y \leq 0$" となる。このとき、$x+y \leq 0$ あるいは $xy \leq 0$ となるから、p と矛盾する。

よって p ならば q である。■

[例1.10]　素数が無限に存在することを背理法を用いて示せ。

[解]　条件 p は自然数と素数に関する知識で、結論 q は $q=$ "素数が無限に存在する" である。背理法の仮定は $\sim q=$ "素数は有限個である" であるから、最大の素数が存在し、それをNとする。今、$M=2\times 3\times\cdots\times(N-1)\times N+1$ とすると、M は $2\sim N$ を約数としないから、N より大きい素数の約数を持つか、あるいは M 自身が素数である。いずれにしても N より大きい素数が存在することになるから、N が最大の素数であるという背理法の仮定と矛盾する。よって、$q=$ T であり、命題は証明された。■

第1章　演習問題

[1]　$p=$ 離散数学の試験に合格した、$q=$ 授業に遅刻したとして、次の論理式をことばによる言明で表せ。

(1) $\sim p$　　(2) $p\wedge q$　　(3) $\sim p\vee q$　　(4) $\sim p\wedge\sim q$　　(5) $\sim\sim q$
(6) $p\to q$　　(7) $\sim p\to\sim q$　　(8) $\sim(p\to q)$　　(9) $\sim q\to p$　　(10) $q\to\sim p$

[2]　$p=$ 彼は頭が良い、$q=$ 彼はよく勉強する、$r=$ 彼は成績が良いとして、次の言明を論理式で表せ。

(1) 彼は頭が良くて、よく勉強をするから、成績が良い。
(2) 彼は頭は良くないけれど、よく勉強するわけでも成績が悪いわけでもない。
(3) 彼はよく勉強するし、成績も良いが、頭が良いと言うことではなさそうだ。
(4) 彼は頭も良くて勉強もよくしていたのに、成績が良くなかった。
(5) 彼はよく勉強しなかったが、頭が良いので成績が良いというわけではなかった。
(6) 彼が成績のよいのは、頭が良いかあるいはよく勉強したからだろう。

[3]　次の言明の本質的部分を、条件付き命題(もし…ならば、…である)の形式に合うように書き直し、それを、適当な命題記号あるいは述語記号を定義して論理式として表せ。

(1) 佐藤さんがコンピュータを購入するためには10万円のお金をかせがないといけない。
(2) 江夏さんがアルゴリズム論の科目を履修するには、まず離散数学の単位を取得しておかなければならない。
(3) 千葉先生の解析学の講義では、学生たちは眠ってしまう。
(4) 高木先生が機嫌のよいときにレポートを提出すると、システム工学の単位を取れる。
(5) 論文というものは、論旨がきちんと通るように書かないと理解できないのだよ、君。

[4] 次の「風と桶屋」の命題を論理式で表現せよ。ただし、$p=$ 風が吹く、$q=$ 桶屋がもうかる とする。
 (1) 風が吹くと、桶屋がもうかる
 (2) 風が吹いたけれど、桶屋はもうからない
 (3) 風が吹かないか、あるいは、桶屋がもうかる
 (4) 風が吹かなければ、桶屋はもうからない
 (5) 風が吹くときだけ、桶屋はもうかる
 (6) 風が吹くとき、かつそのときに限り、桶屋がもうかる

[5] [4]の「風と桶屋」の各命題について、次の問いに答えよ。
 (1) 「風が吹いたのに、桶屋がもうからない」ときに真となる命題はどれか。
 (2) 「風が吹けば、桶屋がもうかる」のと同じことを意味する命題はどれか。

[6] [4]の「風と桶屋」のそれぞれの命題について、その否定を分りやすく説明せよ。

[7] 次のことを、それぞれ真理値表を構成して、示せ。
 (1) ド・モルガン律(1.18)が成立する。
 (2) 含意の性質(1.24), (1.25)が成立する。
 (3) 含意の否定の論理式(1.26)が成立する。
 (4) 排他的選言 p xor q が $(p\wedge\sim q)\vee(\sim p\wedge q)$ と表される。
 (5) 排他的選言 p xor q が $(p\vee q)\wedge(\sim p\vee\sim q)$ と表せる。
 (6) $p\vee\sim(p\wedge q)$ が恒真である。

[8] or 演算の否定を nor 演算といい、and 演算の否定を nand 演算という。
   x nor $y = \text{not}(x$ or $y)$,　　x nand $y = \text{not}(x$ and $y)$
 nor 演算と nand 演算の真理値表を構成せよ。

[9] 次の論理式の意味をことばで分りやすく述べよ。さらに、それぞれの否定の意味を分りやすく述べよ。ただし、述語 love(x, y)：x は y を愛する で、x, y の変域はそれぞれ世界中の人の集まりである。
 (1) $\forall x \forall y \text{ love}(x, y)$　　(2) $\exists x \exists y \text{ love}(x, y)$
 (3) $\exists x \forall y \text{ love}(x, y)$　　(4) $\forall x \exists y \text{ love}(x, y)$
 (5) $\exists y \forall x \text{ love}(x, y)$　　(6) $\forall y \exists x \text{ love}(x, y)$

[10] 次の条件付き命題について、それぞれの逆命題、裏命題、対偶命題を示せ。
 (1) $p \to \sim q$　　(2) $\sim p \to q$　　(3) $\sim p \to \sim q$
 (4) $q \to p$　　(5) $\sim q \to p$　　(6) $q \to \sim p$　　(7) $\sim q \to \sim p$

[11] 次の条件付き命題を順命題として、その逆、裏、対偶の各命題を示せ。
 (1) x, y を任意の実数として、$xy=0$ ならば $x=0$ または $y=0$ である。
 (2) 任意の実数 x, y に対し、$x+y \geqq 2$ ならば $x \geqq 1$ あるいは $y \geqq 1$ である。

(3) 100 個の飴を 9 人の子どもに分けると、12 個以上もらう子がいる。

(4) 1〜12 の数字を時計の文字盤のように円状に並べたとき、隣り合う 3 つの数字の和には 20 以上のものがある（少しとまどうかもしれないが、「連続する 12 個の数字を時計の文字盤のように円状に並べる」というのを問題の背景とみなし、「1〜12 の数字を円状に並べると、隣り合う 3 つの数字の和には 20 以上のものがある」を条件付き命題と考えると、分かりやすい）。

(5) 私の所有するものは私のものだから、君の所有するものも私のものだ。

[12] [11]の各命題とそれぞれの逆、裏、対偶の命題について、その真偽を決定し、それを証明せよ。（真ならばそれを直接法あるいは間接法で証明し、偽ならばそれを証明するか、反例を挙げよ。）

[13] x, y を実数として、$x = 0$ かつ $y = 0$ であるための必要十分条件は $x^2 + y^2 = 0$ であることを証明せよ。

[14] x を実数として、$x^2 = 2$ が有理数の解を持たないことを証明せよ。（背理法を使うのがよい。）

第2章　離散集合

2.1　集　合

関心を払っている対象の集まり（ドメイン、domain）があって、その一部で次のような性質をもっている集まりを**集合**(set)という。

　　　（A）　ある対象が集合に属するかどうか明確に判断できる　　　(2.1)
　　　（B）　集合に属する2つの対象が同一のものかどうか判断できる　(2.2)

ある集合に属する対象を、その集合の**要素**(element)あるいは**元**という。(A)の性質は、集合の内と外の間に明確な境界が定義でき、集合の要素が特定できることである。(B)の性質は、1つの集合には「同じもの」は1つしかない、ということを要求している。「同じもの」かどうかを判別する目印となる記号は**ラベル**(label)である。集合$\{1, 2, 3, 45\}$の要素を表す記号"1"、"2"、"3"、"45"は、数値を表すラベル記号である。「100以下の自然数の集まり」は集合であるが、「大きな数の集まり」は、100が大きい数かどうかわからないから集合ではない。同じ要素が複数存在することを認めた対象の集まりを考えることがある。同じラベルの要素を複数含むことを許した集まりを**多重集合**(multiple set)という。

集合を記号で表すときには英大文字A, Bなどのラベルで表し、要素は英小文字a, bなどのラベルで示そう。ある対象aが集合Aの要素のとき、aはAに属する(含まれる)、Aはaを含むなどといい、記号で

$$a \in A \tag{2.3}$$

と書く。逆に、bがAの要素でないことは次のように書く。

$$b \notin A \tag{2.4}$$

2つの集合A、Bがあって、互いに同じ要素を含むとき、かつそのときに限り、2つの集合は等しい(equal)といい、$A = B$と書く。

有限集合(finite set)は要素数が有限の集合で、有限でない集合を無限集合(infinite set)という。要素を全く含まない集合も考え、空集合(empty set)という。空集合はϕ(ファイ)の記号で表す。空集合は有限集合である。

集合の表現

集合を表すのに要素を一つ一つ列挙していく方法がある。これを外延的記法(denotation)、あるいは枚挙法という。要素をカンマ","で区切って並べ、全体をカッコ{ }で囲む。

$$A = \{1, 2, 3, 4, 5\}$$

集合の定義により、集合は要素の並ぶ順序には依存しないし、同じラベルのものは1つと見なす。この記法では、空集合は次のように表せる。

$$\phi = \{\ \} \tag{2.5}$$

集合を次のように表現する方法を内包的記法(connotation)という。

$$A = \{n | n \text{ は } 10 \text{ 以下の自然数}\}$$

ここで、n は集合の任意の要素を表す変数記号である。この表現の一般形は、

$$A = \{x | P(x)\} \tag{2.6}$$

である。x は要素を表す変数であり、$P(x)$ は述語で、各要素 x についての条件を示す。式(2.6)は $A = \{x | P(x) = \mathsf{T}\}$ の意味であるが、通常、条件の成立を示す "$= \mathsf{T}$" は省略して式(2.6)のように表記する。x がドメイン内の任意の対象を値として取るとき、A は条件 $P(x)$ を満足する(真となる)すべての x の値だけからなる集合を表している。たとえば、

$$\text{Student}(x, y) : x \text{ は } y(\text{大学})\text{の学生である}$$

を用いて、F 大学の学生の集合 K を定義すると、次のように表せる。

$$K = \{z | \text{Student}(z, \text{F 大学})\}$$

複数の条件を書くときには論理的表現が必要となる。たとえば、

$$A = \{n | n \text{ は自然数 かつ } n \leq 10\}$$

などと、「かつ」「または」「〜でない」などの論理的表現をする。論理記号 $\vee$、$\wedge$ などを使うこともある。いくつかの条件を「かつ」だけでならべて書く場合は「かつ」を省略し、カンマ","で区切って、$A = \{n | n \text{ は自然数}, n \leq 10\}$ と書く。

自然数の集合は N、実数の集合は R と書くことが多い。ともに無限集合である。無限集合は列挙し尽くせないから、内包的な記法による。

$N = \{x | x \text{ は自然数}\}$

$R = \{y | y \text{ は実数}\}$

しばしば、$N = \{1, 2, 3, \ldots\}$ と表すが、これは外延的記法を援用した表現である。自然数の集合 N は通常は 1 以上の整数からなるが、情報科学分野では 0 を含めることも多い。本書では自然数には 0 を含めない。

離散集合

離散数学は**離散集合**(discrete set)を対象とする数学である。離散集合とは、とびとびの(互いに離れた、discrete)要素からなる集合という意味である。この「とびとび」ということについて、少し考えてみておこう。

有限集合の要素はばらばらに配置できる。それは 1 つずつ数えることができるという特性によっている。数えるということは、たとえば、10 個の要素からなる有限集合の各要素に、順に 1 から 10 までの番号を 1 つずつ対応させることである。有限集合の大きさは要素の数で示す。集合 A の要素数は、

$$n(A) \text{ あるいは } |A| \tag{2.7}$$

＜コラム：コンピュータにおける集合表現＞

コンピュータプログラムでもしばしば集合を扱う。コンピュータプログラムでは、データ(要素)は通常一列に並んだ形で扱うから、これは要素の順列であり、要素を並べる順序が異なると異なった集まりとなる。ところで、集合は要素の並ぶ順序には依存しないから、コンピュータプログラムで集合を扱うときには、このような順列を集合のように扱う必要がある。たとえば、1 つの順列の中に同じ要素が 1 つしか存在しないようにする必要があるし、要素の並ぶ順序だけが異なっている順列は同じものとみなす必要がある。このためには、すべての要素に順序付け可能なラベルを付け、順列の要素をいつもラベルの順に並べるようにしておくのが普通の方法である。順序付け可能なラベルは、たとえば、その要素を表す記号列ラベルでアルファベット順(あるいはコンピュータで使われる文字コード順)としたり、要素の出現順に番号ラベルを付けたりする。集合の要素が追加されるたびにそのラベルの順にソート(sorting, 並べ替え)することになる。要素が削除されるとそのラベルは欠番となる。こうすると、2 つの集合を比較したり集合演算するのも、比較的容易になる。

と表現する。空集合 ϕ の大きさは、

$$|\phi| = 0 \tag{2.8}$$

である。これらの有限集合は、確かに「とびとび」の要素からなる集合である。

無限集合では「要素の数」は定義できない。自然数の集合 N は無限集合であるが離散的である。実際、数直線上に自然数を表すと、とびとびに点がある。

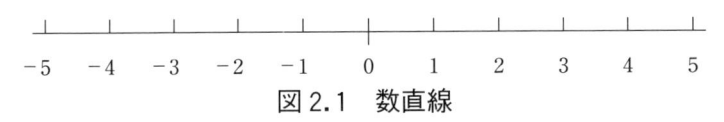

```
 ─┼──┼──┼──┼──┼──┼──┼──┼──┼──┼──┼─
 -5 -4 -3 -2 -1  0  1  2  3  4  5
```

図 2.1　数直線

＜コラム：有理数と実数の稠密性＞

もっとも基本的な数は**自然数**(natural number)である。**整数**(integer)は正負の整数と零(zero)からなる。**正の整数**(positive integer)は自然数で、**負の整数**(negative integer)は自然数に負号をつけた数値である。整数を数直線上に記すと、とびとびの点になる。

有理数(rational number)は、2つの整数 p、q の比(ratio)で表される数値 $r = p/q$ (ただし $q \neq 0$)である。$p = 0$、および p が q で割り切れると r は整数となるが、もちろん整数も有理数である。数直線上に任意の2つの有理数 a、b をしるしたとき、たとえば $c = (a+b)/2$ は a と b の間にある有理数である。これは、a、b がどんなに接近していても互いに異なる有理数であるならば、その間に他の有理数が存在することを意味する。この意味で、有理数は数直線上にビッシリ詰まっている。これを有理数の**稠密性**という。

数直線上の任意の点に対応する数値を**実数**(real number)という。もちろん有理数も実数である。有理数でない(2つの整数の比で表せない)実数値が存在する。そのような数値を、**無理数**(irrational number)と呼ぶ。実数は有理数と無理数からなる。有理数は数直線上に稠密に並んでいるが、隙間が存在し、無理数はその有理数の隙間に存在する！そして、この無理数も稠密に存在する！(任意の2つの異なる無理数の間には必ず無理数が存在することを証明してみられたい。なお、2つの無理数の和は無理数とは限らない(たとえば、$a = 1+\sqrt{2}$, $b = 2-\sqrt{2}$)ので、上の有理数の稠密性の証明とは異なった方法で示す必要がある。)

数直線上の任意の点は実数に対応し、任意の実数は数直線上に記すことができる。これを実数の**連続性**という。4章で説明するように、実数には番号付けできないことが証明できるので、実数の集合は可算集合ではない(可算集合より"大きい"集合である)。

もし、すべての要素に1から順に番号付けができるならば、とびとびであると考えてもよいかもしれない。番号付けできる集合を可付番集合(enumerable set)あるいは可算集合(countable set)という。自然数の集合Nはもちろん可算集合である。しかし、番号は付けられるがとびとびになっていない、という可算集合もある。たとえば、有理数の集合は、4章でふれるように可算集合であるが、数直線上にビッシリ密に存在し、互いに離れていない。これを、稠密(dense)である、という。任意の整数nには隣の整数$n-1$(前), $n+1$(後)が存在するが、有理数には隣の有理数は定義できない。このような集合は離散集合に含めない方がよいだろう。有理数の稠密性については、コラムを参照されたい。

離散集合は、有限集合であるか、互いに離れた要素からなる可算集合である。

2.2 集合演算

部分集合と包含関係

集合Aのすべての要素がBの要素でもあるとき、AはBの部分集合(subset)であるという。このとき、BはAを包含する(AはBに包含される)といい、$A \subset B$、または$B \supset A$のように表す。

$$A \subset B \quad \text{iff} \quad \text{任意の} x \in A \text{について} x \in B \tag{2.9}$$

記号iffはif and only ifの意味で、その右辺と左辺が同じ内容である(同値である)ことを表す(1章参照)。集合A, Bが互いに部分集合となっているときAとBは等しい。逆も成立する。

$$A = B \quad \text{iff} \quad A \subset B \text{かつ} B \subset A \tag{2.10}$$

$A \subset B$かつ$A \neq B$のとき、AはBの真部分集合であるという。

定義からわかるように、任意の集合Pは自分自身の部分集合であり、また、空集合ϕは任意の集合Pの部分集合である。

$$P \subset P \tag{2.11}$$

$$\phi \subset P \tag{2.12}$$

包含関係$\subset$には、式(2.11)や式(2.10)を含めて、次のような性質がある。

反射性 　　$A \subset A$ 　　　　　　　　　　　　　　　　　　(2.13)

反対称性　　$(A \subset B$ かつ $B \subset A)$　ならば　$A = B$ 　　　　　(2.14)

推移性　　　$(A \subset B$ かつ $B \subset C)$　ならば　$A \subset C$ 　　　　(2.15)

[例 2.1] 次の集合の部分集合をすべて挙げよ。集合の要素が、部分集合に属するとき 1、属さないとき 0、と書いて表にしたものを、部分集合における要素の**所属表**という。集合のすべての部分集合について、所属表を構成せよ。

(1)　$A = \{0, 1\}$　　(2)　$B = \{a, b, c\}$

[解]

A:

部分集合	0	1
$\{\}$	0	0
$\{0\}$	1	0
$\{1\}$	0	1
$\{0, 1\}$	1	1

B:

部分集合	a	b	c
$\{\}$	0	0	0
$\{a\}$	1	0	0
$\{b\}$	0	1	0
$\{c\}$	0	0	1
$\{a, b\}$	1	1	0
$\{a, c\}$	1	0	1
$\{b, c\}$	0	1	1
$\{a, b, c\}$	1	1	1

■

ベキ集合

集合の集まりは**集合族**(set family)という。集合族が集合の条件を満たせば、集合族は集合を要素とする集合である。ある集合 A のすべての部分集合からなる集合族は集合である。この集合族を**ベキ集合**(power set)といい、$\mathcal{P}(A)$、2^A などと書く。有限集合 A の要素の数が n のとき、A のベキ集合の要素の数が次のようになることは、容易に証明できる。

$$|\mathcal{P}(A)| = 2^{|A|} = 2^n \tag{2.16}$$

無限集合 B のベキ集合 $\mathcal{P}(B)$ も、B のすべての部分集合の集合として定義する。もちろん、$\mathcal{P}(B)$ は無限集合である。

集合と述語

一般に、集合を考える場合には何らかの背景となるドメインを前提としている。たとえば、自然数について議論しているときに、$A = \{n | P(n)\}$ と書いて $\{n | n \in N, P(n)\}$ を意味するが、A のドメインが自然数の集合 N であるということを、特には明示的に断らないのが普通である。背景のドメインを**普遍集合**

(universal set) あるいは**全体集合**という。

　ドメイン D の部分集合 A は D におけるある述語 $P(x)$ によって内包的に表せる。$P(x)$ は D の要素 $x \in D$ について A に属するかどうかを判定する条件である。

$$A = \{x | P(x)\} \tag{2.17}$$

集合 A については、D を定義域とする関数を定義できる。

$$C_A(x) = \begin{cases} 1 & P(x) = \mathsf{T} \text{ のとき} \\ 0 & P(x) = \mathsf{F} \text{ のとき} \end{cases} \tag{2.18}$$

この関数 $C_A(x)$ は、A の要素に対して 1、それ以外の要素に 0 を返す関数である。この関数を D における集合 A の**特性関数**(characteristic function)という。特性関数は集合を定義する関数であるが、述語はそれと同じ役割を果たす。

論理演算の性質

　ここで述語の論理式における論理演算の性質を簡単にまとめておく。これらの論理演算の性質は、後で定義する集合演算の基礎となる性質である。論理記号($\sim$、$\vee$、$\wedge$)を用いて表した数式様の表現を**論理式**という。なお、論理式では、$\sim$ を最優先し、次いで $\vee$ と $\wedge$ の演算、最後に $\rightarrow$ とする($\sim$ 》($\vee$, $\wedge$) 》$\rightarrow$)。$\vee$ と $\wedge$ は同じ優先順位とする。この優先順位で表せない演算順序はカッコ ( ) でくくって表す。

　命題は真偽の明確な言明である。真偽が明確であるとは、1 章の初めにふれたように、真か偽かのどちらか一方が必ず成立し、かつ両方同時に成立することはない、ことを意味する。たとえば、**プラトンは人間である**という命題について考えると、**プラトンは人間であるか人間でないかのどちらかである**し、**人間であって、かつ人間ではない**ということはあり得ない。一般に、次の**相補律**が成立する。

相補律　　排中律　　$p \vee \sim p = \mathsf{T}$ 　　　　　　　　　　(2.19)
　　　　　矛盾律　　$p \wedge \sim p = \mathsf{F}$ 　　　　　　　　　　(2.20)

排中律は、p か $\sim p$ かどちらかは必ず成立する(一方は必ず真である)こと、矛盾律は、p と $\sim p$ とは同時には成立しない(一方は必ず偽である)ことを意味する。2 つを合せて相補律という。

演算∨および∧についてそれぞれ、ベキ等律(idempotent law、同一律ともいう)、交換律(commutative law)、結合律(associative law)が成立する。

$$\text{ベキ等律} \quad p \lor p = p, \quad p \land p = p \tag{2.21}$$

$$\text{交換律} \quad p \lor q = q \lor p, \quad p \land q = q \land p \tag{2.22}$$

$$\text{結合律} \quad (p \lor q) \lor r = p \lor (q \lor r), \quad (p \land q) \land r = p \land (q \land r) \tag{2.23}$$

結合律が成立するので、同じ演算記号による連続演算はカッコを付けずに書くのが普通である。これらは、両辺の真理値表を構成すれば容易に証明できる。

∨と∧の混合演算については次の分配律(distributive law)が成立する。

$$\text{分配律} \quad (\lor の \land に関する) \quad p \lor (q \land r) = (p \lor q) \land (p \lor r) \tag{2.24}$$

$$(\land の \lor に関する) \quad p \land (q \lor r) = (p \land q) \lor (p \land r) \tag{2.25}$$

$p \lor q \land r$ は、このままの表現では、$(p \lor q) \land r$ と解釈するか、$p \lor (q \land r)$ と解釈するかで、異なった結果を生ずる。∧を優先する記法もあるが、本書では同順位としているのでカッコをつけて区別する。

否定演算に関係する性質は、1章で説明した。再掲しておこう。

$$\text{対合律(二重否定)} \quad \sim\sim p = p \tag{2.26}$$

$$\text{ド・モルガン律} \quad \sim(p \lor q) = \sim p \land \sim q \tag{2.27}$$

$$\sim(p \land q) = \sim p \lor \sim q \tag{2.28}$$

[例 2.2] ∨の∧に関する分配律(2.24)を、両辺の真理値表を構成して、示せ。

[解] 次の真理値表を構成すると、すべての場合に左辺と右辺の真理値が一致する。■

$p\,q\,r$	A $q \land r$	左辺 $p \lor A$	B $p \lor q$	C $p \lor r$	右辺 $B \land C$
T T T	T	T	T	T	T
T T F	F	T	T	T	T
T F T	F	T	T	T	T
T F F	F	T	T	T	T
F T T	T	T	T	T	T
F T F	F	F	T	F	F
F F T	F	F	F	T	F
F F F	F	F	F	F	F

集合演算

ここでは、任意の空でない全体集合 U を前提として、集合の演算を考える。U のベキ集合(部分集合の集合)を $\mathcal{P}(U)$ とする。いま、U をドメインとする述語 $P(x)$ と $Q(x)$ によって定義される U の部分集合 A, B を、

$$A = \{x|P(x)\}, \quad B = \{x|Q(x)\}$$

とすると、A, B とも $\mathcal{P}(U)$ の要素である。ベキ集合 $\mathcal{P}(U)$ 上の集合演算を次のように定義する。

和　　$A \cup B = \{x | x \in A \text{ または } x \in B\}$　　　　(2.29)
$\qquad\qquad = \{x | P(x) \vee Q(x)\}$

積　　$A \cap B = \{x | x \in A \text{ かつ } x \in B\}$　　　　(2.30)
$\qquad\qquad = \{x | P(x) \wedge Q(x)\}$

補　　$\overline{A} \quad = \{x | x \notin A\}$　　　　(2.31)
$\qquad\qquad = \{x | \sim P(x)\}$

これらの演算結果はまた U の部分集合で $\mathcal{P}(U)$ の要素である。このことを演算は $\mathcal{P}(U)$ に閉じているという。$A \cup B$ を、A と B の和集合と呼び(合併集

＜コラム：演算と演算結果＞

本書では、誤解のない範囲でではあるが、演算(operation、操作)と演算結果(result)をあまり区別せずに使った。これまでの部分では、たとえば1章では「選言」について「or演算、論理和ともいう」と説明した。「選言」は演算で、$p \vee q$ は p と q とに $\vee$ の操作をする、ということを意味する。「論理和」は演算結果で、$p \vee q$ の値(真か偽かの値のこと)である。「選言」の言い換えならば、「論理和演算」というべきである。論理式を演算あるいは計算してその値を導くことを、式を評価する(evaluate)、という。「論理和」は「選言」の評価結果である。

このようなことは一般の演算についても言える。たとえば、四則演算は加減乗除で、その演算結果が和差積商である。加算(addition)あるいは加法は2つの数を加える演算で、和(sum)はその評価結果である。演算とその評価結果つまり演算の結果のことばは厳密には使い分ける必要がある。しかしながら、たとえば数式表現「$x+y$」は、演算としてみるならば「加算」(あるいは「加法」)であるが、一方、演算結果を表す記号列とみれば「和」である。どちらの意味で使っているかを混同しなければ特に誤解は生じないと思われるので、本書では、簡単のため誤解のない範囲で厳密には区別せずに使っている。

合、結びなどともいう)、$A \cap B$ を、A と B の積集合という(共通集合、交わりなどともいう)。$\overline{A}$ を(U に関する)A の補集合という。A^c と書くこともある。

和と積は2項演算、補は1項演算で、式中では1項演算を優先する。和と積は同じ順位とする。なお、和、積、補は演算結果で、正確には和演算あるいは加算、加法などと呼ぶ必要があるが、コラムでふれたように、本書では特には区別しないことにする。

和、積、補の演算は基本の集合演算である。次の差集合 $A-B$

$$差 \quad A-B = \{x | x \in A \text{ かつ } x \notin B\} = \{x | P(x) \wedge \sim Q(x)\} \quad (2.32)$$

は、それらの演算の組合せで表現できる。これらの関係は、集合演算の次の図のように表すと、理解しやすい。このような図をベン図(Venn diagram, オイラー図ともいう)という。

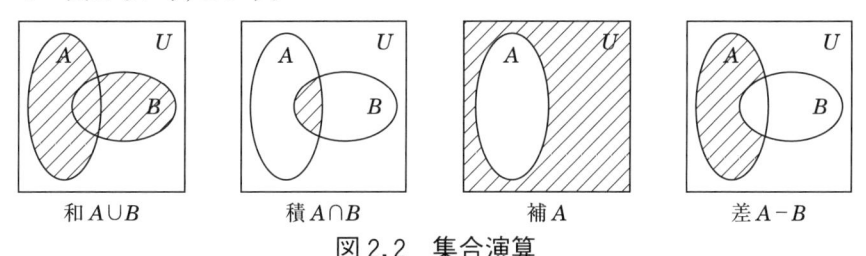

和 $A \cup B$　　　積 $A \cap B$　　　補 $\overline{A}$　　　差 $A-B$

図2.2　集合演算

有限集合の要素の数とこれらの演算との間に次の関係が成立することは、ベン図を描いて容易に確かめられる。

$$|A \cup B| = |A| + |B| - |A \cap B| \quad (2.33)$$
$$|\overline{A}| = |U| - |A| \quad (2.34)$$

式(2.33)を繰り返し適用すると、たとえば、次のような関係が得られる。

$$|A \cup B \cup C| = |A| + |B| + |C| - |A \cap B| - |B \cap C| - |C \cap A|$$
$$+ |A \cap B \cap C|$$

一般に、n 個の有限集合についてこのような関係を書き下ろしたものは包除原理と呼ばれている。

$$|A_1 \cup A_2 \cup \cdots \cup A_n| = \sum_i |A_i| - \sum_{i<j} |A_i \cap A_j| + \sum_{i<j<k} |A_i \cap A_j \cap A_k| - \cdots$$
$$+ (-1)^{n-1} |A_1 \cap A_2 \cap \cdots \cap A_n| \quad (2.35)$$

直和

U の部分集合 A と B が共通の要素をもたない $(A \cap B = \phi)$ とき、A と B は互いに素である、という。互いに素な集合の和を**直和**といい、次のように書く。

$$\text{直和} \quad A + B \tag{2.36}$$

集合 C をいくつかの互いに素な集合の直和で表すことを C の**直和分割**という。

$$C = C_1 + C_2 + \cdots + C_n = \sum_{i=1}^{n} C_i, \quad C_i \cap C_j = \phi, \quad i \neq j \tag{2.37}$$

N を自然数の集合として $N + \{0\}$ で $\{0, 1, 2, 3, \cdots\}$ を表したり、R を実数の集合として $R - \{0\}$ で、0 以外の実数の集合を表したりすることがあるが、特に説明は要しないであろう。

集合演算の性質

和、積、補の集合演算には、いくつかの代数的な性質がある。代表的なものをまとめておく。全体集合を U とし、A, B, C を U の任意の部分集合とする。

交換律	$A \cup B = B \cup A, \quad A \cap B = B \cap A$	(2.38)
結合律	$A \cup (B \cup C) = (A \cup B) \cup C$	(2.39)
	$A \cap (B \cap C) = (A \cap B) \cap C$	(2.40)
分配律	$A \cup (B \cap C) = (A \cup B) \cap (A \cup C)$	(2.41)
	$A \cap (B \cup C) = (A \cap B) \cup (A \cap C)$	(2.42)
吸収律	$A \cup (A \cap B) = A, \quad A \cap (A \cup B) = A$	(2.43)
ベキ等律	$A \cup A = A, \quad A \cap A = A$	(2.44)
対合律	$\overline{\overline{A}} = A$	(2.45)
相補律 　排中律	$A \cup \overline{A} = U$	(2.46)
矛盾律	$A \cap \overline{A} = \phi$	(2.47)
ド・モルガン律	$\overline{A \cup B} = \overline{A} \cap \overline{B}$	(2.48)
	$\overline{A \cap B} = \overline{A} \cup \overline{B}$	(2.49)
全体集合の性質	$A \cup U = U, \quad A \cap U = A$	(2.50)
空集合の性質	$A \cup \phi = A, \quad A \cap \phi = \phi$	(2.51)

なお、全体集合 U と空集合 ϕ は互いに補集合で、内包的表現では、それぞれ、真 T と偽 F に対応する。

$$\overline{U} = \phi, \quad \overline{\phi} = U \tag{2.52}$$

$$U = \{x|\mathsf{T}\}, \quad \phi = \{x|\mathsf{F}\} \tag{2.53}$$

以上の集合演算の性質はすべて、論理演算の性質、式(2.19)〜(2.28)、から導くことができる。たとえば、ド・モルガン律(2.49)は、$A=\{x\mid P(x)\}$, $B=\{x\mid Q(x)\}$とすると、

$$\overline{A\cap B} = \{x|\sim(P(x)\wedge Q(x))\} = \{x|\sim P(x)\vee\sim Q(x)\}$$
$$= \{x|\sim P(x)\}\cup\{x|\sim Q(x)\} = \overline{A}\cup\overline{B}$$

また、全体集合の性質(2.50)と空集合の性質(2.51)は、1つずつ示すと、

$$A\cup U = \{x|P(x)\vee\mathsf{T}\} = \{x|\mathsf{T}\} = U$$
$$A\cap\phi = \{x|P(x)\wedge\mathsf{F}\} = \{x|\mathsf{F}\} = \phi$$

などとなる。簡便には、ベン図で表すことによっても示すことができる。たとえば、式(2.41)の分配律(∪の∩に関する分配律)は、左辺と右辺をそれぞれベン図で表すと、図のようになる。左辺は、左辺のベン図の斜線部分に相当しており、右辺は、右辺のベン図の2つの斜線が重なった部分に相当しているから、両辺が同じ集合に対応しているのが分る。

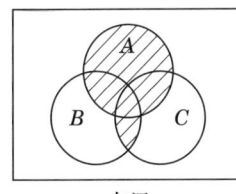

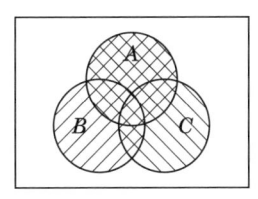

図2.3　ベン図による分配律(2.41)の確認

含意$P\to Q$に対応する集合演算は、$A=\{x\mid P(x)\}$, $B=\{x\mid Q(x)\}$とすると、式(1.25)より、$P\to Q=\sim P\vee Q$であるから、$\overline{A}\cup B$となる。したがって、"PならばQである"が真、つまり$P\to Q=\mathsf{T}$のときは、$\overline{A}\cup B=U$となるから、ベン図に描いてみれば分るように、AがBに含まれる。

$$P\to Q = \mathsf{T} \Leftrightarrow A\subset B \tag{2.54}$$

これは、図1.2と同じ関係である。

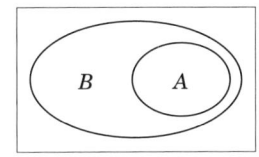

図2.4　含意と集合の包含関係

第2章　演習問題

[1]　次の集まりが集合であれば、その集合を、例を参考にして、表せ。また、集合でなければ、その理由を簡単に示せ。

（例）　F大学の学生の集まり P : $P = \{x | x$ は F 大学の学籍簿に記載$\}$

(1)　A 図書館の蔵書の集まり P_1　　(2)　B 委員会の委員の集まり P_2

(3)　C 同好会のメンバ P_3　　(4)　D 科目の授業に出席している学生 P_4

[2]　次の2つの集合は同じであるかかどうか答えよ。

(1)　$A = \{3, 5, 2, 3\}$, $B = \{2, 3, 2, 5, 5, 2\}$

(2)　$A = \{1, 2, 3\} \cup \phi$, $B = \{2, 3, 1\} \cup \{\phi\}$

(3)　$A = \{x | x^2 + x - 2 = 0\}$, $B = \{1, -2\}$

(4)　$A = \{2, 4, 8\}$, $B = \{n | n$ は 1 桁の自然数$\} \cap \{m | m = 2^n, n$ は整数$\}$

[3]　次の集合がどのようなものかことばで説明せよ。もっと具体的に表せるならば、それも示せ。ただし、N は自然数の集合、Z は整数の集合、R は実数の集合である。

（例）　$\{x+y | x \in N, y \in N\}$：2つの自然数の和の集合。2以上の自然数。

(1)　$A = \{x | x \in R, \ x^2 + 2x - 5 = 0\}$

(2)　$B = \{x | x \in Z, \ x^2 + 2x - 5 \leqq 0\}$

(3)　$C = \{z | x, y, z \in N, \ z^2 = x^2 + y^2\}$

(4)　$D = \{z | x, y, z, n \in N, \ n \geqq 3, z^n = x^n + y^n\}$

[4]　次の述語を用いて、集合 T を定義せよ。述語のドメインは適当に設定せよ。

　　　　SkiClub(x)　　　　x はスキークラブの部員である

　　　　Address(x, y)　　　x の住所は y である

　　　　Friend(x, y)　　　x は y の友人である

　F 市に住んでいるスキークラブの部員たちがスキーツアーの計画を立てた。それぞれの友人でF市内に住んでいる全ての人にツアーの案内を出した。案内を送った人の集合を T とする。

[5]　全体集合 U を 20 以下の自然数、$A = \{x | x$ は 1 桁の自然数$\}$、$B = \{x | x$ は素数$\}$ として、次の集合を示せ。

(1)　$\overline{B}$　　(2)　$A \cap B$　　(3)　$C = A - (B + \{4, 9\})$　　(4)　$D = \mathcal{P}(C)$

[6]　全体集合 U を 9 以下の自然数として、$A = \{1, 2, 3, 4, 5\}$, $B = \{3, 4, 5, 6, 7\}$, $C = \{5, 6, 7, 8, 9\}$, $D = \{1, 3, 5, 7, 9\}$, $E = \{2, 4, 6, 8\}$ として、次の集合を求めよ。

(1)　$\overline{A}$　　(2)　$\overline{C}$　　(3)　$A - B$　　(4)　$B - A$　　(5)　$D - E$

(6)　$A - (B \cap E)$　　(7)　$(A \cap D) - B$　　(8)　$\overline{(A - E)} \cap \overline{(C \cap D)}$

[7]　次の A、B 2つの集合の包含関係を答え、その理由を説明せよ。ただし、N は自然数の集合、Z は整数の集合である。

(1) $A = \{6n \mid n \in N\}$ (2) $A = \{3n \mid n \in Z\}$
$B = \{(n^3 + 5n) \mid n \in N\}$ $B = \{6m + 9n \mid m, n \in Z\}$

(3) $A = \{n \mid n \in N, n \geq 10,\ n^2$ は 10 進位取り記法で 1 の位が 6$\}$
$B = \{n \mid n \in N, n \geq 10,\ n^2$ は 10 進位取り記法で 10 の位が奇数$\}$

[8] 要素数が n の有限集合のベキ集合は，2^n 個の要素からなること(式(2.16))を示せ．

[9] 任意の2つの異なる無理数の間には必ず無理数が存在することを示せ．

[10] 論理演算の性質，式(2.19)-(2.28)，が成立することを，それぞれ真理値表を構成することによって示せ．

[11] 論理式 $(p \rightarrow q) \vee (q \rightarrow p)$ は常に真である．いま，ドメインをF大学の学生の集合，$p(x):x$ はH学科の学生である，$q(x):x$ は男性である，とすると，
$$\forall x\ (p(x) \rightarrow q(x)) \vee (q(x) \rightarrow p(x))$$
は，真である．この論理式をことばで説明すると，

　　すべての人は，H学科の学生ならば男性であるか，あるいは，男性であるならばH学科の学生である

ということである．この説明は正しいか？

[12] 任意の集合 P は自分自身の部分集合であり(式(2.11))，また，空集合 ϕ は任意の集合 P の部分集合である(式(2.12))ことを示せ．

[13] 集合演算の性質，式(2.38)-(2.51)を，論理演算の性質(2.19)-(2.28)を用いて証明せよ．

[14] 全体集合 U の任意の部分集合 A, B に対し，次のことを証明せよ．
(1) $A \subset (A \cup B)$ (2) $A \supset (A \cap B)$
(3) $A \cup B = B \cup (A - B)$ (4) $B \cap (A - B) = \phi$

[15] 次の問に答えよ．
(1) 差集合 $A - B$ を和，積，補の演算で表せ．
(2) $A \subset B$ ならば $A - B = \phi$ であることを示せ．また，逆が成立するかどうか答えよ．
(3) 補集合を差演算を用いて表せ．

[16] 次のことが，それぞれ $A \subset B$ と同値であることを証明せよ．
(1) $A = A \cap B$ (2) $B = A \cup B$ (3) $A \cap \overline{B} = \phi$ (4) $\overline{B} \subset \overline{A}$

[17] 集合の差演算に関して次の問に答えよ．
(1) つぎの等式を集合演算の性質を用いて証明せよ．
  (a) $A - (B \cup C) = (A - B) \cap (A - C)$
  (b) $A - (B \cap C) = (A - B) \cup (A - C)$
  (c) $(A - B) - C = A - (B \cup C)$
  (d) $(A - B) - C = (A - C) - B = (A - C) - (B - C)$

(2) $A \cap (B - C) = (A \cap B) - (A \cap C)$ が成立することを証明せよ。

(3) $A \cup (B - C) = (A \cup B) - (A \cup C)$ は成立するかどうか、成立する場合はそれを証明し、成立しない場合は、この関係を満たす例と満たさない例をそれぞれ挙げよ。

[18] 集合 A、B に対して、次の集合を A と B の対称差という。次の問に答えよ。
$$A \heartsuit B = (A \cup B) - (A \cap B)$$

(1) 集合を、$A = \{1, 2, 3, 4, 5\}$, $B = \{3, 4, 5, 6, 7\}$, $C = \{5, 6, 7, 8, 9\}$, $D = \{1, 3, 5, 7, 9\}$ として、次の集合を求めよ。

   (a) $A \heartsuit B$ (b) $B \heartsuit C$ (c) $A \cap (C \heartsuit D)$ (d) $(A \cap B) \heartsuit (C \cap D)$

(2) 対称差について、次の性質を証明せよ。

   (a) $A \heartsuit (B \heartsuit C) = (A \heartsuit B) \heartsuit C$

   (b) $A \heartsuit B = A \heartsuit C$ ならば $B = C$

   (c) $A \cap (B \heartsuit C) = (A \cap B) \heartsuit (A \cap C)$

[19] 集合 $X = \{a, b, c, d\}$ を部分集合に直和分割する方法はいくつあるか答えよ。

[20] 全体集合を有限集合 U とし、A, B, C は U の部分集合として、次のことを示せ。

(1) $|A \cup B| = |A| + |B| - |A \cap B|$

(2) $|A + B| = |A| + |B|$

(3) $|\overline{A}| = |U| - |A|$

(4) $|A \cup B \cup C| = |A| + |B| + |C| - |A \cap B| - |B \cap C| - |C \cap A|$
$\qquad\qquad\quad + |A \cap B \cap C|$

(5) $|\overline{A} \cap \overline{B} \cap \overline{C}| = |U| - |A| - |B| - |C| + |A \cap B| + |B \cap C| + |C \cap A|$
$\qquad\qquad\quad - |A \cap B \cap C|$

[21] 100 人の人にアンケートをとって、A、B、C の新聞の購読状況を調査した。その結果、40 人が A 紙を、45 人が B 紙を、38 人が C 紙を購読していた。また、15 人が A 紙と B 紙を併読し、20 人が A 紙と C 紙を、そして 13 人が B 紙と C 紙を併読し、3 紙とも購読していないのが 18 人いた。

(1) 3 紙とも購読している人数は何人であったか。

(2) 2 紙だけ購読している人数は何人であったか。

(3) 1 紙だけ購読している人数は何人であったか。

[22] 次の問に答えよ。

ある学科の男女合わせて 85 人の学生がいるクラスで P、Q、R の 3 科目の受講状況を調査した。科目 R を受講するためには科目 P または Q のいずれかを受講していなければならない。科目 Q を受講していた学生は 41 人、科目 R は 38 人、P と Q をともに受講していたのは 19 人、P と R をともに受講していたのは 31 人であった。男子学生 46 人のうち、Q を受講していたのは 29 人、P と Q をともに受講していたのは 10 人で、P を受講

していたものはRも受講していた。女子学生でPを受講していたのは30人、Rは13人、QとRをともに受講していたのはいなかった。次の問に答えよ。

(1) 科目Pを受講し、Q，Rを受講していなかった女子学生は何人か。
(2) 科目P，Q，Rをともに受講していなかった学生は何人か。
(3) 科目Qを受講し、科目Rを受講していなかった学生は何人か。

[23] 50人のクラスの授業で2回の試験があった。2回目の試験の合格者は1回目の試験の合格者より5人少なかった。さらに、どちらの試験も合格できなかった人数は、全体の1割以上にのぼり、2回とも合格した人数の1/6であった、という。1回目の試験の合格者は何人か。また、両方合格したのは何人か。

[24] A，B，C，D，Eの5人がクリスマスにプレゼントを1つずつ持ち寄って交換会を行った。このとき、各人が1つずつランダムにプレゼントを受け取るとすると、全員がそれぞれ自分が持って行ったプレゼントを自分自身が受け取らない確率はいくらか。これを求めるのに、次のように考えた。この考え方の正否を答え、誤っているときは正しい答えを求めよ。

5個のプレゼントをランダムに配付する方法は $5! = 120$ 通りある。まず、Aが自分のプレゼントを受け取る組み合わせは $4!$ 通りあるから、Aが自分のプレゼントを受け取らない確率は、$1 - 4!/5! = 4/5$。この確率はB〜Eについても同じであるから、全員がそれぞれ自分のプレゼントを受け取らない確率は $(4/5)^5 \simeq 0.328$。

第3章　写像・関数

3.1　対応と写像
対　応

　学生の学籍番号あるいは身分証明書番号は本人と1対1に対応する。学生とその名前は基本的には1対1であるが、ときどき同姓同名があり、複数の学生に同じ名前が対応して多対1となる。研究室に所属する学生は複数いるから研究室と学生の対応は1対多である。受講科目は1人でいくつも登録するし、何人もの学生が同じ科目を履修するから、学生と受講科目の関係は多対多である。一般に、ある集合Aの要素がある集合Bの要素に対応することを、AからBへの対応（correspondence）という。一対も対応する要素が無い対応は空対応という。AからBへの対応は、空対応以外に、大きく次の4通りになる。

多対多の対応

　　Aの1つの要素からBの複数の要素に対応すること、また、Aの複数の要素からBの1つの要素に対応することもともに許す、もっとも一般的な対応。

1対多の対応

　　多対多の対応であって、Bの1つの要素にはAの1つの要素からのみ対応を許す対応。（Aの1つの要素からBの複数の要素への対応は許すが、Aの異なる要素からBの同じ要素への対応は許さない。）

多対1の対応

　　多対多の対応であって、Aの1つの要素から対応するBの要素は1つしか許さない対応。（Aの複数の要素からBの1つの要素への対応は許すが、Aの1つの要素からBの複数の要素への対応は許さない。）

1対1の対応

多対1であり、かつ1対多である対応。（多対1の対応であって、Bの1つの要素にはAの1つの要素からのみ対応する対応。）

AからBへの1対1対応で、AにもBにももれがなく、すべての要素が関わる対応を狭義の1対1対応という。一般の1対1対応は広義の1対1対応という。

定義からわかるように、これらの対応の間には包含関係がある。たとえば、1対1対応は多対1対応でも、1対多対応でも、多対多対応でもある。

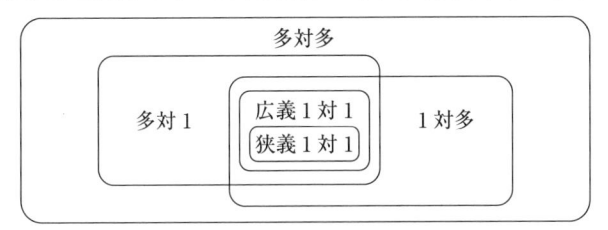

図3.1 対応の包含関係

AからBへのある対応に対し、対応関係をひっくり返して、逆にBからAへの対応とみたとき、そのような対応をもとの対応の逆対応という。たとえば、もとの対応が多対1ならば、逆対応は1対多になる。ここで説明した対応は、一般には関係と呼ぶ。関係については5章でより詳細に説明する。

集合の直積

Sさんの学籍番号が12345であることを(S, 12345)と表すことがある。一般に集合Aの要素aと集合Bの要素bを(a,b)のように表したものを、**順序対**(ordered pair)といい、aを第1成分、bを第2成分という。要素間の対応を順序対で表すことができる。AとBの要素からなるすべての可能な順序対の集合を、AとBの**直積**といい、$A \times B$と書く。

$$A \times B = \{(x,y) \mid x \in A, y \in B\} \tag{3.1}$$

AからBへの対応は、直積$A \times B$の部分集合となる。

A, Bがともに有限集合のとき、直積集合$A \times B$の要素の数はAとBのそれぞれの要素の数の積である。

$$|A \times B| = |A| \times |B| \tag{3.2}$$

$A = B$のとき、つまり、AとA自身との直積は、A^2と書く。

$$A^2 = A \times A = \{(x,y) \mid x,y \in A\} \tag{3.3}$$

順序対の概念を拡張すると **n 項組**(n-tuple)が得られる。n 項組は、n 個の順序付けられた成分の組で、n 個の集合の直積はすべての n 項組の集合である。

$$A_1 \times \cdots \times A_n = \{(a_1, \cdots, a_n) \mid a_1 \in A_1, \cdots, a_n \in A_n\} \tag{3.4}$$

$$A^n = A \times \cdots \times A = \{(a_1, \cdots, a_n) \mid a_1, \cdots, a_n \in A\} \tag{3.5}$$

x-y 平面上の点は x, y を実数の座標として、(x, y) の 2 項組で表される。x-y 平面は、x 軸上の実数の集合 R と y 軸上の実数の集合 R の直積 $R \times R = R^2$ に対応する。同様に 3 次元空間の点の集合は 3 個の実数からなる 3 項組の集合で表せ、$R \times R \times R = R^3$ に対応する。x-y 平面における正の整数点(格子点)の集合は、$N = \{1, 2, 3, \cdots\}$ として $N \times N = N^2$ である。

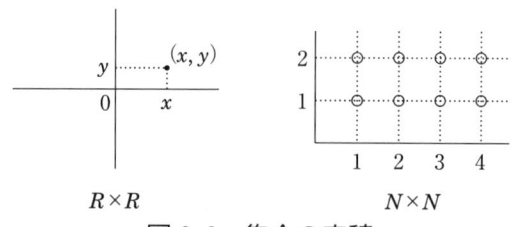

図 3.2　集合の直積

部分写像と写像

集合 X から集合 Y への多対 1 対応 f を X から Y への部分写像という。部分写像 f において、$x \in X$ から $y \in Y$ へ対応していることを、

$$x \mapsto y, \quad \text{あるいは} \quad x \xrightarrow{f} y \tag{3.6}$$

と表すが、次のように書くのも普通である。

$$y = f(x)\text{、または、}f(x) = y \tag{3.7}$$

これらの表現において、x, y は変数(variable)で、x の変域が X、y の変域が Y である。部分写像の記号 f に $f(x)$ のように添える変数 x(あるいは定数)は f の引数である。部分写像は多対 1 対応であるから、次のように定義できる。

(1)　X の 1 つの要素から対応する Y の要素は 1 つしかない。　　(3.8)

もちろん、X にもれがあっても(対応していない要素があっても)よい。この対応は、言い換えれば、異なる y に対応するのは異なる x であることを意味する。

$x_1, x_2 \in X$ に対し $f(x_1), f(x_2)$ が存在し、$f(x_1) \neq f(x_2)$ ならば $x_1 \neq x_2$

$X=Y$ の部分写像、つまり、X から X への部分写像は **X における部分写像**という。たとえば、X, Y をともに自然数の集合 N として、次の対応

$\quad f : x \in N$ に対し $x = y^2$ となる $y \in N$ を対応させる

は、N における部分写像である。$x = 4$ に対しては $y = 2$ が対応するから、$f(4) = 2$ であるが、$x = 3$ には対応する自然数 y は存在しない。

X に対応のもれがない部分写像 f を、X から Y への**写像**(mapping)といい、

$\quad f : X \to Y \hfill (3.9)$

のように表わす(記号 → は論理記号の含意と同じであるが、まぎれはないだろう)。写像は、部分写像の性質(1)に加えて、次の(2)を満たす。

$\quad$(2)$\quad$任意の X の要素について、対応する Y の要素が必ずある。$\quad$(3.10)

これは、$\forall x \in X \ \exists y \in Y \ y = f(x)$ と表すことができる。変域 X 全体で $y = f(x)$ が定義されるので、部分写像と区別して**全域的写像**ともいう。(全域的)写像は、すべての $x \in X$ についてそれぞれ対応する $y \in Y$ が必ず 1 つ決るような部分写像である。$X = Y$ の写像、X から X への写像は、**X における写像**である。たとえば、X, Y をともに整数の集合 Z として、

$\quad f : x \in Z$ に対し、$x^2 = y$ となる $y \in Z$ を対応させる

は、条件(1), (2)をともに満たすから、Z における写像である。

X から Y への部分写像 f において、X を**始集合**(initial set)、Y を**終集合**(final set)という。対応する Y の要素が存在する X の要素の集まりを部分写像の**定義域**(domain)という。(全域的)写像は始集合と定義域が一致する部分写像である。混乱のない範囲で部分写像を含めて写像ということがあるが、そのとき、対応する Y の要素をもたない X の要素において写像は**未定義**である、という。未定義である X の要素の集合を**未定義域**という。言い換えれば、本来の写像は未定義域をもたない部分写像である。

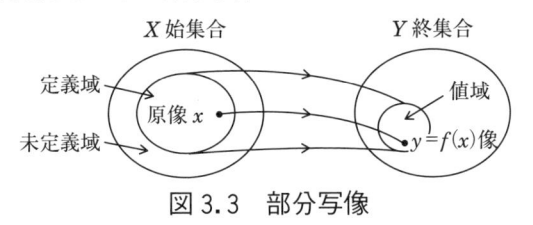

図 3.3 部分写像

部分写像 f について、$y = f(x) \in Y$ を $x \in X$ の**像**(image)、x を y の**原像**と

いう。X の部分集合 $A \subset X$ に対し、A のすべての要素の像の集合 B を A の像、A を B の原像といい、$B = f(A)$ と書く。つまり、$A \subset X$ に対し、

$$f(A) = \{y \mid x \in A, f(x) = y, y \in Y\} \tag{3.11}$$

である。定義域の像を**値域**（range）という。写像では、値域は始集合 X の像（値域 $= f(X) \subset Y$）である。

有限集合 A から有限集合 B への可能な写像の数は、$|A| = m$、$|B| = n$ として、1 つの $a \in A$ から対応する $b \in B$ の可能性は n 通りあるから、全体では n^m 通りとなる。A から B へのすべての異なる写像の集合 F を次のように書くことがある。

$$F = B^A \tag{3.12}$$

上のことから、次のことがわかる。

$$|F| = |B|^{|A|} \tag{3.13}$$

全射・単射・全単射

写像 $f : X \to Y$ が次の性質をもつとき、**全射**（surjection）あるいは**上への写像**という。これは、値域が終集合と一致する、Y にもれのない写像である。

(3) 任意の $y \in Y$ に対応する $x \in X$ が必ず存在する。 (3.14)

対応としては、X にも Y にももれのない多対 1 対応である。たとえば、X を自然数の集合 N、$Y = \{0, 1\}$ として、次の X から Y への写像 f は全射である。

$$f(x) = \begin{cases} 0 & x \text{ が偶数のとき} \\ 1 & x \text{ が奇数のとき} \end{cases}$$

写像 $f : X \to Y$ が次の性質をもつとき、**単射**（injection）あるいは**中への写像**という。これは、X にもれのない広義の 1 対 1 対応である。

(4) 1 つの $y \in Y$ に対応している $x \in X$ は 1 つしかない。 (3.15)

言い換えれば、x が異なれば対応先の y も異なることである。

$$\forall x_1, x_2 \ (x_1 \neq x_2) \to (f(x_1) \neq f(x_2)) \tag{3.16}$$

これは対偶 "$f(x_1) = f(x_2)$ ならば $x_1 = x_2$" の方がわかりやすいかもしれない。たとえば、X, Y をともに自然数の集合 N として、次の N から N への写像 f は単射である。

$f : x \in N$ に対し、$x^2 = y$ となる $y \in N$ を対応させる

写像 $f: X \to Y$ が全射かつ単射であるとき、**全単射**(bijection)という。これは、X にも Y にももれのない 1 対 1 対応、狭義の 1 対 1 対応である。

(5) 任意の $y \in Y$ に対応する $x \in X$ は必ず 1 つだけ存在する　　　(3.17)

たとえば、X を自然数の集合、Y を正の奇数の集合として、次の X から Y への写像

　　　$f: x \in X$ に対し、$2x - 1 = y$ となる $y \in Y$ を対応させる

は、全射かつ単射であるから、全単射である。

有限集合 X における写像 $f: X \to X$ 写像が単射あるいは全射ならば、それは全単射である。有限集合 X における全単射は、X のそれぞれの要素に X の要素を重複なく対応させる**置換**(permutation)である。任意の $x \in X$ に対して $I_X(x) = x$ となる X における写像 I_X を X における**恒等写像**という。

以上の基本的な写像の性質を表にまとめておく。

表 3.1　写像の性質

性質	部分写像	写像	全射	単射	全単射
(1)	○	○	○	○	○
(2)		○	○	○	○
(3)			○		○
(4)				○	○
(5)					○

対等な集合

2 つの有限集合 A, B において、$|A| = |B|$ ならば A から B への全単射が存在する。逆に、A から B への全単射が存在すれば $|A| = |B|$ である。このとき、A と B は大きさが等しい、**対等**である、といい、$A \sim B$ と書く。

A, B を有限集合とする。次のことが成立することは容易に理解できよう。

(1) A から B への単射が存在すれば $|A| \leq |B|$ である。

(2) A から B への単射が存在し、かつ、B から A への単射が存在すれば、A から B への全単射が存在する。

A から B への単射が存在し、かつ A から B への全単射が存在しなければ、A は B の真部分集合と対等で、$|A| < |B|$ である。以上のことは、A, B が無限集

合であっても同様に議論できる。無限集合については、次の章で考える。

有限集合に対して、次の鳩の巣原理(Pigeon hole principle)が成立する。

鳩の巣原理：n 羽の鳩が k 個の巣に入るとき、$k<n$ ならば少なくとも1つの巣には2羽以上の鳩が入る。

鳩の巣原理はほとんど自明であるが、たとえば次のように証明する。
[鳩の巣原理の証明]

背理法によって示す。いま、すべての鳩がそれぞれ巣に1羽ずつ入ったと仮定する(背理法の仮定)。そうすると、鳩から巣への対応は1対1(単射)であるから、$n \leq k$ である。これは、$k<n$ と矛盾する。よって、2羽以上入っている巣が必ずある。■

この鳩の巣原理を利用すると、次の例は容易に証明できる。

[例 3.1]　2つの有限集合 A, B が $|A|>|B|$ であるとする。任意の写像 $f: A \to B$ に対し、$x_1 \neq x_2, f(x_1)=f(x_2)$ となる $x_1, x_2 \in A$ が存在する。このことを示せ。
[解]　$|A|=n, |B|=k$ とする。写像 f では A にはもれがない。鳩の巣原理において、A の要素を鳩に、B の要素を巣に対応させると、$n>k$ であるから、A の要素2つ以上が対応する B の要素が存在する。その A の要素を x_1, x_2 とすればよい。■

3.2　写像と関数
関　数

関数(function)ということばはほとんど写像と同じように使われる。しかし、厳密には同じではない。関数の場合、$y=\sqrt{1-x^2}$ のように書いて、定義域をいちいち明示しないことが多い。この場合、定義域を実数全体とすると、写像の条件(2)を満足せず、$x<-1, x>1$ の領域は未定義となる。定義域を $-1 \leq x \leq 1$ とすれば写像の条件を満たす。関心のある多くの関数の場合は、定義域を写像の条件に合うように定義できる。また、しばしば $y=\pm\sqrt{x^2+1}$ などと書くが、$x=1$ には $y=\sqrt{2}$ と $y=-\sqrt{2}$ の2つが対応するから、写像の条件(1)も満足しない。このような関数を**多価関数**という。しかし、たとえば値域を $y \geq 0$ と $y<0$ とに分ければ条件を満たすことができる。多くの場合、定義域、値域を適当に

分割すれば写像の条件(1),(2)に抵触しないようにできる。本書では、関数と写像のことばは、厳密な意味では区別せず、同じ意味で使うこととする。

[例3.2] 多価関数 $x^2-y^2=1$ を、写像の条件を満足するように定義域、値域を再定義して、表せ。
[解] 定義域：$|x|≧1$，値域：$y≧0$，写像 $f^+：y=\sqrt{x^2-1}$
定義域：$|x|≧1$，値域：$y<0$，写像 $f^-：y=-\sqrt{x^2-1}$
(コメント：もちろん、条件さえ満たせばこの分割に限る必要はなく、たとえば、定義域を絶対値が1以上の有理数の集合、などとしてもよい。しかし常識的(この「常識」も定義が必要であるが)には上のような分割をする。)■

逆写像

X から Y への対応が広義の1対1対応であるとき、この対応は部分写像であるが、これの逆対応、Y から X への対応、も部分写像である。これを**逆部分写像**という。一般の部分写像は多対1対応であるから、逆の対応は1対多となり、部分写像になるとは限らない。X から Y への写像も、その逆対応は一般には部分写像にもならないが、単射ならば逆対応は少なくとも部分写像である。写像が全単射ならば X から Y への狭義の1対1対応であるから、その逆対応も狭義の1対1対応になっていて、やはり全単射である。写像 f が全単射であるとき、その逆対応を**逆写像**といい、f^{-1} と書く。つまり、$x∈X, y∈Y$ とし、f を X から Y への全単射として、

$$f：X→Y, \quad y=f(x) \tag{3.18}$$

この f の逆写像 f^{-1} は

$$f^{-1}：Y→X, \quad x=f^{-1}(y) \tag{3.19}$$

である。写像の単なる逆対応を逆写像ということもあるが、この場合は逆写像は写像とは限らない。本書では、逆対応も写像となる場合のみ逆写像ということばを使用する。

逆関数(inverse function)は逆写像に対応することばであるが、もとの関数が全単射でない場合にも逆関数を考えることがある。この場合には逆関数は写像の条件(1)(2)を満足するとは限らないから、部分写像でもないことがある。

通常対象とする関数では、適当に定義域や値域を再定義してやれば逆写像とみなすことができる。たとえば、$y=\sin(x)$ は、x の変域を $[-\pi/2, \pi/2]$ に限り、y の値域を $[-1, 1]$ とすると、全単射となるから、逆関数が定義できることになる。このように定義した sin 関数の逆関数を主値という。sin 関数の逆関数そのものは多価関数となる。主値はその一部である。

多変数写像（多変数関数）

写像が 2 つの変数に対して定義されているときは、それは 2 変数写像（2 変数関数）である。この写像の変数は 2 項組 (x, y) で、2 項組の変域は X と Y の直積集合である。値域を Z として、

$$f : X \times Y \to Z \tag{3.20}$$
$$z = f(x, y), \quad x \in X, y \in Y, z \in Z \tag{3.21}$$

である。一般に、定義域が n 次の直積である写像を **n 変数写像（n 変数関数）** という。n 変数写像の変数は n 項組である。2 変数以上の写像を **多変数写像（多変数関数）** という。

関数の行列表現

写像あるいは部分写像は表の形に書くことができる。たとえば、$X = \{a, b, c, d\}$、$Y = \{1, 2, 3, 4\}$、f を X から Y への部分写像として、次のように表す。これは関数表であるが、4×2 の行列表現とみることもできる。

表 3.2 関数表

x	$f(x)$	x	$g(x)$
a	2	d	3
b	–	a	2
c	2	c	2
d	3	b	–

記号 – は、対応する要素のない X の要素を示す。1 と $4 \in Y$ に対応する $x \in X$ はない。対応が同じならば表に並べる順序には依存しないから、表 3.2 の g も同じ関数を表している。これを横向きに並べて 2×4 の行列として表すことも多い。

$$\begin{array}{c} x \\ f(x) \end{array} \begin{pmatrix} a & b & c & d \\ 2 & - & 2 & 3 \end{pmatrix}$$

関数 $f(x)$ の行列表現としては、行を X の要素に、列を Y の要素に対応させて、$|X| \times |Y|$ の行列として次のように表わす方法も使われる。

$$\begin{array}{c} & 1 & 2 & 3 \\ a & \\ b & \\ c & \\ d & \end{array} \begin{pmatrix} 0 & 1 & 0 \\ 0 & 0 & 0 \\ 0 & 1 & 0 \\ 0 & 0 & 1 \end{pmatrix}$$

行列の (i,j) 要素は、X の i 番目の要素 x_i から Y の j 番目の要素 $y_j = f(x_i)$ へ対応していれば1、そうでなければ0である。f が写像なら各行には1が必ず1つだけある。このような $\{0,1\}$ の要素からなる行列は、より一般には関係行列と呼ばれる。4章,5章でもう少し説明する。

[例3.3] $X = \{a, b, c, d\}$、$Y = \{1, 2, 3, 4\}$ として、次の X から Y への写像が全単射かどうか理由を付けて答え、全単射であれば逆写像を示せ。

(1) $\begin{pmatrix} a & b & c & d \\ 3 & 4 & 2 & 1 \end{pmatrix}$ (2) $\begin{pmatrix} c & b & a & d \\ 1 & 2 & 3 & 4 \end{pmatrix}$ (3) $\begin{pmatrix} d & a & c & b \\ 2 & 1 & 2 & 4 \end{pmatrix}$

[解] (1),(2) は狭義の1対1対応だから全単射、(3) は多対1対応だから単なる写像。逆写像は(1)(2)についてのみ存在し、それぞれ1行目と2行目を入替えたものである。(1)については、配列順序を入替えておくとわかりやすい。■

(1) $\begin{pmatrix} 1 & 2 & 3 & 4 \\ d & c & a & b \end{pmatrix}$ (2) $\begin{pmatrix} 1 & 2 & 3 & 4 \\ c & b & a & d \end{pmatrix}$

写像(関数)の合成

写像 $f: X \to Y$ と $g: Y \to Z$ に対し、合成写像 $h = g \cdot f$ を次のように定義する。

$$h = g \cdot f : X \to Z, \quad h(x) = g(f(x)) \tag{3.22}$$

h の定義域 $=X$, 値域 $\subset Z$ である。たとえば、$X = \{1,2,3,4\}$、$Y = \{a,b,c,d\}$、$Z = \{0,1\}$ として、次の関数

$$f = \begin{pmatrix} 1 & 2 & 3 & 4 \\ b & a & d & a \end{pmatrix} \quad g = \begin{pmatrix} a & b & c & d \\ 0 & 1 & 1 & 0 \end{pmatrix}$$

の合成関数 $h = g \cdot f$ は、たとえば、$h(1) = g(f(1)) = g(b) = 1$ などとなるから、

$$h = \begin{pmatrix} 1 & 2 & 3 & 4 \\ 1 & 0 & 0 & 0 \end{pmatrix}$$

となる。

　f, g がともに X における写像 $f : X \to X$, $g : X \to X$ であれば、$g \cdot f$ と $f \cdot g$ の2つの合成写像はともに X における写像となるが、この2つの合成写像は一般には等しくない。つまり、写像の合成は一般には交換できない。なお、写像（関数）の合成を演算とみなして、写像（関数）の積、ともいう。X における写像の合成は次の結合律を満たす。

　　　結合律　　$f \cdot (g \cdot h) = (f \cdot g) \cdot h$ 　　　　　　　　　(3.23)

　X における写像 f のそれ自身との合成を f の2次の合成写像といい、

$$f^2 : X \to X, \quad f^2(x) = f \cdot f(x), \quad x \in X \tag{3.24}$$

と表す。一般に n 次の合成写像を、$x \in X$ として、

$$f^n : X \to X, \quad f^n(x) = f \cdot f^{n-1}(x), \quad \text{ただし } n \geq 2, \quad f^1 = f \tag{3.25}$$

と表現する。I_X を X における恒等写像として、次のように定義する。

$$f^0 = I_X, \quad f^1 = f \cdot f^0 = f \tag{3.26}$$

［例 3.4］　$X = \{1, 2, 3, 4\}$ における次の写像 f, g の合成写像 $f \cdot g$ と $g \cdot f$ を求めよ。また、f^0, f^1, f^2, f^3, f^4 を求めよ。

$$f = \begin{pmatrix} 1 & 2 & 3 & 4 \\ 2 & 4 & 3 & 2 \end{pmatrix} \quad g = \begin{pmatrix} 1 & 2 & 3 & 4 \\ 4 & 3 & 1 & 3 \end{pmatrix}$$

［解］　$f \cdot g = \begin{pmatrix} 1 & 2 & 3 & 4 \\ 2 & 3 & 2 & 3 \end{pmatrix} \quad g \cdot f = \begin{pmatrix} 1 & 2 & 3 & 4 \\ 3 & 3 & 1 & 3 \end{pmatrix} \quad f \cdot g \neq g \cdot f$ である。

$f^0 = I_X = \begin{pmatrix} 1 & 2 & 3 & 4 \\ 1 & 2 & 3 & 4 \end{pmatrix}, \quad f^1 = f \cdot f^0 = f = \begin{pmatrix} 1 & 2 & 3 & 4 \\ 2 & 4 & 3 & 2 \end{pmatrix}, \quad f^2 = f \cdot f^1 = \begin{pmatrix} 1 & 2 & 3 & 4 \\ 4 & 2 & 3 & 4 \end{pmatrix},$

$f^3 = f \cdot f^2 = \begin{pmatrix} 1 & 2 & 3 & 4 \\ 2 & 4 & 3 & 2 \end{pmatrix} = f, \quad f^4 = f \cdot f^3 = f \cdot f = f^2$

置換の合成

　有限集合 $X = \{1, 2, 3, 4, 5\}$ として、X における全単射は X における**置換**で、数列 $1, 2, 3, 4, 5$ の並べ替えである。たとえば、2×5 の行列表現とすると、

となる。

$$f = \begin{pmatrix} 1 & 2 & 3 & 4 & 5 \\ 4 & 1 & 3 & 5 & 2 \end{pmatrix}, \quad g = \begin{pmatrix} 1 & 2 & 3 & 4 & 5 \\ 5 & 4 & 1 & 3 & 2 \end{pmatrix} \tag{3.27}$$

となる。もちろん、このような行列表現では書き並べる順序には依存しない。

$$f = \begin{pmatrix} 1 & 2 & 3 & 4 & 5 \\ 4 & 1 & 3 & 5 & 2 \end{pmatrix} = \begin{pmatrix} 1 & 4 & 2 & 3 & 5 \\ 4 & 5 & 1 & 3 & 2 \end{pmatrix} = \begin{pmatrix} 2 & 4 & 1 & 5 & 3 \\ 1 & 5 & 4 & 2 & 3 \end{pmatrix} \tag{3.28}$$

X における 2 つの全単射の合成写像は、また X における全単射であるから、置換の合成も置換となる。このような置換の合成を**置換の積**という。合成と同じ演算記号・で置換の積を表すが、多くの場合記号・を省略する。式 (3.27) の 2 つの置換の積 $f \cdot g$ では、たとえば、$1 \xrightarrow{g} 5 \xrightarrow{f} 2$ などと対応するから、

＜コラム：置換の積の解釈＞

本書では置換の積を写像の積から説明した。つまり、α, β を置換として、$\alpha \cdot \beta$ を、右側の β の置換結果を左側の α が置換する、とみなす解釈である。教科書によっては逆に、左側の α の置換結果を右側の β が置換する、とすることもある。どちらの解釈をとるかで、置換の合成結果が異なってくる。たとえば、

$$\alpha = \begin{pmatrix} 1 & 2 & 3 & 4 & 5 \\ 5 & 2 & 4 & 1 & 3 \end{pmatrix}, \quad \beta = \begin{pmatrix} 1 & 2 & 3 & 4 & 5 \\ 2 & 5 & 1 & 3 & 4 \end{pmatrix}$$

として、前者の解釈(本書の解釈)に基づくと、

$$\alpha\beta = \begin{pmatrix} 1 & 2 & 3 & 4 & 5 \\ 5 & 2 & 4 & 1 & 3 \end{pmatrix}\begin{pmatrix} 1 & 2 & 3 & 4 & 5 \\ 2 & 5 & 1 & 3 & 4 \end{pmatrix} = \begin{pmatrix} 2 & 5 & 1 & 3 & 4 \\ 2 & 3 & 5 & 4 & 1 \end{pmatrix}\begin{pmatrix} 1 & 2 & 3 & 4 & 5 \\ 2 & 5 & 1 & 3 & 4 \end{pmatrix} = \begin{pmatrix} 1 & 2 & 3 & 4 & 5 \\ 2 & 3 & 5 & 4 & 1 \end{pmatrix}$$

となる。後者の解釈では、次のようになる。

$$\alpha\beta = \begin{pmatrix} 1 & 2 & 3 & 4 & 5 \\ 5 & 2 & 4 & 1 & 3 \end{pmatrix}\begin{pmatrix} 1 & 2 & 3 & 4 & 5 \\ 2 & 5 & 1 & 3 & 4 \end{pmatrix} = \begin{pmatrix} 1 & 2 & 3 & 4 & 5 \\ 5 & 2 & 4 & 1 & 3 \end{pmatrix}\begin{pmatrix} 5 & 2 & 4 & 1 & 3 \\ 4 & 5 & 3 & 2 & 1 \end{pmatrix} = \begin{pmatrix} 1 & 2 & 3 & 4 & 5 \\ 4 & 5 & 3 & 2 & 1 \end{pmatrix}$$

このように、どちらの解釈をとるかで結果が異なる。

後者の解釈では、置換の合成の演算式を左から解釈しているが、これは通常の四則演算の数式表現と同じ解釈方式である。前者では、置換を演算子(オペレータ)とみなし、演算式を右から解釈している。演算子はあるものに働き掛けて結果を得るもので、その代表的なものは写像(関数)である。写像 f は x に働き掛けてその結果 $f(x)$ を返すが、働き掛ける対象 x は関数記号(演算子) f の右側に書く。したがって、写像の合成 $g \cdot f$ は、f の結果が左隣の g の対象になるので、右側から解釈することになる。微分演算も同様に右側の対象に作用する。本書では、置換は、オペレータとして扱っている。

$$f \cdot g = \begin{pmatrix} 1 & 2 & 3 & 4 & 5 \\ 4 & 1 & 3 & 5 & 2 \end{pmatrix} \cdot \begin{pmatrix} 1 & 2 & 3 & 4 & 5 \\ 5 & 4 & 1 & 3 & 2 \end{pmatrix} = \begin{pmatrix} 1 & 2 & 3 & 4 & 5 \\ 2 & 5 & 4 & 3 & 1 \end{pmatrix}$$

となる。

恒等写像に対応する置換を**恒等置換**という。恒等置換は全て同じ要素に置換する置換、言い換えれば、1つの要素も置換しない置換、である。

置換は全単射であるから逆写像が存在するが、それを**逆置換**という。逆置換は、行列表現で、上下の行を入替えた置換である。置換の演算の性質については、7章で説明する。

第3章　演習問題

[1] $A = \{0, 1\}$, $B = \{a, b, c\}$ として、次の集合を求めよ。
 (1) A のベキ集合 $\mathcal{P}(A)$　　(2) B のベキ集合 $\mathcal{P}(B)$
 (3) $A \times B$　　(4) $B \times A$　　(5) A^2　　(6) B^2　　(7) A^3

[2] $P = \{2, 4, 6, 8\}$, $Q = \{x | x \text{ は } 10 \text{ 進 } 1 \text{ 桁の素数}\}$, $R = \{a, b\}$ として、次の問に答えよ。
 (1) 次の集合 A, B, C および C のベキ集合 $\mathcal{P}(C)$ をそれぞれ求めよ。
　　 $A = P \cup Q$、$B = P \cap Q$、$C = P - Q$
 (2) C と R の直積 $C \times R$、$C^2 = C \times C$ をそれぞれ示せ。

[3] 集合 A, B, C について、次の性質を証明せよ。
 (1) $A \times (B \cap C) = (A \times B) \cap (A \times C)$
 (2) $A \times (B \cup C) = (A \times B) \cup (A \times C)$

[4] $X = \{1, 2, 3\}$, $Y = \{a, b, c\}$ として、次の X から Y への対応は4つの対応の区分のどれか答えよ。
 (1) $\{(2, b), (3, c)\}$　　　　(2) $\{(2, b), (3, a), (1, a)\}$
 (3) $\{(1, b), (3, a), (2, c)\}$　　(4) $\{(1, a), (2, b), (3, c), (1, b), (2, c)\}$

[5] 子どもが5人、ケーキが5種類あるとして、子どもたちにケーキを分ける。これを子どもからケーキの種類への対応とみたとき、この対応が対応の区分のどれか答えよ。
 (1) 同じ種類のケーキは1つしかなく、1人に1種類ずつ分ける。
 (2) 同じ種類のケーキがそれぞれ5個以上あって、子どもはそれぞれ好きなケーキを何種類でも選べる。好きなケーキがなかったら、もらわない。
 (3) 同じ種類のケーキは1つしかない。それぞれのケーキについて、それを好きな子ど

もが選ぶが、複数の子どもが同じケーキを選んだときは、ジャンケンで勝った方がもらう。
  (4) 同じ種類のケーキがそれぞれ5個以上あって、子どもはそれぞれ好きなケーキを1つだけ選ぶ。好きなケーキがなかったら、もらわない。

[6] $A = \{1, 2, 3, 4, 5\}$ として、A から A への対応が次のように定義されている。それらの対応が A における写像であるかどうか答え、写像ならば $P = \{2, 3\}$ の像、$Q = \{4\}$ の原像、および、$R = \{1, 2\}$ の原像を示せ。
  (1) $\{(3, 1), (4, 2), (1, 1), (2, 3)\}$
  (2) $\{(2, 1), (3, 5), (1, 4), (2, 3), (5, 2), (4, 2)\}$
  (3) $\{(4, 2), (2, 3), (1, 5), (4, 2), (5, 5), (3, 1)\}$

[7] 次の問に答えよ。
  (1) 関数 $y = \sin(x)$ について、逆関数 $y = \sin^{-1}(x)$ の定義域、値域を適当に設定し、逆関数のグラフを示せ。
  (2) 関数 $y = \cos(x)$ について、(1)と同様にせよ。
  (3) 関数 $y = \tan(x)$ について、(1)と同様にせよ。
  (4) $\log x$ の逆関数 $\log^{-1} x$ について、その定義域、値域を示し、逆関数のグラフを示せ。

[8] 次の対応は、部分写像、写像、単射、全射、全単射、のどれか、最も細分化した概念のことばで答えよ。全単射ならば逆写像を示せ。ただし、$R = (-\infty, \infty)$、$S = [0, \infty)$、$T = (-\infty, -1] \cup [1, \infty)$、$U = [-1, 0]$ とする。
  (1) R から R への対応 $\{(x, y) \mid x \in R, \ y \in R, \ y = x^2 - 1\}$
  (2) S から S への対応 $\{(x, y) \mid x \in S, \ y \in S, \ y = x^2 - 1\}$
  (3) S から S への対応 $\{(y, x) \mid x \in S, \ y \in S, \ y = x^2 - 1\}$
  (4) T から S への対応 $\{(x, y) \mid x \in T, \ y \in S, \ y = x^2 - 1\}$
  (5) U から U への対応 $\{(x, y) \mid x \in U, \ y \in U, \ y = x^2 - 1\}$

[9] 実数の集合 R における写像 f, g が次のように定義されているとき、合成写像 $f \cdot g$ および、$g \cdot f$ を求めよ。
$$f(x) = 2x^2 + 3x + 2, \qquad g(x) = -x + 2$$

[10] $A = \{a, b, c\}$、$B = \{1, 2, 3\}$ として、次の対応は、単なる対応、部分写像、写像、単射、全射、全単射、のどれか、最も細分化した概念のことばで答えよ。
  (1) a→1, b→2, c→3
  (2) a→1, b→2, c→1
  (3) a→2, b→2, c→2
  (4) a→1, a→2, b→3, c→2

(5) a→1, c→2

[11] 次の対応は、部分写像、写像、単射、全射、全単射、のどれか、最も細分化した概念のことばで答えよ。

(1) 2つのサイコロを振って、目の和が偶数なら丁、奇数なら半とする。サイコロの目の組(順序対)の集合から{丁,半}へ対応させる。

(2) A，B 2つのサイコロの目の組の集合から1〜12への集合への対応で、出た目の組にその和を対応させる。

(3) ある学科の学生の集合からその学科の開講科目の集合への対応で、学生にその学生の登録科目を対応させる。

(4) 1年の月の集合からあるグループの人の集合への対応で、ある月にその月を誕生月とする人を対応させる。

(5) ある大学の学生にその大学の学籍番号を対応させる。

[12] $A = \{1, 2, 3\}$，$B = \{a, b, c\}$，$C = \{p, q, r, s\}$，$D = \{0, 1, 2\}$ として、写像 $f: A \to B$，$g: B \to C$，$h: C \to D$ が次のように定義されている。

$$f = \{(1, c), (2, a), (3, c)\}, \quad g = \{(a, q), (b, p), (c, s)\},$$
$$h = \{(p, 2), (q, 0), (r, 1), (s, 0)\}$$

(1) 合成写像 $g \cdot f$，$h \cdot g$ をそれぞれ求めよ。

(2) 合成写像 $h \cdot (g \cdot f)$ を求めよ。

(3) 合成写像 $(h \cdot g) \cdot f$ を求めよ、$h \cdot (g \cdot f) = (h \cdot g) \cdot f$ であることを確かめよ。

[13] 自然数の集合 N における写像、f, g, h を次のように定義する。

$$f(n) = n + 1, \quad g(n) = 2n, \quad h(n) = n を 2 で割った余り$$

$f \cdot f, \ g \cdot g, \ h \cdot f \cdot g, \ h \cdot g \cdot f$ を求めよ。

[14] 有限集合 A, B において $|A| > |B|$ とする。このとき、

任意の写像 $f: A \to B$ に対し、

$$f(x_1) = f(x_2), \ x_1 \neq x_2 \ となる\ x_1, x_2 \in A \ が存在する。$$

このことをことばでわかりやすく説明し、これを、鳩の巣原理から示せ。

[15] 有限集合 A における写像が単射あるいは全射ならば、それは全単射であることを示せ。

[16] 次のことを、鳩ノ巣原理を用いて、証明せよ。((1),(2)は1章の演習問題と同じ)

(1) 100個のアメを9人の子どもに分けると、12個以上もらう子がいる。

(2) 1〜12の数字を時計の文字盤のように円状に並べたとき、並べる順序によらず、隣り合う3つの数字の和が20を越えるものがある。

(3) 1〜10までの自然数を書いたカードがある。この内から任意に6枚選ぶとき、その中に、2枚で丁度11になるものが必ず存在する。

[17] 有理数は、2つの整数 p, q の比 q/p(ただし、$p \neq 0$)で表される実数である。任意の有理数を 10 進位取り記法で表現すると、有限桁数の表現か、あるいは無限小数で表現される。無限小数で表現される場合、必ず小数部分のどこかの範囲が循環する循環小数となる。これは、逆も成立する。つまり、ある実数が有理数であるための必要十分条件は、10 進位取り記法で有限な桁数の数値あるいは循環小数となることである。このことを証明せよ。(ヒント：循環小数の時、必要性は有限桁数のときとほぼ同じように証明できる。十分性は、鳩ノ巣原理によるとわかりやすい。)

[18] 次の問に答えよ。
 (1) $X = \{a, b, c, d\}, Y = \{1, 2, 3, 4, 5\}, Z = \{P, Q, R, S\}$ として、次の行列表現された 2 つの写像 $f: X \to Y$, $g: Y \to Z$ の合成写像 $g \cdot f: X \to Z$ の行列表現を求めよ。
$$f = \begin{pmatrix} a & b & c & d \\ 2 & 4 & 1 & 5 \end{pmatrix} \qquad g = \begin{pmatrix} 1 & 2 & 3 & 4 & 5 \\ S & P & Q & R & P \end{pmatrix}$$
 (2) $X = \{1, 2, 3, 4, 5\}$ として、X における 2 つの写像の合成写像 $f \cdot g$ と $g \cdot f$ を求めよ。
$$f = \begin{pmatrix} 1 & 2 & 3 & 4 & 5 \\ 3 & 4 & 1 & 3 & 5 \end{pmatrix} \qquad g = \begin{pmatrix} 1 & 2 & 3 & 4 & 5 \\ 2 & 5 & 1 & 4 & 3 \end{pmatrix}$$
 (3) $X = \{0, 1, 2, 3, 4, 5\}$ として、次の X における写像 $f: X \to X$ について、合成のベキ $f^i, i = 0, 1, 2, \cdots$ を求めよ。
   (a) $f = \begin{pmatrix} 0 & 1 & 2 & 3 & 4 & 5 \\ 4 & 5 & 0 & 1 & 2 & 3 \end{pmatrix}$ (b) $f = \begin{pmatrix} 0 & 1 & 2 & 3 & 4 & 5 \\ 2 & 4 & 3 & 0 & 5 & 1 \end{pmatrix}$ (c) $f = \begin{pmatrix} 0 & 1 & 2 & 3 & 4 & 5 \\ 3 & 4 & 5 & 0 & 2 & 1 \end{pmatrix}$

[19] $A = \{1, 2, 3, 4\}, B = \{a, b, c\}$ として、次の問に答えよ。
 (1) A から B への異なる対応は何通りあるか。(空対応も含む。)
 (2) A から B への異なる多対 1 対応は何通りあるか。(空対応は含まない。)
 (3) A から B への異なる 1 対 1 対応は何通りあるか。(空対応は含まない。)

[20] $A = \{1, 2, 3, 4\}$、$B = \{a, b, c\}$、$C = \{\alpha, \beta, \gamma\}$ として、次の問に答えよ。
 (1) A から B への異なる部分写像は何通りあるか。
 (2) A から B への異なる写像は何通りあるか。
 (3) B から A への異なる単射は何通りあるか。
 (4) A から B への異なる全射は何通りあるか。
 (5) B から C への異なる全単射は何通りあるか。

[21] 有限集合 A, B について、$|A| = m, |B| = n$ とする。次の問に答えよ。
 (1) A から B への異なる対応は何通りあるか。
 (2) A から B への異なる写像は何通りあるか。
 (3) $m = n$ として、A から B への異なる全単射は何通りあるか。
 (4) $m < n$ として、A から B への異なる単射は何通りあるか。

(5) $m > n$ として、A から B への異なる全射は何通りあるか。

第4章　帰納法

4.1 無限の数え挙げ
自然数と可付番集合

　ある有限集合 P の要素を数えるということは、P の要素に 1 から順に自然数を対応させる行為である。P の最後の要素に対応する自然数 n が P の個数を表す。自然数の集合 N の部分集合 N_n を、1 から n までの自然数からなる集合 $N_n = \{k \mid k \in N, 1 \leq k \leq n\}$ とすると、この対応は N_n から P への狭義の 1 対 1 対応で、全単射である。任意の有限集合 P にはそれと対等な N_n が存在する。n が P の要素数で($|P| = n$)、数えるというのは、この全単射によって N の部分集合 N_n から P へ対応させる手順(アルゴリズム)である。この全単射を P の要素への**番号付け**という。$1 \in N_n$ へ対応する要素 $a \in P$ が番号 1、$2 \in N_n$ へ対応する $b \in P$ が番号 2，…ということである。数える順序は番号付けで決まり、可能な番号付けは P の要素の異なった順列の数 $n!$ 通りだけある。

　3 章で有限集合の対等性についてふれた。これを無限集合に拡張する。無限集合 A の「大きさ」を表わす概念を、**濃度**(potency)、あるいは**基数**(cardinal number)といい、$|A|$ と書く。2 つの無限集合 A, B があって、A から B への全単射、つまり狭義の 1 対 1 対応が存在するとき、A と B は対等で、濃度は等しい。大きさが等しい、ともいう。有限集合についても濃度というが、そのときは要素の個数を意味する。したがって、有限集合を含めて、集合 A から集合 B への全単射が存在すれば、A と B は対等で、A と B の濃度は等しい。このとき、$A \sim B$、あるいは、$|A| = |B|$ と書く。

$$|A| = |B| \quad \text{iff} \quad A \text{ から } B \text{ への全単射が存在する} \tag{4.1}$$

　A と B が対等でなく、かつ A が B の真部分集合と対等であるとき、B の濃度は A の濃度より大きいといい、$|A| < |B|$ と書く。

$|A|<|B|$　iff　$|A| \neq |B|$ かつ A が B の真部分集合と対等　　　(4.2)

$|A|<|B|$ あるいは $|A|=|B|$ のとき，$|A| \leq |B|$ と書く。A から B への単射が存在すれば $|A| \leq |B|$ である。$|A| \leq |B|$ かつ $|B| \leq |A|$ ならば $|A|=|B|$ である。これらは逆も成立する。

$|A| \leq |B|$　iff　A から B への単射が存在する　　　(4.3)

$|A| = |B|$　iff　$|A| \leq |B|$ かつ $|B| \leq |A|$　　　(4.4)

　自然数の集合 N はもっとも基本的な無限集合である。ある無限集合 A が N と対等であるとき，N から A へのある全単射によって A の全ての要素は番号付けられる。N と対等な集合を可付番集合(enumerable set)という。数えることができるという意味で可算集合(countable set)ともいう。もちろん N 自身も可算集合である。

[例4.1]　正の奇数の集合 $Odd = \{1, 3, 5, \cdots\}$ は，自然数の集合 $N = \{1, 2, 3, \cdots\}$ の真部分集合であるにもかかわらず，N と対等であることを示せ。

[解]　N から Odd への全単射，$j = f(i) = 2i-1$, $i \in N$, $j \in Odd$ が存在するから，対等である。(全単射であればこれでなくてもよい。他の全単射の例を考えてみられたい。)■

無限集合の濃度

　無限集合には有限集合とは異なった性質がある。いくつかの特徴を示そう。

　有限集合では，集合 A が集合 B の真部分集合となっているとき ($A \subset B, A \neq B$)，A は B と対等ではなく，かつ $|A|<|B|$ である。3章でふれた鳩ノ巣原理はこの性質に対応するものである。ところが，無限集合では，[例4.1]で示したように，奇数の集合 Odd は，自然数の集合 N の真部分集合であるにもかかわらず，N と対等である。

　要素数 n の有限集合 A の直積 $A^2 = A \times A$ の要素数は $|A^2| = n^2$ であるから，A^2 は A より大きい。ところが，[例4.2]に示すように，自然数の集合 N の直積 $N^2 = N \times N$ は，N と対等である。

　自然数の集合 N より大きい濃度の集合が存在する。要素数 n の有限集合 A のベキ集合 $\mathcal{P}(A)$ の要素数は $|\mathcal{P}(A)| = 2^n$ であり，したがって，$\mathcal{P}(A)$ は A より大きい。これは N についても成立する。つまり，N のベキ集合は N より大き

い濃度をもつ。$\mathcal{P}(N)$ は可付番集合ではなく、番号付けできない集合である。

$$|\mathcal{P}(N)| > |N| \tag{4.5}$$

実数の集合 R の濃度も N の濃度より大きい。実は、R は N のベキ集合と対等 $R \sim \mathcal{P}(N)$ である、ということが証明できる。

[例 4.2] 自然数の集合 N の直積集合 $N^2 = N \times N = \{(m, n) | m, n \in N\}$ は N と対等であることを示せ。

[解] 直積の要素 (m, n) を次のように並べて N との対応を考える。

$$N^2 = \{(1,1),\ (1,2),\ (1,3),\ \cdots, (1,n), \cdots$$
$$(2,1),\ (2,2),\ (2,3),\ \cdots, (2,n), \cdots$$
$$(3,1),\ (3,2),\ (3,3),\ \cdots, (3,n), \cdots$$
$$\cdots\cdots\cdots\cdots\cdots\cdots\cdots\cdots\cdots\cdots\cdots$$
$$(m,1), (m,2), (m,3), \cdots, (m,n), \cdots$$
$$\cdots\cdots\cdots\cdots\cdots\cdots\cdots\cdots\cdots\cdots\}$$

$(1,1) \to 1, (1,2) \to 2, (2,1) \to 3, (1,3) \to 4, (2,2) \to 5, (3,1) \to 6, \cdots$ の対応は N^2 から N への全単射である。(この対応を数式で表してみよ。)■

[例 4.3] 自然数の集合 N のベキ集合 $\mathcal{P}(N)$ は N と対等ではなく、$\mathcal{P}(N)$ の濃度は N の濃度より大きいことを示せ。

[解] まず、対等でないことを証明する。これは背理法による。$\mathcal{P}(N)$ が N と対等で可付番であったと仮定する。このとき、$\mathcal{P}(N)$ を番号付けする N から $\mathcal{P}(N)$ への全単射 σ が存在する。全単射 σ で $i \in N$ に対応する部分集合を $N_i \in \mathcal{P}(N)$ とすると、$\mathcal{P}(N) = \{N_i | i \in N\}$ と表わせることになる。いま、集合 K を次のようにして構成する。任意の $i \in N$ に対し、$i \in N_i$ ならば $i \notin K$、$i \notin N_i$ ならば $i \in K$ とする。この K は明らかに N の部分集合であるから、$K \in \mathcal{P}(N)$ である。ところが、K はどの $i \in N$ についても i を要素として含むかどうかに関して N_i とは異なるから、$K \notin \{N_i | i \in N\}$ である。したがって $\mathcal{P}(N)$ には番号付けができていない要素が存在することになるが、これは σ が N から $\mathcal{P}(N)$ への全単射であるとした仮定と矛盾する。これはどのような全単射を仮定しても同様であるから、N と $\mathcal{P}(N)$ が対等であると仮定することが誤りであることになる。よって、N と $\mathcal{P}(N)$ は対等ではない。$|N| \neq |\mathcal{P}(N)|$。(このような証明方法をカントールの対角線論法(Cantor's diagonalization method)という。)

$\mathcal{P}(N)$ の真部分集合が N と対等であることは容易に示せる。$\mathcal{P}(N)$ には N の要素を 1 つだけ含む集合 $\{i\}$, $i \in N$ があり、$i \to \{i\}$ という対応は N から $\mathcal{P}(N)$ への単射である。よって、N と $\mathcal{P}(N)$ の真部分集合 $\{\{i\} | i \in N\}$ と対等である。ゆえに、$|N| \leq |\mathcal{P}(N)|$。

以上より、$|N| < |\mathcal{P}(N)|$。■

4.2 帰納法と自然数

数学的帰納法

数学的帰納法(mathematical induction)は、次の例のような手続きによって証明する方法である。

[例4.4] $\sum_{i=1}^{n}(2i-1) = n^2$ を数学的帰納法で証明せよ。

[解] (a) $n=1$ のとき、左辺 $= \sum_{i=1}^{1}(2i-1) = 1$, 右辺 $= 1^2 = 1$, よって成立する。

(b) $n=k$ のとき $\sum_{i=1}^{k}(2i-1) = k^2$ が成立すると仮定する。(帰納法の仮定)

$n=k+1$ のとき、

左辺 $= \sum_{i=1}^{k+1}(2i-1) = \sum_{i=1}^{k}(2i-1) + (2(k+1)-1) = k^2 + (2k+1) = (k+1)^2$

右辺 $= (k+1)^2$, よって $n=k+1$ のときも成立する。

(c) 以上より、任意の自然数 n に対して等式は成立する。■

N を自然数の集合として、一般に数学的帰納法は次のような手順で証明する。P を自然数 n を引数とする述語 $P(n)$ として、$\forall n \in N\ P(n)$ を証明するのに、無限個(可算無限)の述語命題 $P(n)$, $n=1, 2, 3, \cdots$ を $n=1$ から順に証明する。

[数学的帰納法の形式] (4.6)

(a) 基本段階：$n=1$ で成立する。

$(P(1) = \mathsf{T}\ である)$

(b) 帰納段階：$n=k$ で成立すると仮定すると、$n=k+1$ でも成立する。

$(P(k) = \mathsf{T}\ ならば、P(k+1) = \mathsf{T}\ である)$

(c) 結論：以上より、すべての自然数 n に対して成立する。

(任意の自然数 n について、$P(n) = \mathsf{T}\ である)$

帰納法(induction)とは、個々の具体的な例からより抽象的な命題を導く方法である。数学的帰納法では、$P(1), P(2), \cdots$ という個々の例を順に示すことにより、$\forall n \in N\ P(n)$ を主張している。帰納段階で「$P(k)$ が成立する」と仮定するが、これを**帰納法の仮定**(inductive assumption)という。

数学的帰納法の基本は、命題 $P(k+1)$ を証明するのに1つ前の証明の済んでいる $P(k)$ を帰納法の仮定として同じ証明手続きを繰返し使う、という帰納段

階にある。証明すべき命題より前に証明の済んでいるすべての命題 $(P(j), j \leq k)$ を帰納法の仮定とすることもできる。このような帰納法は**累積帰納法**と呼ばれる。

また、上で説明した数学的帰納法では、証明すべき述語命題は1つの自然数 n で順序づけられた一連の述語命題 $P(n)$ であった。2つの自然数 m, n で順序づけられた命題 $P(m, n)$ に対しても、同様の考え方による証明手続きを構成することができる。これを**二重帰納法**という。

自然数とペアノの公理

自然数はもっとも基本となる無限集合でもある。これまでは自然数を説明抜きで用いたが、ここでペアノの自然数の公理を紹介しよう。この自然数の公理は自然数の定義である。

[ペアノの公理（自然数の公理）] (4.7)

次の5つの性質をすべてもつ集合 N の要素を自然数という。

1. $1 \in N$
2. 写像 $\sigma : N \to N$ が存在する。
3. σ は単射である。
4. $x \in N$ ならば、$\sigma(x) \neq 1$ である。
5. $S \subset N$ において、S が次の性質をもつならば、$S = N$ である。
    (a) $1 \in S$
    (b) $x \in S$ ならば $\sigma(x) \in S$

関数 $\sigma(x)$ は**後者関数**(successor function)と呼ばれる基本関数で、x の「次」を返す関数である。このペアノの公理は、次のように言い換えるとわかりやすいだろう。

1. ある要素がある。それを記号で"1"と書く。
2. 任意の要素 x の次の要素を1つ決める方法 $\sigma(x)$ がある。
3. 任意の要素の前の要素は1つに限る。
4. 要素1の前には要素はない。"1"は初めの要素である。

5. N の部分集合 S が、
   (a) S は "1" を含む
   (b) S がある要素を含むならば、S はその次の要素も含む

となっていれば S は N と一致する。

ペアノの5番目の公理は帰納法の公理と呼ばれている。これは "1からはじめて次々に次の数を求めるとすべての自然数が得られる" という性質を示している。第5公理では、集合 S の要素を決めるのに (b) の条件部で S が含む要素自身を用いているが、これは再帰的記述である。このような定義の方法を再帰的定義 (recursive definition) あるいは帰納的定義 (inductive definition) という。また、この場合は集合 S の要素を決める方法 (S を構成する方法) を帰納的に定義していると見ることもできるから、**帰納的構成的定義**などということもある。一般には、再帰的定義は結論を前提に用いることになり、**循環論法**になることがある。第5公理は循環しない定義になっている。

数学的帰納法は、この第5公理に基礎を置く証明法である。数学的帰納法とペアノの第5公理との関係を対比させると、次のようになる。証明すべき述語命題を $P(n)$, $n = 1, 2, 3, \cdots$ とし、$S = \{n | P(n) = \mathsf{T}, n \in N\}$ とすると、S は N の部分集合である。

数学的帰納法	第5公理
$P(1) = \mathsf{T}$ である	$1 \in S$
$P(k) = \mathsf{T}$ と仮定すると $P(k+1) = \mathsf{T}$	$k \in S$ ならば $\sigma(k) \in S$
以上より、任意の n について $P(n) = \mathsf{T}$	したがって、$S = N$

なお、後者関数 $\sigma(x)$ は x の「次」を返す関数であるが、普通の演算記号で書けば $\sigma(x) = x + 1$ となる。公理的には、このような自然数の加法は、この自然数の定義に基づいて、$\sigma(x)$ から定義されるべきもの、となる。また、自然数そのものの表現としては、

「初めの元」を記号で "1" と書く、

1 の次の元 $\sigma(1)$ を記号で "2" と書く、

2 の次の元 $\sigma(2) = \sigma(\sigma(1))$ を "3" と書く、…

ということであるが、$1, 2, 3 \cdots$ という記号は**自然数のラベル**である。十進位取り記法 (radix 10 positional notation) は自然数のラベルの構成法である。

4.3 帰納的定義

帰納的定義

数列を定義する漸化式は代表的な帰納的定義の例である。帰納的定義は、その形から**再帰的定義**ともいう。

[例 4.6] 次の漸化式で定義される数列 $\{a_i, i=1, 2, \cdots\}$ について、定義から a_2, a_3, a_4 を求めよ。また、この数列はどのように表せるか推定できれば、数学的帰納法で証明せよ。
$$a_1 = 1,\ a_{n+1} = 2 \cdot a_n + 1,\ n \geq 1$$
[解] $a_2 = 2 \cdot a_1 + 1 = 2 \cdot 1 + 1 = 3$, $a_3 = 2 \cdot a_2 + 1 = 2 \cdot 3 + 1 = 7$, $a_4 = 2 \cdot a_3 + 1 = 2 \cdot 7 + 1 = 15$。$a_n = 2^n - 1$ が予想できる。数学的帰納法による証明は以下に示す。

(1) $n=1$ のとき、$a_1 = 1 = 2^1 - 1$、よって成立する。

(2) $n=k$ のとき、$a_k = 2^k - 1$ と仮定する。
$n=k+1$ のとき、$a_{k+1} = 2 \cdot a_k + 1 = 2(2^k - 1) + 1 = 2^{k+1} - 1$ となるから成立する。

(3) 以上より、漸化式から、任意の自然数 n について、$a_n = 2^n - 1$ となる。■

漸化式は、数列を定義するのに、$n=1$ から始めて既に定義された a_n を使って次の項 a_{n+1} を決める方法である。これが帰納法の公理に基づいた定義になっていることは容易に理解できるだろう。数列 $a_1, a_2, a_3, \cdots$ は、$f(1) = a_1$, $f(2) = a_2, f(3) = a_3$ などと考えると、数列全体は自然数の上で定義された関数 $f(n)$ と見ることができる。つまり、漸化式は関数の帰納的定義である。次の例は、二重帰納法による 2 変数関数の定義である。

[例 4.7] アッカーマン関数 $A(m, n)$ は、次のように二重帰納的に定義されている。次の問に答えよ。
$$A(0, n) = n + 1$$
$$A(m+1, 0) = A(m, 1)$$
$$A(m+1, n+1) = A(m, A(m+1, n))$$

(1) 定義に基づいて、$A(2, 1)$ を計算せよ。

(2) $A(1, n) = n + 2$ となることを $n=0$ から始める数学的帰納法で証明せよ。

(3) (2)を利用して、$A(2, n) = 2n + 3$ となることを数学的帰納法で証明せよ。

[解] (1) $A(2, 1) = A(1, A(2, 0)) = A(1, A(1, 1)) = A(1, A(0, A(1, 0))) =$ 途中略 $= A(0, 4) = 5$(累積的に計算が行われるので、$A(1, 0), A(1, 1)$ などの途中の計算結果を残しておくと計算が容易になる。)

(2) 定義より、$A(1, 0) = 2$, $A(1, n) = A(0, A(1, n-1)) = A(1, n-1) + 1$, $n \geq 1$ となる。

これを $A(1,n)$ の帰納的定義として、$A(1,n)=n+2$ となることを数学的帰納法で示す。
 (a) $n=0$ のとき、左辺 $=A(1,0)=2$、右辺 $=0+2=2$、よって成立する。
 (b) $n=k$ のとき、$A(1,k)=k+2$ が成立すると仮定する（帰納法の仮定）。
   $n=k+1$ のとき、帰納法の仮定より 左辺 $=A(1,k+1)=A(1,k)+1=(k+2)+1$
   $=k+3$、右辺 $=(k+1)+2=k+3$、よって、成立する。
 (c) 以上より、任意の n について、$A(1,n)=n+2$ が成立する。■
(3) 定義と(2)より、$A(2,0)=A(1,1)=3$、$A(2,n)=A(1,A(2,n-1))=A(2,n-1)+2$、$n\geq 1$ となる。これを $A(2,n)$ の帰納的定義として、$A(2,n)=2n+3$ となることを数学的帰納法で示す。（以下、証明は省略する。）■

帰納的に定義された関数は、任意の引数に対する関数値を定義に従って順に計算できる。この意味で、帰納的定義はその関数を計算する手順（アルゴリズム）を表していると考えることができる。つまり、関数の計算アルゴリズムが帰納的アルゴリズムとして記述されているのである。[例 4.7]のアッカーマン関数は巧妙に帰納的アルゴリズムとして定義されており、記述は簡単である。しかし、定義に従って計算をするには繰返し手順を適用する必要があり、計算の手間は驚くほど大きい。m が小さいときは、上の例のように m,n による比較的簡単な初等関数で表すことができるが、一般にはアッカーマン関数は初等関数では表すことができない関数である。

無限集合の帰納的定義

無限集合を定義するのに、帰納的定義の構成と同じ手法を用いることができる。帰納的定義では集合の要素を順に定義していくことになるから、帰納的定義が集合の要素を構成する手順、構成アルゴリズムを示していると考えることができる。

[例 4.8] 次の帰納的定義によって定義される集合 A はどのようなものか説明せよ。
 (a) 1 は A の要素である。
 (b) x が A の要素ならば、$x+2$ も A の要素である。
 (c) A は以上の手続きを有限回適用して得られるすべての要素だけからなる。
[解] $1\in A$, $1+2=3\in A$, $3+2=5\in A$, ⋯。A は正の奇数からなる集合。■
[例 4.9] 任意の長さのビット列を考える。長さ n のビット列とは、0 と 1 だけからなる n 文字列である。長さ n のビット列は、2^n 通りある。いま、00 というビット列を含まな

いビット列の集合を B としよう。たとえば、$10110 \in B$ であるが、$10100 \notin B$ である。B には長さ 0 のビット列、空ビット列を含むものとしよう。空ビット列は ε で表す。次の問に答えよ。

(1) B を、含まれているビット列の長さ n について、帰納的に定義せよ。

(2) 00 を含まない長さ n の異なるビット列の数を $B(n)$ とするとき、$B(0) \sim B(4)$ を求めよ。

(3) $B(n)$ が、次のように累積帰納的に定義できることを示せ。(この数列はフィボナッチ数列と呼ばれている数列の帰納的定義である。)

$B(0) = 1, \ B(1) = 2,$
$B(n+2) = B(n+1) + B(n), \ n \geq 0$

[解] (1) ビット列の長さについて帰納的に定義する。1つだけ長いビット列の構成法は、その前のビット列が 0 で終わっているかどうかで異なるから、B を、0 で終わるビット列 B_0 と、1 で終わる(0 以外で終る)ビット列 B_1 とに分割する。つまり、$B = B_0 + B_1$(集合の直和)とする。最短のビット列は ε で、B_1 に属する。ε から1つずつ長さを増して行くとして、B_0 の初期集合は空集合 $\{\ \}$ である。次のように定義できる。(なお、W はビット列を表す変数記号で、$W0, W1$ は W に 0 または 1 を続けた 1 文字長いビット列である。)

(a) $B_1 = \{\varepsilon\}, \ B_0 = \{\ \}$

(b) $W \in B_0$ ならば、$W1 \in B_1$
    $W \in B_1$ ならば、$W0 \in B_0, \ W1 \in B_1$

(c) 以上の手続きを有限回繰返して得られるものだけが B_0, B_1 の要素である。B は $B = B_0 + B_1$ によって得られる。

(2) $n = 0$ のビット列は ε だけだから $B(0) = 1$、$n = 1$ は $0, 1$ の 2 つで $B(1) = 2$、$n = 2$ は $01, 10, 11$ だから $B(2) = 3$、$n = 3$ では $010, 011, 101, 110, 111$ だから $B(3) = 5$、同様にして、$B(4) = 8$。

(3) (1)の帰納的定義に従って考える。B_0, B_1 の長さ n のビット列をそれぞれ $B_0(n)$、$B_1(n)$ とすると、(1)の帰納的定義より次の帰納的定義が導かれる。

(a) $B_0(0) = 0, \ B_1(0) = 1$

(b) $B_0(n+1) = B_1(n), \ B_1(n+1) = B_0(n) + B_1(n), \ n \geq 0$

ここで、(a)より、$B(0) = B_0(0) + B_1(0) = 1$、(b)より、$B_0(1) = B_1(0) = 1, \ B_1(1) = B_0(0) + B_1(0) = 1$、したがって、$B(1) = B_0(1) + B_1(1) = 2$。次に、一般に、$B(n) = B_0(n) + B_1(n)$ であるから、(b)より、$B_1(n+1) = B(n)$、$B_0(n+1) = B_1(n) = B(n-1)$ となり、$B(n+2) = B_0(n+2) + B_1(n+2) = B(n) + B(n+1)$ となる。■

数式の集合

数式にはさまざまなものがあるが、ここでは次のような加法＋と乗法×の演算からなる簡単な数式を考えよう。以下の考え方は任意の数式に共通である。

$$(1+2) \times 3 + 4$$

簡単のため、すべての項の数値は共通の記号で x と書くことにすると、

$$(x+x) \times x + x$$

となる。それぞれの x は任意の数値に置き換えることができる。＋や×は、2つの数値に第3の数値を対応させる2項演算記号である。数式はある形式に従って表す必要がある。正しく表現された数式の集合 F を定義しよう。

$$F = \{f \mid f \text{ は正しく表現された数式}\}$$

数式 $(x+x) \times x$ は、○×x の○に、数式 $x+x$ にカッコ（ ）をつけて挿入したものである。一般に、数式の項には任意の数式が入り得る。これは数式の特徴の1つであって、数式は再帰的である。数式は次の例のように再帰的に定義するのがわかりやすい。数式の構造については 10.3 節でふれる。

[例 4.10] 演算を加法＋と乗法×とし、すべての数値項を共通の記号 x で表したとき、正しい数式の集合 F を帰納的に定義せよ。また、定義に従って、数式 $(x+x) \times x$ を導け。

[解] (a) $x \in F$
    (b) $P \in F$, $Q \in F$ ならば、$P+Q \in F$, $P \times Q \in F$, $(P) \in F$
    (c) 以上の手続きを有限回適用して得られるものだけが F の要素である。

この定義の(b)で、$P=Q=x$ とすると $P+Q=x+x$ が得られ、次に、$P=x+x$ として $(P)=(x+x)$ となる。最後に $P=(x+x)$, $Q=x$ とすると $P \times Q=(x+x) \times x$ が得られる。（正しい数式の形を定義するこのような規則を、数式の形成規則(formation rule)という。）■

帰納的アルゴリズム

アルゴリズム(algorithm)は、情報科学分野では普通に使われることばであるが、一般にはなじみの薄いことばである。簡単にいえば、アルゴリズムはある処理をするときの明示的な手順、処理手続きである。処理手続きはいくつかの処理の連鎖であり、処理単位の系列からなる。アルゴリズムの例としてわかりやすいのは料理のレシピである。たとえば、カレーライスを作るには、野菜

や肉、カレールーなどの材料を用意して、ニンジンや玉葱をザク切りにし、肉と一緒にして鍋で煮る。煮上がったらルーを入れ、…。このように手順はいくつかの処理単位の系列で表されている。この処理単位は、たとえば、ニンジンを切るのは、まず洗って、まな板の上にのせ、包丁で適当な大きさに切る…、という、より細かい処理単位の手順になる。さらに、ニンジンを洗うには、蛇口のカランをひねって水を出して、ニンジンに水をかけながら表面を手で擦ってきれいにする、…、という、さらに細かい処理単位からなっている。また、献立は、カレーライスと野菜サラダ、飲み物、などから構成するから、カレーをつくるという料理のアルゴリズムはより上位の献立のアルゴリズムの処理単位となる。一般に、アルゴリズムは、それを構成する処理単位自身がアルゴリズムとなる、再帰的な構成となっている。

帰納的アルゴリズム(再帰的アルゴリズム)は、あるアルゴリズムが、その中でそのアルゴリズム自身を使うアルゴリズムである。その例として**最大公約数**(Greatest Common Divisor, GCD)を求める**ユークリッドの互除法**(Euclidean Algorithm)をとりあげよう。これは、図 4.1 のように、繰返し除算を相互に行って最大公約数を求める方法である。この例は、GCD(3024, 1620)を求めている。

```
                    | 3024  1620 | 1
       1620×1 ⇒ -)  | 1620       |
                    |    1  1404   1404 | (- ← 1404×1
        216×6 ⇒ -)  |      1296    216  | 6
                    |         2    108    216 | (- ← 108×2
                    |                       0
```

図 4.1　ユークリッドの互除法

まず、3024 と 1620 の小さい方 1620 で大きい方 3024 を割って余り 1404 を求める。次にその余り 1404 で 1620 を割って余り 216 を求める。これを繰返す。この例では、216 で 1404 を割ると余り 108 を得て、次に 108 で 216 を割ると割り切れる。割り切れたときの除数 108 が求める最大公約数である。

この手法を一般的なアルゴリズムとして記述するには再帰的なアルゴリズムとするのが分りやすい。この方法で最大公約数が得られることは 6 章で考える。

［ユークリッドの互除法のアルゴリズム］　　（$x<y$ の整数とする）　　　　（4.8）
　　GCD(x,y);　　　　　　　　　　　（手続きの名前, x,y は引数, $x<y$）
　　　　$r:=(y \bmod x)$;　　　　　　　　（y を x で割った余りを r とする）
　　　　$r \neq 0$ のとき call GCD(r,x);　　　（r と x の GCD を、再帰呼び出し）
　　　　$r=0$ のとき return(x);　　　　　（$r=0$ なら、最大公約数は x、終了）

GCD(x,y) は手続きの名前で x,y はその引数（入力変数）である。記号 := は右辺の結果を左辺の記号で表す（代入する）こと、$(y \bmod x)$ は y を x で割ったときの余り、call は手続きの呼び出し、を意味する。return(x) は得られた最大公約数 x を返り値とする終了命令である。この手続きでは、GCD の中で再び同じ GCD を再帰的に用いている。なお、任意の自然数の入力 x,y に対してこのアルゴリズムを機能させるには、$x=y$ のとき（x が GCD）と、$x>y$ のとき（x と y を入替える）の処理を追加しておく。コンピュータプログラムとしては、GCD を呼び出す前にこの処理を済ませておいて、この GCD アルゴリズムには入れない方が高速になる。

　ユークリッドの互除法は、2つの自然数の最大公約数を効率的に求めることのできるアルゴリズムである。

ハノイの塔

　ハノイの塔のパズルとは、次のようなものである。

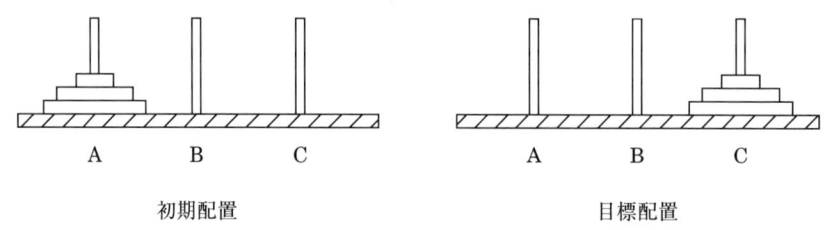

　　　　　　初期配置　　　　　　　　　　　　目標配置
図 4.2　ハノイの塔のパズル

　図 4.2 のように、A, B, C の 3 本の棒の 1 本に中心に穴のあいた大小 n 枚の円盤が大きい方から順に挿してある。同じ大きさの円盤はない。一番上の円盤は自由に他の棒に移動できる。n 枚の円盤を A の棒から C の棒へ移し替えるのが問題である。ただし、1 回に 1 枚しか移動できないし、各円盤の上にそれより大きい円盤は置けない。このパズルを解くには再帰的な手順が分りやすい。

[例 4.11] n 枚のハノイの塔のパズルについて、次の問に答えよ。

(1) $n=3$ 枚のとき、A から C へ移す最小の移動手順を示せ。

(2) n 枚の円盤を A から C へ移すハノイの塔のパズルを最短手順で解く再帰的アルゴリズムを示し、それを用いて必要な移動回数を求めよ。（ヒント：n 枚の問題の解法アルゴリズムを、$n-1$ 枚の問題の解法アルゴリズムを用いて表わせ。$n=1$ のときは自明である。）

[解] (1) 省略。（最短手順は 7 回）

(2) x, y, z は A, B, C の棒のうちのどれかでお互いに異なる棒を指しているとし、n 枚の円盤を x から y へ移すアルゴリズムを $P(n; x, y)$ と書こう。つまり、

$P(n; x, y) = n$ 枚を x から y へ移す

$n=1$ の手順はそれ以上分解する必要はない。任意枚数の手順がすべて $n=1$ の手順に分解できればよい。実際、P は次のように再帰的に定義できるから、任意の n について $n=1$ の手順に分解できる。（このように再帰的に表すことができる理由の説明は省略するが、読者は説明を考えられたい。）問題の解は、$P(n; A, C)$ である。

(a) $P(1; x, y)$ = 1 枚を x から y へ移す

(b) $P(n; x, y)$ = $P(n-1; x, z) \cdot P(1; x, y) \cdot P(n-1; z, y)$, $n \geq 2$

この定義の (b) は、左辺の手続きが、右辺の一連の手続きからなっていることを示す。右辺は、まず $P(n-1; x, z)$ を行い、次に $P(1; x, y)$、そして $P(n-1; z, y)$ をする、ことを意味している。この再帰的定義から、n 枚のときの最短の移動回数を $f(n)$ とすると、

(a) $f(1) = 1$

(b) $f(n) = f(n-1) + f(1) + f(n-1) = 2f(n-1) + 1$, $n \geq 2$

となり、これを解くと $f(n) = 2^n - 1$ が得られる。（[例 4.6] 参照））■

ハノイの塔のパズルは問題をより小さい問題に分割し、その小さい問題をもとの問題と同様の手順で解く（再帰的アルゴリズム）ところに特徴がある。

リスト

リスト (list) は、(a, b, c) のように、いくつかの成分をカンマ ", " で区切って並べてカッコでくくったものである。さらに、$(a, (b, c))$ のように、リスト自身が成分になり得る。リストは再帰的構造となっている。

リストについては 10 章で説明する。ここではリストの再帰的構造について説明しよう。リストの成分になるリストの要素をアトム (atom) という。任意の記号あるいは記号列がアトムになる。たとえば、"a"、"123" はアトムである。

アトムを1つも含まないリストを( )と書き、空リストと呼ぶ。

[リストの帰納的定義] (4.9)

   (a) 空リスト( )はリストである。

        n 個の成分 $a_1, a_2, \cdots, a_n (n \geq 1)$ がアトムならば、

            $(a_1, a_2, \cdots, a_n)$ はリストである。

   (b) n 個の成分 $A_1, A_2, \cdots, A_n (n \geq 1)$ がアトムまたはリストならば、

            $(A_1, A_2, \cdots, A_n)$ はリストである。

   (c) 以上の手続きを有限回適用して構成されるものだけがリストである。

＜コラム：コンピュータ・プログラムと帰納的関数＞

　コンピュータ・プログラムは入力に対して対応する出力をして停止する。これは入力の集合から出力の集合への対応である。プログラムが繰返しを含んでいると、入力によっては無限ループに入って止らなくなる。このときはプログラムは停止せず暴走したという。このときは出力が得られない。プログラムが異常停止するとエラーメッセージを出すが、これは停止して出力したと考えてよい。したがって、コンピュータ・プログラムは一般には部分写像(部分関数)である。プログラムはこの部分関数の定義を記述していると見ることができる。プログラムがどのような入力に対しても必ず停止して出力するとき、全域的であるという。一般のプログラムは暴走して出力しないこともあるから、部分的である。プログラムが再帰的構造をとっているとき、たとえば、カウンタ(帰納法の k に相当するもの)をゼロまでカウントダウンして再帰回数を制御していると、カウンタの初期値がたまたま負の数になって終了しなくなることがある。これはその入力に対してはアルゴリズムが帰納法の公理(定義)に従っていないためである。再帰の制御に失敗すると、一般には循環したり発散したりしてしまう。

　全域的なプログラムでは、どんな値を入力しても何らかの結果の出力が得られる。しかし、プログラムが部分的であると入力によっては結果が得られないことがある。全域的プログラムは部分的であるが、部分的プログラムは全域的とは限らない。

　一般に、再帰的な用法を含めて構成できるプログラムが定義する部分関数は、帰納的関数と呼ばれる。帰納的関数には、われわれの扱うことのできる、あるいは扱うことができると考えられるすべての関数が属する。われわれの判断や意思決定は、さまざまな前提(入力)から判断、診断、結論などの出力を得ることであるから、もし、その入力と出力の関係を帰納的関数として表すことができるならば、その関係は何らかの方法でコンピュータプログラムとして表すことができる。コンピュータはわれわれが扱うことの可能なすべての関数を表し処理することができる。この意味で、コンピュータは万能である。

関数をリストで表現することがある。たとえば、2 変数関数 $f(x_1, x_2)$ を
$$(f, x_1, x_2) \tag{4.10}$$
とリストとして表すのである。この表現では、リストの第 1 成分は関数を表し、第 2 成分以降は引数を表す。2 変数関数 $f(x_1, x_2)$ の x_1, x_2 にそれぞれ 2 変数関数 g_1, g_2 を代入して合成した関数は、リスト表現では次のようになる。
$$(f, (g_1, x_1, x_2), (g_2, x_1, x_2)) \tag{4.11}$$

第 4 章　演習問題

［1］　N を自然数の集合、次の集合が可算集合であることを示せ。(N との間の全単射を示せ。数式で表現できるなら数式で表せ。)
  (1) $N' = N + \{0\}$　　(2) 正の奇数の集合 Odd　　(3) 整数の集合 Z
  (4) $Z^2 = Z \times Z$　　(5) $Z^3 = Z \times Z \times Z$　　(6) 有理数の集合 Q

［2］　次の問に答えよ。
  (1) 有限集合 A_i の可算個の集まり、$A_1, A_2, A_3, \cdots$、の和 $S = \bigcup_{i=1}^{\infty} A_i$ が可算集合であることを証明せよ。
  (2) 可算集合 A_i の可算個の集まり、$A_1, A_2, A_3, \cdots$、の和 $S = \bigcup_{i=1}^{\infty} A_i$ が可算集合であることを証明せよ。

［3］　代数的数の集合が可算であることを示せ。代数的数とは、整数係数の多項式方程式の解となる実数で、たとえば、$\sqrt{2}$ は、$x^2 - 2 = 0$ の解となるから、代数的数である。

［4］　自然数の集合 N から $\{0, 1\}$ への写像のすべての集合 F について、$|F| > |N|$ となることを示せ。

［5］　自然数の集合 N と実数の集合 R が対等でないことを示す。まず、R と $[0, 1]$ 区間の実数の集合が対等であることを示せ。次に、N と $[0, 1]$ について、$|N| < |[0, 1]|$ を示せ。

［6］　次のことを、数学的帰納法で証明せよ。
  (1) $3^n + 7^n$ は、8 で割ると 2 余る。
  (2) $1 + 2 + 2^2 + 2^3 + \cdots + 2^n = 2^{n+1} - 1$
  (3) $1 \cdot 1! + 2 \cdot 2! + 3 \cdot 3! + \cdots + n \cdot n! = (n+1)! - 1$
  (4) $1^3 + 2^3 + 3^3 + \cdots + n^3 = (1 + 2 + 3 + \cdots + n)^2$

［7］　次の漸化式に関して、問に答えよ。
$$a_1 = 2, \quad a_{n+1} = \frac{1}{2}\left(a_n + \frac{2}{a_n}\right) \geq 1$$

(1) $a_n > \sqrt{2}$ が任意の n について成立することを、数学的帰納法で示せ。

(2) a_n は単調減少数列 $(a_1 > a_2 > \cdots > a_n > \cdots)$ であることを示せ。

(3) a_n は $n \to \infty$ の極限で、$\sqrt{2}$ に収束することを示せ。($b_n = a_n - \sqrt{2} \to 0$ を示せ)

[8] 次のことを数学的帰納法で示せ。

(1) n 個の要素からなる集合には 2^n 個の部分集合がある。

(2) 平面上に n 本の直線を、どの2本も並行でなく、どの3本も1点で交わらないように描くと、平面は $(n^2+n+2)/2$ 個の領域に分けられる。

(3) 50円と80円の切手を組合せると、280円以上の郵便料金を10円単位で構成できる。

[9] n 本の傘がある。今、次のように数学的帰納法により推論すると、傘の色はすべて同じであることが分った。この推論の正否を答え、誤っている場合はその理由を指摘せよ。

(基本段階) $n=1$ 本の傘は、同じ色である。

(帰納段階) $n=k$ 本の傘が同じ色であると仮定する。

$n=k+1$ 本のとき、分りやすく傘に $1 \sim k+1$ の番号を付けてラベルとすると、帰納法の仮定より、$\{1,2,\cdots,k\}$ の k 本の傘は同じ色であり、また、$\{2,3,\cdots,k,k+1\}$ の k 本も同じ色である。したがって、$\{1,2,\cdots,k,k+1\}$ の $k+1$ 本は同じ色でなければならない。

(結 論) 以上より、任意の自然数 n について、n 本の傘は同じ色である。

[10] 次の帰納的定義によって定義される集合 A はどのようなものか説明せよ。

(1) (a) 1は A の要素である。

(b) x が A の要素ならば、$x+3$ も A の要素である。

(c) A は以上の手続きを有限回適用して得られるすべての要素だけからなる。

(2) (a) $1 \in A, 2 \in A$

(b) $x, y \in A$ ならば、$x \times y \in A$

(c) A は以上の手続きを有限回適用して得られるすべての要素だけからなる。

[11] 次のように帰納的に定義される自然数 N における関数 $F(n)$、$G(n,m)$ について、定義にしたがって $F(5), G(2,3)$ を求めよ。また、これらの関数はどのような関数か示せ。

(1) $F(1) = 1, \ F(n+1) = 2 \cdot F(n) + 1$

(2) $F(1) = 1, \ F(n+1) = (n+1) \cdot F(n)$

(3) $G(0,m) = m, \ G(n+1,m) = G(n,m) + 2$

[12] 次のように、連立して帰納的に定義された関数 $F(n), G(n)$ がある。定義に従って $F(4), G(4)$ を求めよ。また、これらの関数を簡単に表せ。

    a. $F(1) = 2, \ G(1) = 1,$

    b. $F(n+1) = F(n) - 2G(n), \ G(n+1) = -3F(n) + 2G(n)$

(ヒント：$P(n) = F(n) - G(n), \ Q(n) = 3 \cdot F(n) + 2 \cdot G(n)$ として、F, G の帰納的定義

を P, Q の帰納的定義に変換し、$P(n)$, $Q(n)$ を求めよ。この P, Q における F, G の係数は、次のように決めたものである。$R(n) = \alpha F(n) + \beta G(n)$ とし、$R(n+1) = \gamma R(n)$ となるように α, β, γ を決める。γ は 4 と -1 の 2 つがあり、$\gamma = 4$ に対応する $R(n)$ が $P(n)$ で、-1 に対応する $R(n)$ が $Q(n)$ である。形式的には、γ は係数行列 $\begin{pmatrix} 1 & -2 \\ -3 & 2 \end{pmatrix}$ の固有値で、(α, β) はそれぞれの固有値に対応する行の固有ベクトルである。簡単にいえば、$P(n)$, $Q(n)$ は係数行列を対角化する線形変換を与えている。)

[13] フィボナッチ数列は、次のように累積帰納的に定義されている。

$$a_0 = 1,\ a_1 = 1,\ a_n = a_{n-2} + a_{n-1},\ n \geq 2$$

次のことを数学的帰納法で示せ。
(1) $a_0 + a_1 + \cdots + a_{n-1} = a_{n+1} - 1$, $n \geq 1$
(2) $a_0 + a_2 + \cdots + a_{2n} = a_{2n+1}$, $n \geq 0$
(3) $a_0^2 + a_1^2 + \cdots + a_n^2 = a_n a_{n+1}$, $n \geq 1$
(4) $a_n^2 = a_{n-1} a_{n+1} + (-1)^n$, $n \geq 1$

[14] n 段の階段を登るのに、1 歩で 1 段上がる方法と 1 歩で 2 段上がる方法を組み合わせると、何通りかの方法がある。$f(n)$ を n 段の異なる登り方の数として、次の問に答えよ。
(1) 4 段の階段を登るとき、異なった登り方をすべて示せ。
(2) $n = 1 \sim 4$ のときの $f(n)$ の値を示せ。
(3) $f(n)$ の帰納的定義を示し、なぜそうなるか説明せよ。

[15] [例 4.9] と同様に、任意の長さのビット列を考える。000 というビット列を含まないビット列の集合を C とする。次の問に答えよ。
(1) C を、含まれているビット列の長さ n について、帰納的に定義せよ。
(2) 000 を含まない長さ n の異なるビット列の数を $C(n)$ とするとき、$C(0) \sim C(5)$ を求めよ。
(3) $C(n)$ の帰納的定義を求めよ。

[16] 最大公約数 $\mathrm{GCD}(7539, 22976)$, $\mathrm{GCD}(77616, 267540)$ を、ユークリッドの互除法によって求めよ。

[17] n 枚のハノイの塔のパズルについて、初期配置 A から C へ移動させる場合、最小の手順のとき 1 回目に移動させる最小の円盤はどこへ移動させればよいか考える。
(1) $n = 2$ のときは、どこか。また、$n = 3$ のときはどうか。
(2) 一般の n について予想し、それを数学的帰納法で証明せよ。

第5章　離散関係

5.1　関　係
2項関係
　関係という語は、日常的にいろいろな意味で使われることばである。たとえば、阿部さんが松井さんを知っているとき、知人という関係にある、などという。関係の表現を考えてみよう。述語で関係を表すことができる。

　　　知人(x, y) = xはyを知っている

この述語を用いると、知人(阿部, 松井) = Tとなる。述語のドメインは、xの変域Aとyの変域Bの直積集合$A \times B = \{(x, y) | x \in A, y \in B\}$である。このような2引数述語で表される関係を$A$から$B$への2項関係(binary relation)、あるいは簡単に、AからBへの関係、という。次の集合F、

　　　$F = \{(x, y) | 知人(x, y), x \in A, y \in B\}$

は、知人関係にあるすべての2項組の集合である。この集合は全体集合$A \times B$における部分集合、知人関係全体を表している。関係はこのような2項組の集合で表すことができる。言い換えれば、AからBへの関係は$A \times B$の部分集合である、とすることになる。

　たとえば、$P = \{$Aさん, Bさん, Cさん, Dさん$\}$, $Q = \{$犬, 猫, 鳩$\}$として、$P \times Q$における部分集合R、

　　　$R = \{($A, 犬$), ($B, 猫$), ($B, 犬$), ($D, 鳩$)\}$

はPからQへの2項関係で、「○○さんが飼っているペットは△△である」という関係を表している。集合Pを横に並べ、集合Qを縦に並べて、直積集合$P \times Q$の要素の順序対を図5.1などのように平面上の格子点で示すと、関係Rはこの平面上の点の集合として描くことができる。

5.1 関係

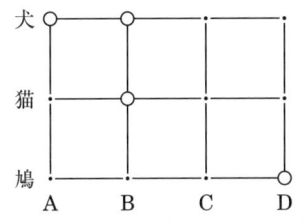

```
犬 ○─────○─────○─────●
  │     │     │     │
猫 ○─────●─────○─────○
  │     │     │     │
鳩 ○─────○─────○─────●
  A     B     C     D
```

図 5.1　ペットを飼っている関係

この例からわかるように、P から Q への 2 項関係は 3 章で説明した対応と同義である。一般の関係は、多対多の対応である。

図 5.1 の例で、$(B, 犬) \in R$ で、B と犬は R の関係にある、といい、BR 犬と書く。一般に、a が b と関係 R にあることを、次のように書く。

$$aRb \tag{5.1}$$

これを関係の**中置記法**(infix notation)という。式(5.1)では、直積集合の部分集合を表す記号と同じ記号 R を、関係を表す中置記法の記号としても使っている。「a は b と等しい」、「a と b は等しくない」、「a は b より大きい」といったことを $a = b$ とか $a \neq b$、$a > b$ などと書くが、これらの記号 " $=$ "、" $\neq$ "、" $>$ " は、関係を表す中置記法の記号である。

A から A への 2 項関係を、A における関係(あるいは、A の中の関係、A の上の関係)という。この関係は $A^2 = A \times A$ の部分集合である。

[例 5.1]　A, B, C, D, E の 5 人の中で、関係 R を、$xRy : x$ は y を知っている、として、$R = \{(A, B), (A, D), (A, E), (B, A), (B, E), (C, A), (C, B), (C, E), (E, B), (E, C)\}$ とする。いま、関係 S を、$xSy : x$ と y は互いに知っている、とすると、S は R の部分関係である。S を求めよ。

[解]　$S = \{(A, B), (B, A), (B, E), (C, E), (E, B), (E, C)\}$ ∎

関係と写像

A から B への関係において、任意の A の要素が関係する B の要素が 1 つだけ必ず存在する、そのような関係は A から B への写像である。したがって、写像は関係の特別なものとみることができる。

ところで、次のように考えると関係も写像とみることができるから、関係は

写像の特別なものと見ることもできる。A から B への関係 R は一般には多対多であるから、A の1つの要素に対して B の複数の要素が関係する。関係する B の要素がない場合もある。言い換えれば、A の1つの要素に対応する B の要素の集まりは B の部分集合となっている。B のすべての部分集合はベキ集合 $\mathcal{P}(B)$ であるから、関係 R から次のような、A から $\mathcal{P}(B)$ への写像 f_R が定義できる。

$$f_R:A\to\mathcal{P}(B),\ f_R(x) = \{y|x\in A,\ y\in B,\ xRy\} \tag{5.2}$$

これは、A の各要素が B の部分集合へ多対1に対応する写像である。関係する B の要素をもたない A の要素には空集合が対応する。部分集合が必ず1つの要素だけ含むような写像 (5.2) が通常の写像である。

A から B への関係 $R\subset A\times B$ の順序対の第1成分と第2成分を入れ替えて得られる B から A への関係を、R の逆関係 (inverse relation) といい、R^{-1} と書く。$R^{-1}\subset B\times A$ である。

$$R^{-1} = \{(x,y)\,|\,(y,x)\in R\} \tag{5.3}$$

[例 5.2] 図 5.1 の関係を表す写像を示せ。
[解] 対応関係を示すと、A→{犬}, B→{犬,猫}, C→{ }, D→{鳩}
[例 5.3] 図 5.1 の逆関係を表す写像を示せ。
[解] 対応関係を示すと、犬→{A,B}, 猫→{B}, 鳩→{D}

関係の和と合成

関係 P, Q がともに集合 A から集合 B への関係 ($A\times B$ の部分集合) であるとき、$S=P\cup Q$ を関係の和という。たとえば、A をある H 学科の学生の集合、$B=\{$合, 否, 保留$\}$ として、P を **離散数学に合格したかどうか** という A から B への関係、Q を **解析学に合格したかどうか** という A から B への関係とすると、$S=P\cup Q$ は **離散数学か解析学かどちらに合格したかどうか** という A から B への関係を表す。

H 学科の学生の集合 A、H 学科で開講している科目の集合 B、H 学科の教員の集合を C とする。学生の受講登録科目は A から B への関係で、これを P とする。各科目の担当教員は B から C への関係で、Q とする。学生は授業を通

して何人かの教員に担当してもらう。この担当関係をAからCへの関係Rとすると、RはPとQの合成である。このように、共通の要素を介した間接的な関係を合成関係(composition)といい、$R=P\cdot Q$と書く。$P \subset A \times B = \{(x,y) | x \in A, y \in B\}$、$Q \subset B \times C = \{(x,y) | x \in B, y \in C\}$として、

$$R = P \cdot Q = \{(x,z) | \exists y \in B \ (x,y) \in P, (y,z) \in Q\} \tag{5.4}$$

合成の演算記号・は省略して、$R=PQ$と書くことが多い。関係の合成を関係の積ともいう。関係P, Qが写像(関数)であるときは、関係の合成は3章で説明した写像の合成であって、合成関係Rも写像である。なお、写像の合成はオペレータ(3章末のコラム参照)として定義したので、演算表記の順序が逆になっていることに注意されたい(合成関係Rは、関数としての合成では$R=Q \cdot P$と書く)。

集合Aにおける関係RのR自身との合成もAにおける関係である。これを

$$R^2 = R \cdot R = \{(x,z) | x,y,z \in A, xRy, yRz\} \tag{5.5}$$

と書く。一般に、Rのベキを次のように定義する。

$$R^n = R^{n-1} \cdot R, \ n = 1, 2, 3, \cdots、ただし、R^0 = I_A, R^1 = R \tag{5.6}$$

I_AはAにおける恒等関係で、Aの全ての要素が自分自身とだけ関係している。

$$I_A = \{(x,x) | x \in A\} \tag{5.7}$$

R^nは、間に$n-1$個の要素が仲介するAにおける間接的関係である。

[例5.4] 食材 a, b, c, d, e に含まれているビタミン A, B, C, D, E と必須アミノ酸 F, G, H, I を次の図(a)にまとめてある。図(b)は料理 P, Q, R, S に用いる食材をまとめたものである。料理 P, Q, R, S に含まれているビタミンと必須アミノ酸をそれぞれ示せ。(8章の演習問題 [13]参照)

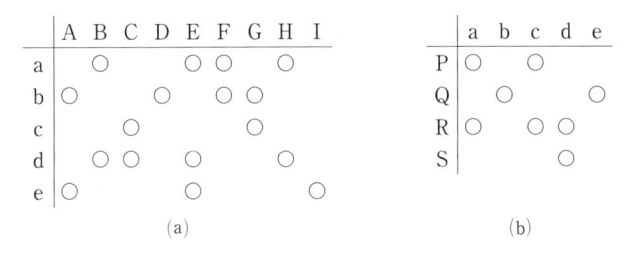

	A	B	C	D	E	F	G	H	I
a		○		○	○				
b	○		○			○	○		
c			○			○			
d	○	○		○				○	
e	○				○				○

	a	b	c	d	e
P	○		○		
Q		○	○		○
R	○		○	○	
S	○			○	

(a)　　　　　　　　　　(b)

[解] P→{B, C, E, F, G, H}, Q→{A, D, E, F, G, I}, R→{B, C, E, F, G, H}, S→{B, C, E, H} ∎

5.2 関係グラフと関係行列
関係グラフ

2.1 節で対応を図 2.1 のように表現したが、図 5.1 の P から Q へのペットの関係を図に描くと、図 5.2(a) のように描ける。これは、集合の要素を並べておいて要素 a から要素 b へ関係があるとき、a から b へ矢印でつないだものである。このような図で、要素を節点 (node)、矢印を有向辺 (arc) といい、これを関係グラフという。逆関係の関係グラフは、図 5.2(b) のように有向辺の矢

＜コラム：関係データベース＞

n 項関係は n 個の項目の組、n 項組で表わされ、n 個の集合の直積の部分集合である。

名簿には、氏名、住所、電話番号、所属、電子メールアドレスなどの項目のデータが表の形で整理されている。表の1つの行には、たとえば、(小倉○○、□□市△△町、81-123-456-xxxx、◇◇大学、ogura@ab.cde、…)などと各項目のデータが並べられている。名簿は五十音順に並べるが、それは名前を探す(検索する)ときの便宜のためであって、並べる順序は名簿にとっては必要ではない。表の各行を n 項組とみなすと、この表形式の名簿は n 項組の集合と考えることができる。関係データベース (relational database) は、このような表形式にまとめられたデータの集まりで表わすデータベースである。この方式は、Codd が提案したデータベース方式で、関係を対象とした数学、関係代数に基づいている。

データベースを処理し管理するためのコンピュータシステムをデータベース・マネジメント・システム (Database Management System, DBMS) というが、関係データベースの DBMS はこのような表形式のデータベースを多数管理する。住所録などの個人データ表以外にも、担当授業の受講表や指導学生名簿などがあって、ある教員が担当している科目のある受講生について、彼を指導している教員の意見を聞くために電話番号を調べたいと思ったとする。これに応えるためには、DBMS にはどのような機能が必要であろうか。関係 DBMS は、複数の表形式データベースを同時に処理するために、関係演算機能を備えている。関係データベースの n 項組の集合を対象に、関係演算は、集合演算(和、積、補、差、直積など)や関係の合成演算とともに、さらに、2つの表を結合する結合 (join)、項目の抜出しをする射影 (projection)、条件を満たす組だけを抜出す選択 (selection)、最小の関係を抜出す除算 (division) 等の演算を含む。関係データベースに対する任意の検索要求は SQL (structured query language) と呼ぶ言語で記述できる。

5.2 関係グラフと関係行列

印の向きを逆にしたものである。グラフによる表現を実際に描くときには、集合の要素の並べ方によりグラフが見掛け上大変異なって見えることがある。グラフについては9章、10章で詳しく説明する。

(a) 関係グラフ　　(b) 逆関係の関係グラフ

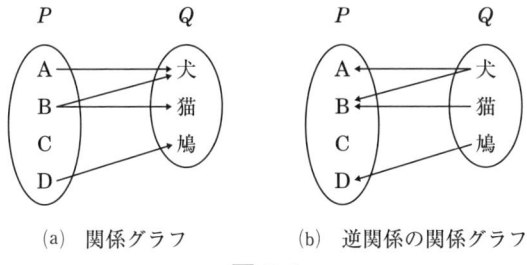

図 5.2

有限集合 A における関係も同様に表わすことができる。A における関係 R において、要素 $a \in A$ が自分自身と関係している $((a,a) \in R)$ ときは、R の関係グラフ表現では節点 a のループ (loop) となる (a から出て a に戻る) 有向辺がある。

[例 5.5]　次の $A = \{a, b, c, d\}$ における関係 R の関係グラフを示せ。
$R = \{(a,a), (a,b), (a,d), (b,a), (b,b), (b,c), (c,a), (c,d), (d,c)\}$
[解]　R の要素、(a,a), (b,b) に対応する有向辺はループになる。■

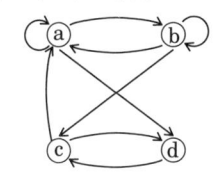

関係行列

有限集合の関係をコンピュータプログラムで処理するとき、データ表現としては有向辺を順序対の集合として表現すればよい。一方、関係行列による表現もよく用いられる。これは、関係のある要素間の行列成分を 1、関係がなければ 0 としたものである。たとえば、図 5.1 のペットを飼っている関係は図 5.3 (a) のような行列で表現できる。

$$
\begin{array}{c}
\begin{array}{cc}
 & \begin{array}{ccc}犬 & 猫 & 鳩\end{array} \\
\begin{array}{c}A\\B\\C\\D\end{array} & \begin{pmatrix}1&0&0\\1&1&0\\0&0&0\\0&0&1\end{pmatrix}
\end{array}
\qquad
\begin{array}{cc}
 & \begin{array}{cccc}A & B & C & D\end{array} \\
\begin{array}{c}犬\\猫\\鳩\end{array} & \begin{pmatrix}1&1&0&0\\0&1&0&0\\0&0&0&1\end{pmatrix}
\end{array}\\
\text{(a) 関係行列} \qquad\qquad \text{(b) 逆関係行列}
\end{array}
$$

図 5.3　関係行列表現

一般に、2 つの集合を $A = \{a_1, a_2, \cdots, a_m\}$、$B = \{b_1, b_2, \cdots, b_n\}$ として、A から B への関係 R の関係行列 R を、その第 i 行第 j 列の要素 r_{ij} が

$$
r_{ij} = \begin{cases} 1 & (a_i, b_j) \in R \\ 0 & (a_i, b_j) \notin R \end{cases} \tag{5.8}
$$

である $m \times n$ 行列で表す。逆関係の関係行列は、もとの関係行列の行と列を入れ替えた転置行列となる (図 5.3(b))。関係行列表現は、関係が疎である (関係する要素が少ない) と行列の大部分の要素が 0 となってしまい、データ表現の構造としては無駄の多い表現となる。

有限集合 A における関係の関係行列は正方行列となる。A における恒等関係 I_A の関係行列表現は単位行列 (すべての対角要素が 1 で、非対角要素は 0) である。

[例 5.6]　[例 5.5] の $A = \{a, b, c, d\}$ における関係 R の関係行列を示せ。
[解]
$$
R = \begin{pmatrix}1&1&0&1\\1&1&1&0\\1&0&0&1\\0&0&1&0\end{pmatrix}
$$

関係行列の和と積

関係 P, Q がともに集合 A から集合 B への関係であるとき、関係の和 $S = P \cup Q$ を関係行列で表すと、P と Q の関係行列の対応する行列成分を加えて、得られた結果が 0 以外のときは 1 とした行列となる。このような行列の和を、行列のブール和と呼ぼう。$P = (p_{ij})$、$Q = (q_{ij})$ をともに $m \times n$ 行列で、$i = 1 \sim m$, $j = 1 \sim n$ として、P と Q の行列のブール和 S は、$m \times n$ 行列で、

$$
S = (s_{ij}),\ s_{ij} = \begin{cases} 1 & p_{ij} = 1\ \text{あるいは}\ q_{ij} = 1\ \text{であるとき} \\ 0 & \text{それ以外のとき} \end{cases} \tag{5.9}
$$

である。関係の和は、関係行列のブール和で得られる。

A から B への関係 $P \subset A \times B$ と、B から C への関係 $Q \subset B \times C$ との合成関係、$R = P \cdot Q \subset A \times C$ を関係行列で表現するには、P と Q との行列としての積を求め、得られた行列の成分の計算値が 0 以外のときは 1 とした行列とすればよい。このような行列の積を行列のブール積と呼ぼう。$P = (p_{ij})$ を $l \times m$ 行列、$Q = (q_{jk})$ を $m \times n$ 行列、$i = 1 \sim l$, $j = 1 \sim m$, $k = 1 \sim n$ として、行列のブール積 $R = P \cdot Q$ を明示的に表せば、R は $l \times n$ 行列で、

$$R = (r_{ik}), \quad r_{ik} = \begin{cases} 1 & p_{ij} = q_{jk} = 1 \text{ となる } j \in B \text{ が存在するとき} \\ 0 & \text{それ以外のとき} \end{cases} \quad (5.10)$$

となる。これは、A の i 要素と C の k 要素とが間接的に関係するのは、間接的関係を仲介する B の j 要素が 1 つでも存在するときである、ということを式で表現している。関係の合成は、関係行列のブール積で得られる。

[例 5.7] $A = \{a_1, a_2, a_3\}$, $B = \{b_1, b_2, b_3, b_4\}$, $C = \{c_1, c_2\}$ に対し、次の P は A から B への関係、Q は B から C への関係である。A から C への合成関係 $R = P \cdot Q$ を示せ。

(1)
$$P = \begin{pmatrix} 0 & 1 & 1 & 1 \\ 1 & 0 & 0 & 1 \\ 1 & 0 & 1 & 0 \end{pmatrix}, \quad Q = \begin{pmatrix} 0 & 0 \\ 1 & 1 \\ 0 & 1 \\ 1 & 0 \end{pmatrix}$$

(2)
$$P = \begin{pmatrix} 1 & 0 & 0 & 0 \\ 0 & 1 & 0 & 0 \\ 1 & 0 & 1 & 1 \end{pmatrix}, \quad Q = \begin{pmatrix} 0 & 1 \\ 0 & 0 \\ 0 & 1 \\ 1 & 1 \end{pmatrix}$$

[解] (1)
$$R = P \cdot Q = \begin{pmatrix} 0 & 1 & 1 & 1 \\ 1 & 0 & 0 & 1 \\ 1 & 0 & 1 & 0 \end{pmatrix} \begin{pmatrix} 0 & 0 \\ 1 & 1 \\ 0 & 1 \\ 1 & 0 \end{pmatrix} = \begin{pmatrix} 1+1 & 1+1 \\ 1 & 0 \\ 0 & 1 \end{pmatrix} = \begin{pmatrix} 1 & 1 \\ 1 & 0 \\ 0 & 1 \end{pmatrix}$$

(2) 省略

有限集合 A における関係 R の k 次のベキ R^k (R の k 次の関係) は、k 回の合成で関係がつく要素対の集合で、すでにふれたように、間に $k-1$ 個の要素を介した間接的関係を表す。関係 R の関係行列を同じ記号 R で表現すれば、関係 R の k 次の関係 R^k の関係行列は行列 R の k 次のブール積 R^k である。$k = 0$ の R^0 は A における恒等関係 I_A であるから、R^0 の関係行列は単位行列となる。もちろん、$k = 1$ のときは $R^1 = R$ である。$|A| = n$ のとき、もっとも遠い間接的関係は間に高々 $n-1$ 個の要素が仲介する関係であるから、すべての間接的関係は R^n 以下の次数の関係にすべて含まれる。そのため、一般に、次の例に示すように、ある次数以上から同じ関係行列が繰り返し現れる。

[例 5.8] 次の関係行列で表された $A = \{a, b, c, d, e\}$ における関係 R について、$R^i, i = 0, 1, 2, \cdots$ の関係行列表現をそれぞれ求めよ。

(1) $R = \begin{pmatrix} 0 & 0 & 1 & 0 & 0 \\ 0 & 0 & 0 & 0 & 1 \\ 0 & 0 & 0 & 1 & 0 \\ 1 & 0 & 0 & 1 & 0 \\ 0 & 1 & 0 & 0 & 0 \end{pmatrix}$ (2) $R = \begin{pmatrix} 0 & 0 & 1 & 0 & 0 \\ 0 & 0 & 0 & 1 & 0 \\ 0 & 0 & 1 & 0 & 0 \\ 0 & 0 & 0 & 1 & 1 \\ 0 & 0 & 0 & 0 & 0 \end{pmatrix}$

[解] (1) $R^0 = \begin{pmatrix} 1 & 0 & 0 & 0 & 0 \\ 0 & 1 & 0 & 0 & 0 \\ 0 & 0 & 1 & 0 & 0 \\ 0 & 0 & 0 & 1 & 0 \\ 0 & 0 & 0 & 0 & 1 \end{pmatrix}$ $R^1 = \begin{pmatrix} 0 & 0 & 1 & 0 & 0 \\ 0 & 0 & 0 & 0 & 1 \\ 0 & 0 & 0 & 1 & 0 \\ 1 & 0 & 0 & 1 & 0 \\ 0 & 1 & 0 & 0 & 0 \end{pmatrix}$ $R^2 = \begin{pmatrix} 0 & 0 & 0 & 1 & 0 \\ 0 & 1 & 0 & 0 & 0 \\ 1 & 0 & 0 & 1 & 0 \\ 1 & 0 & 1 & 1 & 0 \\ 0 & 0 & 0 & 0 & 1 \end{pmatrix}$ $R^3 = \begin{pmatrix} 1 & 0 & 0 & 1 & 0 \\ 0 & 0 & 0 & 0 & 1 \\ 1 & 0 & 1 & 1 & 0 \\ 1 & 0 & 1 & 1 & 0 \\ 0 & 1 & 0 & 0 & 0 \end{pmatrix}$

$R^4 = \begin{pmatrix} 1 & 0 & 1 & 1 & 0 \\ 0 & 1 & 0 & 0 & 0 \\ 1 & 0 & 1 & 1 & 0 \\ 1 & 0 & 1 & 1 & 0 \\ 0 & 0 & 0 & 0 & 1 \end{pmatrix}$ $R^5 = \begin{pmatrix} 1 & 0 & 1 & 1 & 0 \\ 0 & 0 & 0 & 0 & 1 \\ 1 & 0 & 1 & 1 & 0 \\ 1 & 0 & 1 & 1 & 0 \\ 0 & 1 & 0 & 0 & 0 \end{pmatrix}$ $R^6 = R^4$,以下繰り返す。(2)は省略。

多重関係は、同じ要素間の関係が複数存在することを許す関係である。たとえば、手紙を交換するという関係は手紙の数だけ関係が付く多重関係となる。多重関係の関係行列では、行列の (i, j) 要素の値を i から j への関係の数とする。関係行列の和や積の演算を通常の加算と乗算とすると、得られた合成関係行列の (i, j) 成分は、i から j への間接的関係の数を表す。

5.3 同値関係

関係の性質

A における 2 項関係 R において、A の要素間のいくつかの性質を次のように定義する。(なお、断るまでもないが、この記号 → は写像ではなく、第 1 章で説明した含意(ならば)の論理記号である。)

$a, b, c \in A$ として、

(1) aRa a は (R において) 反射的である   (5.11)
(2) $(aRb) \rightarrow (bRa)$ a と b は対称的である   (5.12)
(3) $(aRb \land bRa) \rightarrow (a = b)$ a と b は反対称的である   (5.13)
(4) $(aRb \land bRc) \rightarrow (aRc)$ a, b, c は (この順に) 推移的である   (5.14)

5.3 同値関係　77

　反射性は自分自身と関係があること、対称性は双方向の関係があること、反対称性は一方向の関係があること、推移性は a と c が b を介して間接的に関係するときは a から c への直接の関係も存在すること、である。関係グラフで示すと図 5.4 のようになる。

(a) 反射的　　(b) 対称的　　(c) 反対称的　　(d) 推移的

図 5.4　関係の性質

(3) の反対称性は少し理解しにくいかもしれない。この対偶を考えると、
$$(a \neq b) \to (a\bar{R}b \lor b\bar{R}a) \tag{5.15}$$
であり、これは、式 (1.25) によって含意記号 → を書き直し、少し変形すれば、次のように書き換えられる。
$$(a \neq b \land aRb) \to (b\bar{R}a) \tag{5.16}$$
これは、双方向には関係がなく一方向の関係となっていることを意味する。

　上の要素間の性質を用いて、A における関係 R の性質を定義する。

　　反射律 (reflexive law)　$\forall x \in A \ \ xRx$ 　　　　　　　　　　　(5.17)
　　　　任意の $x \in A$ は、R において反射的である

　　対称律 (symmetric law)　$\forall x, y \in A \ \ (xRy) \to (yRx)$ 　　　　(5.18)
　　　　任意の $x, y \in A$ は、関係があるならば対称的である

　　反対称律 (antisymmetric law)　$\forall x, y \in A \ \ (xRy \land yRx) \to (x = y)$ 　(5.19)
　　　　任意の $x, y \in A$ は、関係があるならば反対称的である
　　　　$(\forall x, y \in A \ \ (x \neq y) \to (x\bar{R}y \lor y\bar{R}x)$ 　あるいは
　　　　$\forall x, y \in A \ \ (x \neq y \land xRy) \to (y\bar{R}x)$ 　とも表せる)

　　推移律 (transitive law)　$\forall x, y, z \in A \ \ (xRy \land yRz) \to (xRz)$ 　(5.20)
　　　　任意の $x, y, z \in A$ は、関係があるならば推移的である

反射律 (5.17) の成立する R は反射的関係である、という。同様に、式 (5.18)～(5.20) が成立する関係を、それぞれ対称的関係、反対称的関係、推移的関係、という。反対称律は、式 (5.15)、(5.16) のように書き換えた方が分りやすいかもしれないので、その式も挙げておいた。なお、[例 5.9] に示すように、対称的であり、かつ反対称的である関係が存在することに注意されたい。R を関係

行列や関係グラフで表したときのこれらの特徴は容易に想像できるであろう。

[例 5.9]　次の関係グラフで表された関係は、反射律、対称律、推移律、反対称律の性質を満足するかどうか、答えよ。

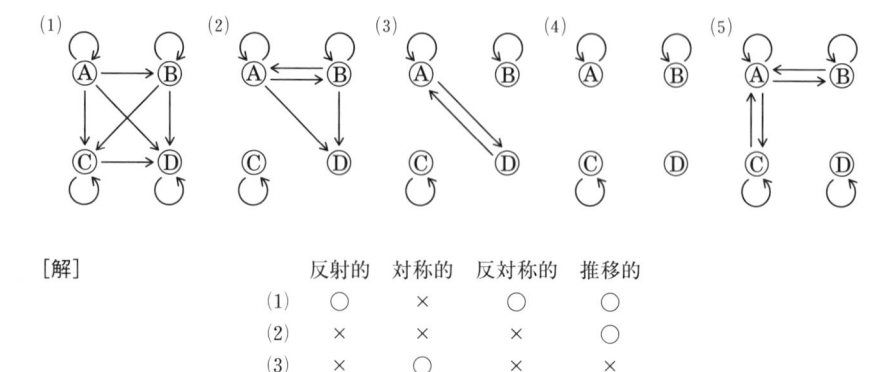

[解]

	反射的	対称的	反対称的	推移的
(1)	○	×	○	○
(2)	×	×	×	○
(3)	×	○	×	×
(4)	×	○	○	○
(5)	○	○	×	×

推移的閉包

離散集合 A における関係 R が推移的であれば、間に 1 つの要素が介在する関係はすべて R に含まれているから、

$$R^2 \subset R \tag{5.21}$$

である。これは逆も成立する。したがって、式(5.21)は、R が推移的であることの必要十分条件になっている。

いま、A における任意の関係 R を考える。R^2 は間に 1 つ介在する間接的関係を表す。同様に考えると、R^k は間に $k-1$ 個の介在要素をもつ間接的関係である。次の関係、

$$R^+ = R^1 \cup R^2 \cup R^3 \cup \cdots \tag{5.22}$$

は、直接的関係も間接的関係もすべて合せて(関係の和として)得られる関係である。集合 A が有限で、$|A|=n$ ならば、間接的関係は間に高々 $n-1$ 個入る関係がもっとも遠いから、式(5.22)の和は高々 R^n までとれば十分である。それ以上のベキを加えても新しい間接的関係は得られない。関係 R^+ が推移的であることは容易にわかるだろう。R^+ を R の**推移的閉包**という。また、これに

恒等関係 $R^0 = I_A$ を加えた次の関係 R^* を R の反射的かつ推移的閉包という。

$$R^* = R^0 \cup R^+ = R^0 \cup R^1 \cup R^2 \cup R^3 \cup \cdots \quad (5.23)$$

推移的閉包は関係を間接的関係まで拡張するもので、反射的推移的閉包は自分自身を含めて間接的関係にある要素をすべて包含する集まりを構成する。R^* は、A において、R を含む最小の反射的かつ推移的関係である。

関係 R の推移的閉包 R^+ の関係行列表現 R^+ は、関係行列 R のすべてのベキのブール和である。集合 A の大きさが n ならば、ブール和は R^n までとれば十分である。反射的推移的閉包 R^* の関係行列 R^* は、R^+ の関係行列にさらに単位行列 I_A を加えたものである。これらの関係行列 R^+ と R^* は形式的には式(5.22), (5.23) の $\cup$ を行列のブール和 + に置き換えたものになる。

[例 5.10] A を地球上の人の集合、R を A における友人であるという関係とする。自分は自分自身と友人である、と考えると、これは恒等関係 $I_A = R^0$ である。R の反射的推移的閉包 R^* はどのような関係か、想像してみよう。

[解] R^* は、間接的友人、つまり友人の友人、友人の友人の友人、…、を含むから、恐らく A 全体を1つにする。もし、他の世界と全く没交渉で、単独で生活している個人あるいはグループが存在すると、R^* はそのような集団(あるいは個人)に分かれる。■

[例 5.11] 例 5.8 の $A = \{a, b, c, d, e\}$ における関係 R について、R の推移的関係 R^+ の関係行列表現を求めよ。

[解]
$$R^+ = \begin{pmatrix} 1 & 0 & 1 & 1 & 0 \\ 0 & 1 & 0 & 0 & 1 \\ 1 & 0 & 1 & 1 & 0 \\ 1 & 0 & 1 & 1 & 0 \\ 0 & 1 & 0 & 0 & 1 \end{pmatrix}$$

[例 5.12] A を 1 から 8 までの整数として、A における関係を、

(1) $xRy : x - y = 2$ である

(2) $xRy : x$ と y の差が 2 である

とするとき、(1), (2) それぞれについて、R, R^+, R^* を表す関係行列を求めよ。また、それを関係グラフに表せ。

[解]

(1) $R = \begin{pmatrix} 0 & 0 & 1 & 0 & 0 & 0 & 0 & 0 \\ 0 & 0 & 0 & 1 & 0 & 0 & 0 & 0 \\ 0 & 0 & 0 & 0 & 1 & 0 & 0 & 0 \\ 0 & 0 & 0 & 0 & 0 & 1 & 0 & 0 \\ 0 & 0 & 0 & 0 & 0 & 0 & 1 & 0 \\ 0 & 0 & 0 & 0 & 0 & 0 & 0 & 1 \\ 0 & 0 & 0 & 0 & 0 & 0 & 0 & 0 \\ 0 & 0 & 0 & 0 & 0 & 0 & 0 & 0 \end{pmatrix}$ $R^+ = \begin{pmatrix} 0 & 0 & 1 & 0 & 1 & 0 & 1 & 0 \\ 0 & 0 & 0 & 1 & 0 & 1 & 0 & 1 \\ 0 & 0 & 0 & 0 & 1 & 0 & 1 & 0 \\ 0 & 0 & 0 & 0 & 0 & 1 & 0 & 1 \\ 0 & 0 & 0 & 0 & 0 & 0 & 1 & 0 \\ 0 & 0 & 0 & 0 & 0 & 0 & 0 & 1 \\ 0 & 0 & 0 & 0 & 0 & 0 & 0 & 0 \\ 0 & 0 & 0 & 0 & 0 & 0 & 0 & 0 \end{pmatrix}$

R^* は R^+ の対角要素をすべて 1 としたもの。グラフは省略。
(2) は省略。■

同値関係

離散集合 A における関係 R が、反射的かつ対称的かつ推移的であるとき、R は同値関係(equivalence relation)であるという。

$$R \text{ が同値関係} \quad \text{iff} \quad R \text{ が反射的かつ対称的かつ推移的} \tag{5.24}$$

また、反射的かつ反対称的かつ推移的ならば、順序関係(order relation)であるという。同値関係に関連した例をいくつか示そう。順序関係については8章で取り挙げる。

[例5.13] F大学のT学部にはM, E, I, A, S, B, P, Hの8つの学科がある。F大学T学部の学生の集合をAとして、次の A における関係 R が同値関係であることを示せ。

xRy：x は y と同じ学科に所属している

[解] 任意の $x \in A$ に対して、自分は自分と同じ学科だから反射的、xRx が成立。任意の $x, y \in A$ について、x が y と同じ学科ならば y は x と同じ学科だから対称的、$(xRy) \to (yRx)$ が成立。任意の $x, y, z \in A$ について、x が y と同じ学科で y が z と同じ学科ならば、x は z と同じ学科になるから推移的、$(xRy \land yRz) \to (xRz)$ が成立。よって、R は同値関係である。■

[例5.14] F大学には、いくつかのクラブがある。F大学T学部の学生の集合を A として、次のAにおける関係 R が同値関係かどうか調べよ。

xRy：x は y と同じクラブに所属している

[解] [例5.13]と同様に考えれば、関係 R は反射的で、かつ対称的である。しかし、一般には、クラブへの所属は1つとは限らない。aがスキークラブ、bがスキークラブとテニスクラブ、cがテニスクラブに所属していると、aRb かつ bRc であるが、aRc ではない。したがって、R は推移的関係とは限らない。よって、R は同値関係とは限らない。■

[例5.15] 整数の集合を Z として、Z における関係 R を、

xRy：$x-y$ は3の倍数である

とする。この関係 R は同値関係であることを示せ。

[解] 任意の $x \in Z$ について、$x-x=0$ は3の倍数であるから、R は反射的。任意の $x, y \in Z$ について、$x-y=k$ が3の倍数ならば、$y-x=-k$ も3の倍数であるから、R は対称的。任意の $x, y, z \in Z$ に対して、$x-y=k$ が3の倍数で $y-z=h$ も3の倍数ならば、$x-z=k+h$ も3の倍数となるから、R は推移的。よって、R は同値関係である。■

同値類

関係 R を離散集合 A における同値関係とするとき、任意の $a \in A$ に対し a と同値な関係をもつすべての要素の集合を $[a]$ と書く。

$$[a] = \{x | xRa, \ x \in A\} \tag{5.25}$$

この集合 $[a]$ を A における R による a の**同値類**(equivalence class)といい、a を同値類 $[a]$ の**代表元**という。同値類は、関係 R によって表される性質を共通の性質とする要素を集めたもので、その限りで同一とみなせるものの集合を表している。代表元は、その共通の性質を代表して表しているラベルである。同じ同値類の他の要素を代表元としても、$b \in [a]$ ならば $[b] = [a]$ であることが示せるからかまわない。もちろん、共通の性質区分の名称をラベルとして同値類を表してもよい。たとえば、[例 5.13] の同値関係 R による集合 A の同値類は、学科名称、M, E, I, A, S, B, P, H を同値類のラベルとすることができる。同値関係 R による A の同値類の集合を A の R に関する**商集合**(quotient set)といい、A/R と書く。

$$A/R = \{[n] | n \in A\} \tag{5.26}$$

たとえば、[例 5.13] の同値関係 R による集合 A の同値類は、各学科名をラベルとする学生の集合で、商集合は $A/R = \{M, E, I, A, S, B, P, H\}$ である。

同じ同値類に属する要素を代表元とする同値類はすべて同一である。任意の A の要素は必ず、どれか 1 つの同値類に属し、2 つ以上の同値類に属することはない。言い換えれば、集合 A は同値関係 R の同値類によって、直和分割されている。直和分割された集合の集まりが商集合である。これらのことは同値関係の性質によって容易に示すことができる。

[例 5.16] [例 5.15] の整数の集合 Z における次の同値関係 R による商集合を示せ。
$xRy : x - y$ は 3 の倍数である
[解] $0 \in Z$ と同値関係にある整数はすべて 3 の倍数となるから、0 を代表元とする同値類は $[0] = \{\cdots, -6, -3, 0, 3, 6, \cdots\}$ である。$1 \in Z$ の同値類は、すべて 3 の倍数より 1 大きい整数からなるから、$[1] = \{\cdots, -5, , -2, 1, 4, 7, \cdots\}$ となる。$2 \in Z$ の同値類は、すべて 3 の倍数より 2 大きい整数からなるから、$[2] = \{\cdots, -4, -1, 2, 5, 8, \cdots\}$ である。以上ですべての同値類が尽くされているから、商集合は $Z/R = \{[0], [1], [2]\}$ である。■

[例 5.17] 集合 $A = \{a, b, c, d\}$ において定義できる異なった同値関係は、何通りあるか。

同じ同値類を生じさせる同値関係は本質的には同じ同値関係である。

[解] A の直和分割と同値関係は 1 対 1 に対応する。異なる直和分割は、$(\{a,b,c,d\})$、$(\{a\},\{b,c,d\})$、$(\{b\},\{a,c,d\})$、$(\{a,b\},\{c,d\})$、…と数えて行くと、15 通りある。■

[例 5.18] $X=\{n\,|\,n\text{ は整数},\ 0\leqq n\leqq 12\}$ として、X における関係 R を次のように定義する。

$$xRy:x=y\text{、あるいは、}x=0\text{ かつ }y=12\text{、あるいは、}x=12\text{ かつ }y=0$$

この関係が同値関係であることを示し、商集合はどのようなものであるか簡単に説明せよ。

[解] 数直線で考えれば 0 と 12 を同一視したものになるから、リング状(時計の文字盤状)に並んだ 1〜12 の集合。■

＜コラム：同値類による分類＞

　ある集合がいくつかのグループに直和分割されているとき、その直和分割されたグループを同値類とする同値関係が存在する。資料を整理してファイルするのは、資料の分類である。分類はある基準に従って行うが、その基準は実は資料の集合における同値関係である。しばしばどこへ分類していいかわからない資料が出てくるが、そのときは、分類基準が同値関係になっていないのである。さまざまな判断は、見方をかえると、対象をある基準で分類し、どの分類に入るか決定することである。明確な判断はあいまいさなしに分類する基準に基づいており、その基準はその対象とする集合における同値関係になっている。判断が明確でないのはその基準があいまいであることであり、同値関係となっていないのである。医療診断は、いくつかの検査結果や所見による病気の分類であるが、判断できない疾患も多く、あいまいな部分がかなりある。

第 5 章　演習問題

[1]　$A = \{a, b, c\}$における関係R、Sが次のように定義されている。次の集合を求めよ。
　　　　$R = \{(a,b),\ (a,c),\ (b,b),\ (c,a)\}$, $S = \{(a,a),\ (a,c),\ (b,b),\ (b,c),\ (c,a)\}$
　(1)　$R \cup S$　　(2)　$R \cap S$　　(3)　$\overline{R}$　　(4)　$R \cdot S$　　(5)　$S \cdot R$

[2]　集合A，B，C，Dに対して、AからBへの関係R、BからCへの関係S、CからDへの関係Tについて、次の結合律が成立することを証明せよ。
　　　　$(R \cdot S) \cdot T = R \cdot (S \cdot T)$

[3]　有限集合Aにおける関係Rを関係行列で表現したとき、Rが次の性質をもつとき、関係行列の特徴を説明せよ。また、同様に、Rを関係グラフで表したとき、グラフの特徴を説明せよ。
　(1)　Rは反射的である。
　(2)　Rは対称的である。
　(3)　Rは反対称的である。
　(4)　Rは推移的である。

[4]　離散集合Aにおける関係Rが推移的であるための必要十分条件は、$R^2 \subset R$が成立することである。このことを証明せよ。また、Aが有限集合のとき、Rの関係行列表現において、この条件はどのような特徴となっているか説明せよ。

[5]　$A = \{a, b, c\}$，$B = \{1, 2, 3\}$，$C = \{\alpha, \beta, \gamma\}$として、$A$から$B$への関係$R$、$B$から$C$への関係$S$が次のように定義されている。次の問に答えよ。
　　　　$R = \{(a,3),\ (c,1),\ (c,2)\}$,　　$S = \{(1,\alpha),\ (2,\gamma),\ (2,\beta),\ (3,\alpha)\}$
　(1)　関係の合成$R \cdot S$を求めよ。
　(2)　R、S、$R \cdot S$をそれぞれ関係グラフに示せ。
　(3)　Rの関係行列表現を示せ。
　(4)　Sの関係行列表現を示せ。
　(5)　$R \cdot S$の関係行列表現を示せ。
　(6)　$R \cdot S$の関係行列表現を、RとSの関係行列の行列のブール積から求めよ。

[6]　$A = \{1, 2, 3, 4\}$における関係Rが次のように定義されている。次の問に答えよ。
　　　　$R = \{(1,1),\ (1,2),\ (2,1),\ (3,3),\ (4,1),\ (4,4)\}$
　(1)　Rを$A \times A$の座標平面に表せ。
　(2)　Rを関係グラフに表せ。
　(3)　Rは、反射的か、対称的か、反対称的か、推移的か、該当する性質をすべて挙げよ。もし、Rが推移的でなければ、Rの推移的閉包を表す関係グラフを示せ。
　(4)　Rの関係行列を示せ。
　(5)　逆関係R^{-1}を求めよ。

(6) $R^2 = R \times R$ の関係行列を示せ。

(7) R^2 の関係グラフを描け。

[7] 次の関係 R は、反射律、対称律、推移律、反対称律の性質を満足するかどうか、理由とともに示せ。また、関係 R が推移的でない場合、R の反射的推移的閉包がどのようなものか説明せよ。

(1) A 会社の社員の集合において、$xRy : x$ は y と同じ課に所属している。

(2) B 大学の学生の集合において、$xRy : x$ は y と同じクラブに所属している。

(3) パーティの参加者の集合において、$xRy : x$ が y を知っている。

(4) クラスの学生の集合において、$xRy : x$ と y は互いに知っている。

(5) テニスのトーナメントの参加者の集合において、$xRy : x$ は y に勝った。

(6) 集合 {グー, チョキ, パー} で、$xRy : x$ は y に負けない。

[8] 自然数の集合 N における次の関係 R は、反射律、対称律、反対称律、推移律の性質を満足するかどうか、理由とともに示せ。任意の $x, y \in N$ に対し、

(1) $xRy : x$ は y と等しいか y より小さい。

(2) $xRy : x$ は y より小さい。

(3) $xRy : x - y$ は 3 で割り切れる。

(4) $xRy : x - y$ は 3 で割り切れない。

[9] $A = \{1, 2, 3\}$ のベキ集合 $\mathcal{P}(A)$ における関係 R を次のように定義する。これらの関係は、反射的、対称的、反対称的、推移的の性質をもつかどうか、それぞれ、該当する性質をすべて挙げよ。x, y を任意の A の部分集合 $x, y \in \mathcal{P}(A)$ として、

(1) $xRy : x \subset y$ (2) $xRy : x \neq y$ かつ $x \subset y$

(3) $xRy : x \cap y = \phi$ (4) $xRy : x \cup y = A$

[10] 集合 {1, 2, 3, 4} における関係で、次の性質をもつ関係の例を挙げ、その関係グラフを示せ。

(1) 反射的かつ対称的であるが、推移的でない関係。

(2) 反射的であるが、対称的でも推移的でもない関係。

(3) 反射的かつ反対称的であるが、推移的でない関係。

(4) 対称的でかつ反対称的な関係。

(5) 対称的かつ推移的であるが、反射的でも反対称的でもない関係。

(6) 推移的であるが、反射的でも対称的でもない関係。

[11] 次の関係グラフで表された関係は推移的かどうか答え、推移的でなければ、その推移的閉包を関係グラフで表せ。

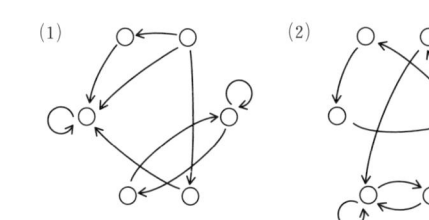

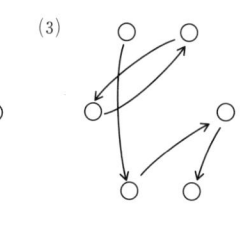

[12] ある集合 A 上で対称的かつ推移的な関係 R がある。いま、任意の $x \in A$ として、R は対称的だから xRy、yRx はともに成立する。したがって、推移律により、xRx が成立する。したがって、R は反射律を満たす。ゆえに対称的かつ推移的な関係は反射的でもある。この結論は正しくない。この説明のどこがおかしいのか、指摘せよ。

[13] A における関係 R が反対称的であるとする。定義より、
$$\forall x, y \in A \quad (xRy) \wedge (yRx) \rightarrow (x = y)$$
である。このとき、$x = y$ ということは x が反射的 xRx になっているということを意味するから、関係 R が反対称的であれば、R は反射的でもある、ということになる。

これは例 5.9 で示したように、反対称的でかつ反射的でない関係が存在するから、誤った結論である。上の議論のどこに誤りがあるか、指摘せよ。

[14] 集合 A における関係 R について、次のことを証明せよ。
(1) R は対称的かつ推移的関係であるとする。任意の $a \in A$ に対し $b \in A$ が存在し、$(a, b) \in R$ となっているとき、R は同値関係である。
(2) R を A における反射的かつ推移的関係とする。任意の a, b について、$(a, b) \in R$ かつ $(b, a) \in R$ のとき、かつそのときに限り、$(a, b) \in R$ とする。R は同値関係である。
(3) R は反射的であるとする。任意の a, b, c について、もし、$(a, b) \in R$ かつ $(a, c) \in R$ ならば $(b, c) \in R$ であるとき、かつそのときに限り、R は同値関係である。

[15] $A = \{a, b, c, d, e\}$ における同値関係 R が次のように定義されている。
$R = \{(a, a),\ (a, c),\ (a, e),\ (b, b),\ (c, a),\ (c, c),\ (c, e),\ (d, d),\ (e, a),\ (e, c)$、$(e, e)\}$
(1) R を関係グラフで表せ。
(2) R を関係行列で表せ。
(3) R による同値類をすべて求めよ。

[16] 次の $U = \{x \mid 0 \leq x \leq 5 \text{ の整数}\}$ における関係 R を関係グラフと関係行列で表し、同値関係かどうか理由をつけて答えよ。また、同値関係ならば同値類と商集合を示せ。
$x, y \in U$ として、
(1) xRy：$x + y$ が偶数
(2) xRy：$x \cdot y$ が偶数

(3) $xRy : x+y$ が3で割り切れる

(4) $xRy : x-y$ が3で割り切れる

(5) U 上の関係 T を、$xTy : x-y$ を6で割ると3余る、としたとき、$R = T^1 \cup T^2$

(6) U 上の関係 T を、$xTy : x-y$ を6で割ると2余る、としたとき、$R = T^1 \cup T^2 \cup T^3$

[17] 集合 A における同値関係 R は A を同値類の直和に分割することを、次の手順で証明せよ。

(1) A の任意の要素は必ずどれかの同値類に属する。($\forall a \in A \ a \in [a]$ を示す)。

(2) $[a] = [b]$ のとき、かつそのときに限り、$(a, b) \in R$ である。

(3) $[a] \neq [b]$ ならば、$[a]$ と $[b]$ は互いに素である(共通の要素を含まない)。

  ((3)は対偶命題の方が証明が容易であろう。)

[18] 集合 A における同値関係 R によって A は同値類に直和分割される。同じ同値類を生じる同値関係は基本的に同じ同値関係である。$A = \{1, 2, 3, 4\}$ として、A における基本的に異なる同値関係は何通りあるか。

[19] 恒等関係が同値関係であることを示せ。また、恒等関係による商集合はどのようなものか、説明せよ。

[20] 排他的に分類されている集合の例を取り上げ、それに対応する同値関係がどのようなものか説明せよ。

[21] 次の関係 R が同値関係であることを示し、商集合について簡単に説明せよ。

(1) $X = \{n \mid n$ は整数, $0 \leq n \leq 7\}$ として、X における関係 R を次のように定義する。

$xRy : x = y$、あるいは、($x = 0$ かつ $y = 7$)、あるいは、($x = 7$ かつ $y = 0$)

(2) $X = \{x \mid 0 \leq x \leq 1$ の実数$\}$ として、$X^2 = X \times X$ における関係 R を次のように定義する。

$(x, y) R (x', y') : (x = x'$ かつ $y = y')$、あるいは、

($x = 0$ かつ $x' = 1$ かつ $y = y'$)、あるいは、

($x = 1$ かつ $x' = 0$ かつ $y = y'$)、あるいは、

($y = 0$ かつ $y' = 1$ かつ $x = x'$)、あるいは、

($y = 1$ かつ $y' = 0$ かつ $x = x'$)

第6章　整数演算

6.1　数値演算
四則演算
　四則演算は、加減乗除の演算である。加減乗除演算の結果は和差積商である。たとえば、「加法」あるいは「加算」の代わりに「和演算」ともいうが、和演算のことを和ということがある(2章のコラムを参照)。ことばの上では、演算と演算結果については誤解のない場合は区別しないこととする。

　四則演算は、実数の集合 R 上で定義された演算で、2つの実数値に第3の実数値を対応させる2項演算である。2項演算は2変数関数とみなすことができて、たとえば、加法を表す演算記号 + を用いて和を $x+y$ と書くが、$plus(x, y)$ $= x+y$ と書くと、これは引数の和を返す2変数関数である。

　集合とその上に定義された演算からなるものを**代数系**という。四則演算の定義された集合は**体**(field)という。実数の集合 R 上では四則演算が行えるが、これを**実数体**という。整数の集合 Z 上では、除法の商が一般には整数にならないので、Z は体ではない。なお、R のときであっても除数が0のときは除法は定義できていないが、これは体のもつ一般的な性質の1つである。代数系および体については、7章でより一般的に説明する。

実数における四則演算の性質
　実数体 R における四則演算の性質についてまとめよう。まず、加法では、次の性質がある。$x, y, z \in R$ として、

　　　交換律　　　$x+y = y+x$ 　　　　　　　　　　　　　　　　(6.1)
　　　結合律　　　$(x+y)+z = x+(y+z)$ 　　　　　　　　　　　　(6.2)

結合律が成立するので、連続演算は $x+y+z$ とカッコを付けずに表せる。

加法にとって特別な実数の元 0 が存在し、次の性質をもつ。

  単位元（零元）の存在 $x+0 = 0+x = x$ (6.3)

一般に、このように演算結果が変わらないという性質をもった元を**単位元**という。加法に関する単位元は 0 で、**零元**ともいう。

 ある要素 x に対して演算結果が単位元となるような要素 x' を、x のその演算に関する**逆元**という。実数 x に対して $x+x' = x'+x = 0$ となる実数 x' が、x の加法に関する逆元である。実数の加法では、任意の実数に対して逆元が存在する。

  逆元の存在 $x+x' = x'+x = 0$ となる x' が存在する (6.4)

加法に関する逆元は正負の符号を逆転させた数値で、$x' = -x$ と書く。たとえば、$x=5$ の逆元は $x' = -5$ で、$x = -3$ の逆元は $x' = -(-3) = 3$ である。これらの性質は、加法の基本的な性質である。

 乗法でも加法と同様の性質がある。乗法の演算記号は × あるいは・であるが、省略することも多い。

  交換律 $x \cdot y = y \cdot x$ (6.5)

  結合律 $(x \cdot y) \cdot z = x \cdot (y \cdot z)$ (6.6)

  単位元の存在 $x \cdot 1 = 1 \cdot x = x$ (6.7)

  逆元の存在 $x \cdot x' = x' \cdot x = 1$ となる x' が存在する (6.8)

乗法でも結合律が成立するので、連続演算は $x \cdot y \cdot z$、あるいは演算記号・を省略して xyz と、カッコを付けずに表す。乗法に関する単位元は 1 である。単に単位元というと、乗法に関する単位元を指すことが多い。乗法に関する逆元は、$x' = x^{-1}$ と書くのが普通である。これはいわゆる**逆数**で、たとえば、$x=5$ の逆数は $5^{-1} = 0.2 (= 1/5)$ である。ただし、零元 0 の逆数は存在しない。乗法においては零元は次の性質をもつ。

  零元の性質 $x \cdot 0 = 0 \cdot x = 0$ (6.9)

この性質があるため零元の逆元は定義できない。つまり、(6.8)で $x=0$ とすると、これを満足する x' が存在しない。零元のこのような性質は、[例 6.1]で示すように、加法と乗法の性質および次の分配律を満たす演算体系の一般的な性質である。

 加法と乗法の混合した演算について**分配律**(distributive low)が成立する。

分配律 　　　　$x \cdot (y+z) = (x \cdot y) + (x \cdot z)$ 　　　　　(6.10)
　　　　　　　　$(x+y) \cdot z = (x \cdot z) + (y \cdot z)$ 　　　　　(6.11)

この分配律は、詳しくいえば、**乗法の加法に関する分配律**である。乗法では交換律が成立するから、この2つの分配律は1つでよい。(代数系によっては2つを区別することがあり、(6.10)を左分配律、(6.11)を右分配律という。)

減法は、加法の逆演算として定義できる。演算記号を−として、

　減算 　　　　　$x - y = x + (-y)$ 　　　　　　　　　　　(6.12)

であって、y の減算は、y の加法に関する逆元 $-y$ の加算である。減法に関しては交換律も結合律も成立しない。単位元や逆元も存在しない。

$$x - y \neq y - x, \quad (x-y) - z \neq x - (y - z)$$

同様に、除法は乗法の逆演算として定義される。演算記号を／とすると、

　除算 　　　　　$x / y = x \cdot (y^{-1})$ 　　　　　　　　　　(6.13)

で、y による除算は、y の乗法に関する逆元 y^{-1} の乗算である。零元 0 の乗法に関する逆元は存在しないから、0 による除算は定義されない。除法に関しても交換律や結合律は成立しないし、単位元や逆元も存在しない。

なお、数式における演算順序はカッコを用いて明示するのが原則であるが、数式を見やすくするため、通常、乗算記号・と除算記号／とを加算記号＋や減算記号−より優先して表し、同じ順位の演算は左から順に解釈して演算する、という**数式の解釈規則**を適用する。この解釈規則で表せない演算順序はカッコで示す。たとえば、式(6.10)の右辺はカッコを書かずに $x \cdot y + x \cdot z$ と表すが、左辺の $x \cdot (y+z)$ はカッコを省略できない。

以上、四則演算のうち加法と乗法が基本的な演算で、減法と除法はその派生的な演算であることがわかる。

[例 6.1] 実数体 R における零元の性質、式(6.9)、を加法と乗法の性質から導け。
[解] $x \cdot 0$ の加法に関する逆元を $-(x \cdot 0)$ とする。
　　　$x \cdot 0 = x \cdot (0+0) = x \cdot 0 + x \cdot 0$ 　　　(加法の単位元の性質、分配律を適用)
この式の両辺に $-(x \cdot 0)$ を加えると、
　　　左辺 $= x \cdot 0 + (-(x \cdot 0)) = 0$ 　　　(加法に関する逆元の性質を適用)
　　　右辺 $= (x \cdot 0 + x \cdot 0) + (-(x \cdot 0)) = x \cdot 0 + (x \cdot 0 + (-(x \cdot 0))) = x \cdot 0 + 0 = x \cdot 0$
　　　　　　(結合律および、加法に関する逆元の性質、単位元の性質を適用)

よって、$x \cdot 0 = 0$。$0 \cdot x = 0$ も同様に導ける。■

整数の集合における演算

　整数の集合 Z においては、四則演算のうち除算は一般の結果が整数にはならないので、定義できていない。上に説明した実数体 R における加法と乗法の性質の式(6.1)～(6.13)は、乗法に関する逆元の存在とそれに関連した性質の式(6.8)と(6.13)を除いて、すべて Z においても成立する。このような性質をもつ代数系を一般に**環**(かん)という。加法と乗法を定義した Z は**整数環**である。整数環では、加法に関する逆元が存在するから、加減乗の演算が可能である。

　整数環でも、零元 0 には実数体と同様の性質、式(6.9)の $x \cdot 0 = 0 \cdot x = 0$ が成立することに注意されたい。

素数と約数

　任意の整数 $p \in Z$ と自然数 $n \in N$ に対し、次の関係を満す $q \in Z$, $r \in \{0\} + N$ が一意に定まる。これを n による p の整除といい、q を商(quotient)、r を剰余(余り, residue)という。式(6.14)は除法定理と呼ばれる基本定理である。

$$p = qn + r, \quad 0 \leq r < n \tag{6.14}$$

剰余 $r = 0$ のとき、n は p を割り切るといい、n は p の**約数**(divisor)である、あるいは**因数**(factor)であるという。

　素数(prime)は、1 と自分自身以外の約数をもたない自然数である。1 は素数に含めない。最小の素数は 2 である。素数でない自然数を**合成数**という。合成数は 2 つ以上の 1 でない自然数の積で表すことができる。これを**因数分解**という。因数分解を続けると、最終的には任意の合成数はいくつかの素数の積で表されることになる。これを**素因数分解**といい、因数となっている素数を**素因数**という。たとえば、$698544 = 2^4 \cdot 3^4 \cdot 7^2 \cdot 11$ と素因数分解される。

　素数は無限に存在する([例 1.10]参照)。素数の話題は整数論の 1 つの大きな分野を形成している。たとえば、素数の分布については**素数定理**がある。自然数 n を越えない素数の数を $\pi(n)$ とすると、十分大きい n について、次の漸近式が成立する。

$$\pi(n) \sim \frac{n}{\log(n)} \tag{6.15}$$

最大公約数とユークリッドの互除法

2つ以上の自然数が共通の約数をもつとき、その約数を**公約数**という。1以外に公約数をもたない2つの自然数は、**互いに素**である、という。一般に、公約数は複数あるが、そのうちの最大の約数を、**最大公約数**(Greatest Common Divisor, GCD)という。すべての公約数は最大公約数の約数になっている。

自然数 m, n の最大公約数を返す関数を GCD(m,n) と表そう。最大公約数は、与えられた自然数を素因数分解すれば容易に得ることができる。たとえば、

$$\mathrm{GCD}(3024, 1620) = \mathrm{GCD}(2^4 \cdot 3^3 \cdot 7, \ 2^2 \cdot 3^4 \cdot 5) = 2^2 \cdot 3^3 = 108$$

となる。しかし、約数となる素数が大きいとき、自然数を素因数分解するのは少々やっかいで、基本的には素数で次々割り算を実行してみる必要がある。

m, n の最大公約数について考えよう。$m < n$ として、式(6.14)の除法定理より、q, r を整数として、

$$n = qm + r, \quad 0 \leq r < m$$

と表せる。このとき、次の関係が成立することが容易にわかる。

$$\mathrm{GCD}(m, n) = \mathrm{GCD}(r, m) \tag{6.16}$$

実際、m, n の公約数を a とすると、$m = m'a$, $n = n'a$ と表せるから、

$$r = n - qm = (n' - qm')a$$

となり、$r \neq 0$ ならば、a は r の約数にもなっている。次に、m と r の公約数を b とすると、$m = m''b$, $r = r''b$ と表せて、

$$n = qm + r = (qm'' + r'')b$$

となるから、b は n の約数にもなっている。以上より、m, n の最大公約数は、m, r の最大公約数と一致することがわかるから、式(6.16)が成立する。

さて、$r_1 = n$, $r_2 = m$, $r_1 > r_2$ とし、$r_{i+2} = $ "r_{i+1} による r_i の剰余", $i \geq 1$ として、系列 r_i, $i = 1, 2, \ldots$ を構成する。上で検討したことから、すべての r_i は m, n の最大公約数 d を約数としてもつ。r_i は正の単調減少系列であるから、必ず $r_k = d$ となる k が存在し、$r_{k+1} = 0$ となる。これは、4章で説明したユークリッドの互除法のアルゴリズム(4.8)そのものである。

次の性質はよく知られた性質である。m, n を自然数として、

$$\text{GCD}(m,n) = mx + ny \text{ となる整数 } x, y \text{ が存在する。} \tag{6.17}$$

m, n が互いに素ならば、$mx + ny = 1$ となる整数 x, y が存在する。
$$\tag{6.18}$$

式(6.18)は式(6.17)からただちにわかる。式(6.17)は、直接証明するのは少々やっかいである。簡明な方法として、ユークリッドの互除法を利用する方法がある。互除法を適用し、割り切れて最大公約数が得られた時点で、それぞれの剰余をその前の剰余で表現していくと、最終的に最大公約数を m, n で表す式が得られる。m, n の係数は直接に x, y を表現している。これを一般的に説明すればよい。

6.2 剰余演算の代数

剰余演算

この節では、整数の剰余の集合において適当な加法と乗法を定義すると、実数における四則演算と同じような代数系が得られることを示す。整数の集合を Z、0 を含まない自然数の集合を N とする。

除法定理(6.14)より、任意の整数 $p \in Z$ と自然数 $n \in N$ に対し、商 $q \in Z$、剰余 $r \in \{0\} + N$ が一意に定まる。再掲しておこう。

$$p = qn + r, \quad 0 \leq r < n \tag{6.19}$$

整除での剰余を与える演算を、**剰余演算**(modulo)といい、次のように書く。

$$p \bmod n = r \tag{6.20}$$

2つの整数 p_1, p_2 の n による剰余が等しいときは、

$$p_1 \bmod n = p_2 \bmod n \tag{6.21}$$

となるが、これを、p_1 と p_2 の間の関係と見て、次のように書くことも多い。

$$p_1 = p_2 (\bmod n) \tag{6.22}$$

式(6.21)ないし(6.22)が成立するとき、p_1 と p_2 は n を法(ほう)として合同(congruent modulo n)である、という。合同であることを強調して、式(6.22)の表現では、$=$ を $\equiv$ と書き $p_1 \equiv p_2 (\bmod n)$ とも多い。ところで、たとえば、5 mod 3 = 2 であるが、-5 mod 3 $\neq -2$ であることに注意されたい。

剰余演算を実際に行うとき、次のような性質を用いると、大きなベキ計算が簡単になる。

$$(x_1 + x_2) \bmod z = ((x_1 \bmod z) + (x_2 \bmod z)) \bmod z \tag{6.23}$$

$$(x_1 \times x_2) \bmod z = ((x_1 \bmod z) \times (x_2 \bmod z)) \bmod z \tag{6.24}$$

つまり、和、積の演算は剰余演算と両立するから、剰余を取ってから計算しても結果は変わらない。たとえば、ベキ乗の剰余演算について、次の例のような方法がある。これは繰り返し2乗法と呼ばれる方法である。

[例 6.2] 剰余演算 $123^{11} \bmod 19$ の結果を求めよ。
[解] $123 \bmod 19 = 9$
$123^2 \bmod 19 = (123 \bmod 19)^2 \bmod 19 = 9^2 \bmod 19 = 81 \bmod 19 = 5$
$123^4 \bmod 19 = (123^2)^2 \bmod 19 = 5^2 \bmod 19 = 25 \bmod 19 = 6$
$123^8 \bmod 19 = (123^4)^2 \bmod 19 = 6^2 \bmod 19 = 36 \bmod 19 = 17$
$123^{11} \bmod 19 = (123^8 \times 123^2 \times 123^1) \bmod 19 = 17 \times 5 \times 9 \bmod 19$
$\qquad\qquad\quad = (17 \times 5 \bmod 19) \times 9 \bmod 19 = 9 \times 9 \bmod 19 = 81 \bmod 19 = 5$ ∎

合同関係

自然数 n を法とする整数の合同関係、n で割った剰余が等しいという関係を、R_n としよう。$x, y \in Z$ として、

$$xR_n y : x = y \pmod{n} \tag{6.25}$$

とする。たとえば、$n = 3$ として、合同関係 R_3 を考える。R_3 は Z において、反射的、対称的、推移的であり、同値関係である。

[例 6.3] 関係 R_3 が同値関係であることを示せ。
[解] 任意の $x, y, z \in Z$ に対して、3 による x の剰余は x 自身の剰余と同じだから、R_3 は反射的で、$xR_3 x$ が成立する。3 による x の剰余と y の剰余が同じなら、逆に y の剰余は x の剰余と同じであるから、R_3 は対称的で、$(xR_3 y) \to (yR_3 x)$ が成立する。3 による x と y の剰余が同じで、y と z の剰余が同じなら、x と z の剰余も同じであるから、R_3 は推移的で、$(xR_3 y \wedge yR_3 z) \to (xR_3 z)$ が成立する。よって、R_3 は、反射的、対称的、推移的であるから、同値関係である。∎

前章で説明したように、同値関係は集合を同値類に分割する。R_3 による Z の同値類は3による剰余が同じ整数の集合で、3つある。

━━━<コラム:最小剰余と2の補数表現>━━━

式(6.14)で定義した剰余は正または0であるが、次のような最小剰余を定義することもできる。これは、負の剰余を認め、絶対値の小さい剰余とするのである。表現の簡単のため、ここではnを偶数とするが、奇数でもほぼ同様になる。最小剰余rは、次のように定義する。

$$p = qn + r, \quad -n/2 \leq r < n/2$$

この最小剰余rは、コンピュータにおける2の補数表現に関係している。2の補数表現は、次のようにして、負を含めた整数を0と自然数だけで表す表現方法である。

[kビット2の補数表現]

整数rをkビット自然数pで表現する(0は0に対応する)。

rの2の補数表現$= p$

ただし、$n = 2^k$, $-2^{k-1} \leq r < 2^{k-1}$, $0 \leq p < 2^k$、で、rはpのnによる最小剰余。

最小剰余を返す演算を mmod で表そう。以下では、8ビット2の補数表現を考える。このとき、$k = 8$で、$n = 2^8 = 256$、$-128 \leq r \leq 127$、$0 \leq p \leq 255$となる。たとえば、

$37 = 37$ mmod 256, $\quad -37 = (-37 + 256)$ mmod $256 = 219$ mmod 256

となるから、$r = 37$の表現は$p = 37$、$r = -37$の表現は$p = 219$となる。一般に、rが0または正整数のときはpはrと一致するが、負の場合は$r + 256$がpとなる。

2つの整数r_1, r_2の和$r_1 + r_2$は、対応する2の補数表現p_1とp_2の和$p_1 + p_2$の$n = 256$による最小剰余として得られる。たとえば、$-24 = (-24 + 256)$ mmod $256 = 232$ mmod 256 だから、

$37 + (-24) = (37 + 232)$ mmod $256 = 269$ mmod $256 = 13$

$(-37) + (-24) = (219 + 232)$ mmod $256 = 195$ mmod $256 = -61$

である。もちろん和が$-128 \leq r_1 + r_2 \leq 127$の範囲を越えると、正しい和を与えない。たとえば、次のような誤った結果に導く。

$(-68) + (-85) = ((-68 + 256)$ mmod $256) + ((-85 + 256)$ mmod $256)$

$= (188 + 171)$ mmod $256 = 359$ mmod $256 = 103$

ここではすべて10進位取り記法で説明したが、コンピュータでは2進位取り記法となっているから、8ビット2の補数表現では次のようになる。

$(37)_{10} = (00100101)_{2の補数表現}$

$(-37)_{10} = 219_{2の補数表現} = (11011011)_{2の補数表現}(= 219$の8ビット2進表現$)$

kビット2の補数表現は、0または正の整数のときは通常の2進表現と同じで、負の整数のときは、絶対値の2進表現をビット反転(0を1に、1を0にする)して1を加えたものとなる。

$(37)_{10} = (00100101)_2 \Rightarrow 11011010 \Rightarrow 11011010 + 1 = 11011011$
（$= -37$ の 2 の補数表現）

また、この場合、256 の剰余をとる、ということは、和をとったとき、9 ビット目への桁あふれを無視することと同じである。

$$
\begin{aligned}
\text{剰余が 0 の集合 } [0] &= \{3x \mid x \in Z\} = \{\cdots, -3, 0, 3, 6, \cdots\} \\
\text{剰余が 1 の集合 } [1] &= \{3x + 1 \mid x \in Z\} = \{\cdots, -2, 1, 4, 7, \cdots\} \\
\text{剰余が 2 の集合 } [2] &= \{3x + 2 \mid x \in Z\} = \{\cdots, -1, 2, 5, 8, \cdots\}
\end{aligned}
\tag{6.26}
$$

これらを Z の法 3 による**剰余類**と呼ぶ。同値類の代表元は $0, 1, 2$ とした。Z の同値関係 R_3 による商集合（同値類の集合）Z_3 は［例 5.16］に示したものと同じで、$Z_3 = Z/R_3 = \{[0], [1], [2]\}$ である。Z_3 は簡単に $Z_3 = \{0, 1, 2\}$ と書くことが多い。Z はこの 3 つの同値類の直和になっている。

$$
Z = [0] + [1] + [2] \tag{6.27}
$$

Z の法 3 による同値類の集合 Z_3 を法 3 による**剰余系**という。

これらのことは、任意の自然数 n を法とする合同関係 R_n についても同様で、R_n による商集合を構成すると、$Z_n = \{[0], [1], \cdots, [n-1]\}$ が得られる。この Z の n による剰余系は、$Z_n = \{0, 1, \cdots, n-1\}$ と表すことが多い。

剰余系における演算

上で説明した Z の法 3 による剰余系 $Z_3 = \{0, 1, 2\}$ を例に、剰余系における演算について考える。Z_3 の各剰余類は $[0]$, $[1]$, $[2]$ である。同値類の代表元は、同じ同値類の要素であれば何でもよいから、たとえば、$[0] = [3] = [-12] = [39]$ である。

まず、加法について考える。たとえば、$22 \in [1]$、$17 \in [2]$ で、$22 + 17 = 39 \in [39] = [0]$ となる。一般に、$a \in [1]$, $b \in [2]$ の任意の a, b に対し、$a + b \in [0]$ となることが示せる。これを次のように表そう。

$$[1] + [2] = [0]$$

これは、剰余類 $[1]$ と $[2]$ の和の演算である。剰余類に属するすべての要素についてこの関係を満たす、という意味である。一般に、次のことを示せる。これを、剰余系 Z_3 における**加法**という。

$$[x] + [y] = [x+y] \tag{6.28}$$

簡単のため、この演算を 3 による剰余和と呼ぼう。この和演算をすべて書き下ろすと次のような表になる。簡単のため、[ ] の記号を省略している。なお、2 項演算の表は、x を行に当て(左側)、y を列に当て(上側)て、表を構成するのが通例である。

表 6.1　Z_3 における加算表　　表 6.2　Z_3 における加法に関する逆元

$x+y$	0	1	2
0	0	1	2
1	1	2	0
2	2	0	1

x	$-x$
0	0
1	2
2	1

この表 6.1 より、[0] が加法に関する単位元(零元)であること、そして表 6.2 に示すように、加法に関する逆元 $-[x]$ がすべての剰余類 $[x]$ に存在することがわかる。なお、次の性質がある。

$$-[x] = [-x] \tag{6.29}$$

以上のことから、Z_3 における加法は、整数における加法と同じ性質があることがわかる。

交換律　　$[x] + [y] = [y] + [x]$ (6.30)

結合律　　$([x] + [y]) + [z] = [x] + ([y] + [z])$ (6.31)

単位元　　$[x] + [0] = [0] + [x] = [x]$ (6.32)

逆元　　　$[x] + (-[x]) = (-[x]) + [x] = [0]$ (6.33)

加法における逆元が存在するから、減法が次のように定義できる。

減算　　　$[x] - [y] = [x] + (-[y]) = [x-y]$ (6.34)

次に乗法について考える。たとえば、$22 \in [1]$,$17 \in [2]$ であるが、$22 \cdot 17 = 374 \in [374] = [2]$ となる。一般に、$x \in [1]$,$y \in [2]$ の任意の x,y に対し、$x \cdot y \in [2]$ となることが示せる。これを次のように表そう。

$$[1] \cdot [2] = [2]$$

これは、剰余類 [1] と [2] の積の演算である。剰余類に属するすべての要素についてこの関係を満たす、という意味である。さらに、一般に、次のことを示せる。これを、剰余系 Z_3 における乗法という。

$$[x] \cdot [y] = [x \cdot y] \tag{6.35}$$

簡単のため、これを 3 による**剰余積**と呼ぼう。この積演算をすべて書き下ろすと次のような表になる。この表より、[1] が乗法の単位元であること、そして表 6.4 に示す逆元が零元 [0] 以外のすべての剰余類に存在することもわかる。

表 6.3　Z_3 における乗算表　表 6.4　Z_3 における乗法に関する逆元

$x \cdot y$	0	1	2
0	0	0	0
1	0	1	2
2	0	2	1

x	x^{-1}
0	－(存在せず)
1	1
2	2

乗法における逆元が存在するから、Z_3 では除法が定義できることになる。

$$[x]/[y] = [x] \cdot [y]^{-1} \tag{6.36}$$

もっとも、Z_3 では、[1] の逆元は [1]、[2] の逆元は [2] であるから、これらの要素による除算は乗算と一致することになる。以上より、Z_3 における乗法は、整数における乗法ではなく、実数における乗法と同じ性質があることが分る。

Z_3 では実数体と同じように四則演算が定義できる。つまり、Z_3 は 3 個の要素からなる体である。一般に、有限個の要素からなる体を**有限体**という。

[例 6.4]　有限体 $Z_3 = \{0, 1, 2\}$ における減法と除法の演算表を示せ。
[解]　それぞれ、加法の逆元の加算、乗法の逆元の乗算として求めると次のようになる。ただし零元 0 による除算は定義できない。0 による除算を除いて除算は乗算と一致する。

Z_3 における減算表

$x - y$	0	1	2
0	0	2	1
1	1	0	2
2	2	1	0

Z_3 における除算表

x/y	0	1	2
0	－	0	0
1	－	1	2
2	－	2	1	■

一般に、法 n を任意の自然数とするとき、n による剰余系 $Z_n = \{0, 1, 2, \cdots, n-1\}$ において Z_3 と同様の加法を定義すると、0 が零元となり、さらに、すべての要素に加法に関する逆元が存在するので、Z_n における減法が定義できる。また、法 n が素数ならば、Z_n における乗法を Z_3 と同様に定義すると、1 が乗法に関する単位元となり、零元 0 以外のすべての要素の乗法に関する逆元が存在するので、除法が定義できる。つまり、法 n が素数ならば Z_n は有限体とな

る。

　n が素数でないときは、乗法に関する逆元が存在しない要素があり、乗算の逆演算としての除算が定義できないため、有限体にならない。次章で体についてもう少し詳しく説明する。ここでは例を挙げるにとどめる。たとえば、$n=4$ のとき、剰余系 $Z_4 = \{0, 1, 2, 3\}$ において同様の乗法を定義すると、演算表は次のようになる。

表 6.5　Z_4 における乗算表　　表 6.6　Z_4 における乗法に関する逆元

$x \cdot y$	0	1	2	3
0	0	0	0	0
1	0	1	2	3
2	0	2	0	2
3	0	3	2	1

x	x^{-1}
0	－
1	1
2	－
3	3

乗法における単位元は 1 である。したがって、表 6.5 より、1 と 3 の逆元はそれぞれ 1、3 である。しかし、2 はどの要素との演算も 1 にならないから、逆元は存在しない。したがって、除法は定義できないことになる。

2 を法とする剰余系

　上でみたように、素数の n を法とする剰余系 $Z_n = \{0, 1, \cdots, n-1\}$ は体である。法を 2 とする剰余系 $Z_2 = \{0, 1\}$ は、もっとも小さい有限体となる。法が 2 の有限体は、情報科学では基本となる有限体である。Z_2 における加法と乗法の演算表は極めて簡単である。

表 6.7　Z_2 における演算表

$x+y$	0	1
0	0	1
1	1	0

x	$-x$
0	0
1	1

$x \cdot y$	0	1
0	0	0
1	0	1

x	x^{-1}
0	－
1	1

零元は 0 で、単位元は 1 である。

　Z_2 における加算は環和、あるいは排他的論理和と呼ばれており、⊕ の記号で表されることが多い。これは、1 章でふれた排他的選言と同じ性質の演算である。0→1 または 1→0 の書き換えを反転というが、1 を加えると、0+1=1、

$1+1=0$ と反転する。

　減法は加法の逆元の和で定義されるが、もとの要素と逆元が同じであるから、減法は加法と同じ演算表に従う。つまり、引くことと加えることは同じである。したがって、同じ要素を2回加えるともとに戻ることになる。

　つまり、x, y, $z \in Z_2$ として、$x+y=z$ のとき、$(x+y)+y=x$ である。

6.3　剰余演算と暗号
一方向性関数

　減算は加算の逆演算である。減算は加法に関する逆元の加算で計算できる。加法に関する逆元は単に符号を換えればよいから、簡単に求めることができる。加算と減算はほとんど同じ手間である。実数での除算は乗算の逆演算で、乗法に関する逆元(逆数)の乗算となるが、この逆数を求めることは少々面倒である。割り算のアルゴリズムは、掛け算のアルゴリズムより手間が掛る。

　積の剰余演算を考えよう。法を M として、p を $1 \sim M-1$ の自然数とする。M が素数の時は、M による剰余積に対し、任意の p について積に関する逆元が存在するから、

$$pq \bmod M = 1, \quad 1 \leq q \leq M-1 \tag{6.37}$$

となる p の逆元 q ($1 \leq q \leq M-1$) が存在する。q を法 M における p の逆数という。これは法 n による剰余系 Z_n における p の乗法に関する逆元である。積 pq の計算は容易であるが、p を与えてその逆数 q を求めるのは、M が大きな数になるとやっかいである。基本的には $q=1$ から順に左辺を計算して試すという方法になる。$M=31$, $p=14$ として、電卓で p の逆数を求めてみよう。

　2つの素数 p, q が与えられたとき、その積 $n=pq$ は容易に計算できるが、逆に n から素因数 p, q を求める簡単な方法はなく、大きな素数だと容易ではない。たとえば、$n=10961$ の素因数を電卓を使って求めてみられたい。$p=2$ から順に素数を試していく必要がある。

　逆方向の計算の手間がもとの計算の手間に比べて格段に大きい関数を一方向性関数という。素数 M を法とする剰余積演算に対して逆数を求める計算、2つの素数の積を求める乗算に対してその逆の因数分解などは、もとの計算より

手間が掛るという意味で、一方向性である。

離散対数

底を p (正の実数) とする指数関数は、
$$y = p^x \tag{6.38}$$
で、独立変数 x を実数とすると、従属変数 y は 0 より大きい実数となる。この関数の逆関数は p を底とする対数関数である。
$$y = \log_p x \tag{6.39}$$
変数記号は式(6.38)と同様、独立変数を x、従属変数を y とした。

指数関数を整数の上で定義しよう。M を素数とし、p を $p<M$ の自然数として、任意の自然数 x に対し式(6.38)の右辺を M を法とする剰余とする。
$$y = p^x \pmod{M} \tag{6.40}$$
関数値 y が 0 となることはない。M が素数のとき、$p<M$ の任意の自然数に対し、次の関係(フェルマーの小定理)
$$p^{M-1} \bmod M = 1 \tag{6.41}$$
が成立するから、式(6.40)において、$x=M$ のときの y は $x=1$ のときと同じになり、以降は巡回し、周期的になる。最大周期長は $M-1$ である。一般には M と p の組み合わせに依存して、もっと小さい x について式(6.40)の右辺が 1 となり、$M-1$ より短い周期となる。式(6.41)は必ず満たすから、周期長は $M-1$ の約数となる。式(6.40)の関数を**離散指数関数**と呼ぼう。以下ではこの関数(6.40)の始集合、終集合とも $1〜M-1$ とする。

たとえば、$p=8$, $M=11$ として、この関数の関数表を示すと、表 6.8 のようになる。$x=11$ 以降は循環する。

表 6.8　離散指数関数 $y=8^x \pmod{11}$ の関数表

x	1	2	3	4	5	6	7	8	9	10
y	8	9	6	4	10	3	2	5	7	1

この関数表は、$f(x) = 8^x \pmod{11}$ として、次の漸化式が成立するから、
$$f(0) = 1 \tag{6.42}$$
$$f(x+1) = f(x) \cdot 8 \pmod{11}$$

これを用いて計算すると容易に得られる。

式(6.40)の離散指数関数が$1 \sim M-1$での全射であれば、それは$1 \sim M-1$の置換を与える。一般には全射ではない。

離散指数関数の逆関数を**離散対数**(あるいは**離散対数関数**)といい、
$$y = \log_p x \,(\mathrm{mod}\, M) \tag{6.43}$$
と表す。もとの離散指数関数が全射であれば離散対数は全域的である(変域$1 \sim M-1$に対して関数が定義できる)が、そうでなければ離散対数は部分的である(変域$1 \sim M-1$には定義できない要素がある)。たとえば、表6.8の離散指数関数は全射であるから、その逆関数は、その表の上下を入替えて、表6.9となる。

表6.9 離散対数 $y = \log_8 x \,(\mathrm{mod}\, 11)$ の関数表

x	1	2	3	4	5	6	7	8	9	10
y	10	7	6	4	8	3	9	1	2	5

上の表6.9には、式(6.42)のような効率的計算法はない。基本的にはまず表6.8を作成する必要がある。離散対数の計算には離散指数関数の全体の関数表が必要である。つまり、離散指数関数は[例6.2]のように繰り返し2乗法などを利用すると比較的容易に計算できるが、逆の計算、離散対数の計算は基本的にはすべての可能性を調べる必要がある(いくつかの少し効率的な方法はあるが、基本的にはこれと同じ方法である)。離散対数の計算がやっかいであるという意味で、これは一方向性関数である。

[例6.5] $y = \log_3 12 \,(\mathrm{mod}\, 17)$を求めよ。
[解] $3^y \,\mathrm{mod}\, 17 = 12$ の左辺に、$y = 1 \sim 16$ を順に代入していくと、$y = 13$を得る。 ■

暗号への利用

まず、暗号のもっとも基本的な部分を説明しよう。暗号化は、平文(ひらぶん)と呼ばれるもとの文を、暗号文に変換する。通常は平文を長さMのブロックに分割し、それぞれのブロックごとに暗号文を生成する。$M=1$とすると1文字ごとの暗号化(文字の書き換え)になる。この平文から暗号文へ対応させる写像は1対1

対応となっていて、異なる平文は異なる暗号文に対応する。この写像を**暗号化関数**という。

N 個の平文文字種を数値でコード化（たとえば A～Z の 26 文字をアルファベット順に 0～25 で番号付け）し、M 桁の N 進位取り記法とすれば、長さ M の文字列を非負整数で表すことができる。同様に暗号文も非負整数で表す。したがって、暗号化関数 f は非負整数から非負整数への関数である。機械的に処理するために、暗号化関数は数式あるいは計算手続き（アルゴリズム）で表す。

昔から使われている暗号法に文字ずらし法がある。これはブロックを 1 文字として、平文文字のコード x をアルファベット順に k 文字ずらしたものを暗号文字のコード y としたものである。暗号化関数 f は、

$$y = f(x) = x + k \pmod{N} \tag{6.44}$$

となっている。たとえば、$N=26$, $k=3$ で " I love you " を空白を無視して暗号化すると、3 文字先ずらしであるから、" LORYHBRX " という暗号文が得られる（すべて大文字としてある）。暗号化関数には一般にパラメータ（定数記号）が含まれており、この例では k である。パラメータ k が異なると異なる暗号文が得られる。このパラメータを**暗号化鍵**（キー, key）という。以下ではキーを K_E と表そう。したがって、暗号化関数は K_E にも依存することになる。平文を表す整数を P、暗号文を表す整数を C とすると、暗号化関数は次のように表される。

$$C = f(P; K_E) \tag{6.45}$$

暗号文の整数を平文の整数に戻す逆の対応を**復号関数**という。式(6.44)の暗号化関数に対しては、

$$x = g(y) = y - k \pmod{N} \tag{6.46}$$

である。k 文字戻しの復号関数である。一般に、復号関数 g は、復号のための数式あるいはアルゴリズム g と、K_E から決定できるパラメータ K_D からなり、

$$P = g(C; K_D) \tag{6.47}$$

となる。K_D を**復号鍵**という。式(6.46)は式(6.44)の逆関数になっている。一般に、式(6.47)の復号関数 g は式(6.45)の暗号化関数 f の逆関数である。

一般の暗号系では、暗号化のアルゴリズム f と復号のアルゴリズム g はよく知られており、鍵 K_E, K_D だけが秘密に保持されている。復号鍵 K_D を用い

て暗号文を平文に戻すことを**復号**、鍵を用いずに平文を得ることを**解読**という。

　文字を入替えるような古典暗号では入替えの対応（置換）がキーであって、K_E と K_D が同じ鍵 $K_E = K_D = K$ となっている。送信側は K を用いて暗号化し、受信側は K を用いて復号する。このためには K を互いに共通の秘密鍵として保持する必要がある。このような暗号系を**共通鍵方式**という。

　現代暗号の代表である**公開暗号鍵方式**では、K_E と K_D とを異なった鍵とする。K_D を秘密にする。もし、K_E が洩れても K_D が秘密に保持されていれば、解読は困難となる。もちろん K_D は K_E から決まるから、K_E から K_D を求めるのがきわめて困難でなければ意味がない。

　たとえば、**RSA**(Rivest, Shamir and Adelman)**暗号**は因数分解するのが困難である、ということを利用する。いま A が B に暗号を通信する。暗号理論の世界では、A をアリス、B をボブとすることが多い。ボブは、2 つの素数 p, q を選んで、$n = pq$ を計算しておく。さらに n より小さいある条件を満たす整数を選んで暗号化鍵 K_E とし、さらに n を法として p, q と K_E から決まるある整数を復号鍵 K_D とする。K_D を秘密鍵とする。通信に際して、ボブは予めアリスに公開鍵 (n, K_E) を送る。アリスは、n を法として平文を K_E で暗号化し、暗号文を送る。ボブは n を法として秘密鍵 K_D で暗号文を復号する。たとえ第三者のイブが (n, K_E) を盗み見たとしても、n と K_E から K_D を得るのはきわめて困難であるから解読できない。もちろん、n の因数分解や K_D をしらみつぶしに試すことはできるから、2 つの素数 p, q は、かなり大きな素数でないと安全ではない。10 進で 100〜300 桁（2 進で 300〜1000 ビット）以上が必要であるといわれている。

　上の方法では、アリスが、送ったことを否認したり、第三者のイブが送ったと主張したとき、ボブは対応できない。ボブが受け取った暗号文はアリスの送ったものである、という**認証**が必要となる。RSA 方式では K_E と K_D とはその役割が対称的で、その役目を入替えても全く同じように暗号通信が成立する。そうすると、次のような認証が可能になる。アリスとボブはまず互いの公開鍵と法を交換する。アリスはボブの法と公開鍵で暗号化し、さらに自分の法と秘密鍵でも暗号化する。ボブは受け取った暗号文を、アリスの法と公開鍵で復号し、さらに自分の法と秘密鍵で復号すると、アリスの送った平文を得る。ボブ

の受け取った暗号文がアリスの公開鍵で復号できたということはその暗号文はアリスの秘密鍵で暗号化されていたことを示すから、アリスの送信したものであることを認証したことになる。

離散対数の計算困難性を用いた暗号方法にDiffie-Hellman鍵交換システムやElGamal暗号などがある。また、最近では楕円曲線の整数論に基づく楕円暗号などがある。現代暗号理論に関心のある諸氏は、関連の教科書を参照されたい。

―――<コラム：素数判定法>―――

　離散対数などを利用した暗号系を構成してかつ安全に使用できるためには、大きな素数 M が必要である。実用的には10進で100～300桁、2進で500～1000ビット以上が必要であるといわれている。そのような巨大な素数表を常時用意しておくのは困難であるし、無駄でもある。通常は、乱数生成アルゴリズムによって10進数百桁の奇数 M を生成し（もし、生成した数が偶数ならば1を加えればよい）、それが素数かどうか判定する。もし、素数でなければ2を加えて判定し、素数でなければさらに2を加えて判定することを繰り返す。この手続きを $\log M$ 回の程度繰り返せば、かなり高い確率で素数が得られる、ということが知られている。

　ところで、与えられた自然数 n が素数であるかどうかを簡単に判定するアルゴリズムは存在しない。基本的には n 以下（実際には $\sqrt{n}$ 以下でよい）の素数が因子となるかどうか個別に判定する必要がある。ある n より小さい素数の表は「エラトステネスの篩(ふるい)」というよく知られたアルゴリズムによって作ることができる。このアルゴリズムは、$A = \{k \mid 2 \leq k \leq n\}$ として、A の要素をつぎつぎに素数の篩に掛けて、残ったものを素数の集合とする、というものである。しかし、これは n が大きいとかなり大変な計算量となる。

　実用的には、厳密でなくてもよい場合には、たとえば式(6.41)を利用する方法がある。いくつかの $p(<M)$ についてこの式の左辺を計算し、この式を満足するかどうかをチェックする、という方法である。この方法では、k 個の異なる p がこの式を満足できれば、M が素数である確率は $1/2^k$ 程度であることが知られている。式(6.41)を満足しない p が1つでもあれば、M は合成数である。

　以上の詳細は、数論や暗号理論の教科書を参照されたい。

第6章　演習問題

[1]　整除において、商と剰余が一意的であることを証明せよ。

[2]　次の数が合成数かどうか判定し、合成数ならば素因数分解せよ。
　　(1)　179928　　(2)　323　　(3)　29887　　(4)　9761　　(5)　48743

[3]　エラトステネスの篩(ふるい)は、次のような帰納的な手順で、自然数 N 以下の素数の一覧を得る方法である。

　　[エラトステネスの篩]
　　　$2\sim N$ の数値を書き出しておく。
　　　(a)　最小の数値2に○印を付け、残りの数値で2の倍数に×印を付ける。
　　　(b)　印の付いていない数値の中で最小のものを選び○印を付け、残りの印の付いていない数値でその数の倍数になっている数値に×印を付ける。
　　　　　(この手順bを、すべての数値に印が付くまで繰り返す。)
　　　(c)　○印の付いている数値はすべて素数である。

実は、(b)の手順は、$\sqrt{N}$ 以下の数値についてチェックすればよい。終了した時点で、印の付いていない数値もすべて素数である。このことを証明せよ。

[4]　任意の自然数 m, n の最小公倍数を ℓ、最大公約数を d とする。次のことを証明せよ。
　　(1)　m, n の公倍数は、すべて ℓ の倍数である。
　　(2)　m, n の公約数は、すべて d の約数である。
　　(3)　$mn = \ell d$

[5]　次の数値の最大公約数をユークリッドの互除法により求めよ。
　　(1)　$(385, 140)$　　(2)　$(744, 1028)$　　(3)　$(31611, 7967)$

[6]　自然数 n を法として、a, b, c を整数の定数、x, y を未知の整数とする方程式
$$ax = b \pmod{n},\quad ax + by = c \pmod{n}$$
などを合同方程式という。次の合同方程式の解を $0 \sim n-1$ の範囲で求めよ。解が複数ある場合は、すべて求めよ。
　　(1)　$2x = 1 \pmod{13}$　　(2)　$-2x = 1 \pmod{13}$　　(3)　$11x = 2 \pmod{34}$
　　(4)　$5x + 2y = 1 \pmod{7}$　　(5)　$2x - 3y = -1 \pmod{5}$

[7]　次のことを証明せよ。
　　(1)　2つの自然数 m, n の最大公約数を d として、$d = mx + ny$ となる整数 x, y が存在する。
　　(2)　m, n が互いに素な自然数であるとき、$mx + ny = 1$ となる整数 x, y が存在する。
　　(3)　m, n が互いに素な自然数であるとき、p を任意の整数、x, y を未知整数として、合同方程式 $mx + ny = p$ は解を有する。解は多数存在し、1組の解を (x_0, y_0) とすると、s

を任意の整数として、任意の解は、$(x, y) = (x_0 + ns, y_0 - ms)$ と表される。

(4) m, n を互いに素な自然数とすると、$k = (m-1)(n-1)$ 以上のすべての自然数 $N \geq k$ は、0以上の整数 x, y を用いて、$N = mx + ny$ の形に表せる。しかし、$k-1$ は表せない。(これは4章の演習問題[8](3)の根拠となっている定理である。)

[8] 整数の集合 Z において、5を法とする合同関係を R_5 とする。次の問に答えよ。

(1) R_5 が Z における同値関係であることを示せ。

(2) Z における同値関係 R_5 による Z の同値類をすべて求めよ。

(3) Z が R_5 の同値類で直和分割されていることを証明せよ。(Z のすべての要素がどれかの同値類に属し、異なる同値類は互いに素であることを示せ。)

(4) 商集合 $Z_5 = Z/R_5$ における加法表、加法に関する逆元表を示せ。

(5) Z_5 における乗法表、乗法に関する逆元(逆数)表を示せ。

(6) Z_5 における減算表を示せ。

(7) Z_5 における除算表を示せ。

[9] 次の問に答えよ。

(1) 整数の集合 Z において、自然数 n を法とする合同関係を R_n とする。R_n が同値関係であることを示せ。n が素数であるとき、R_n による Z の商集合 Z_n において、四則演算が行えることを示せ。

(2) $n = 2$ のとき、Z_2 における四則演算表を示せ。

(3) $n = 3$ のとき、Z_3 における四則演算表を示せ。

(4) $n = 7$ のとき、Z_7 における四則演算表を示せ。

[10] 次の剰余演算を行え。

(1) $-5 \bmod 3$ (2) $-123 \bmod 13$ (3) $(-25) \times 41 \pmod 7$

(4) $632 \times 444 \pmod 7$ (5) $237 \times 506 \pmod{508}$

(6) $365^2 \pmod{367}$ (7) $11^{10} \pmod{119}$

[11] 任意の自然数 n について、$0 < p < n$ の整数に対し、p, n が互いに素ならば、$pq \equiv 1 \pmod n$ となる自然数 q, $0 < q < n$ が存在する。q は法 n の下での p の逆数である。これを証明せよ。また、次の逆数を求めよ。

(1) $1/4 \pmod 7$ (2) $1/8 \pmod{13}$ (3) $1/17 \pmod{60}$

[12] 次の問に答えよ。

(1) 法3の剰余系 Z_3 で、次の計算を行え。

 (a) $2+2$ (b) $1-2$ (c) 2×2 (d) $1/2$

(2) 法5の剰余系 Z_5 で、次の計算を行え。

 (a) $3+4$ (b) $2-3$ (c) 3×3 (d) $4/3$

(3) 法7の剰余系 Z_7 で、次の計算を行え。

(a)　$3+5$　　(b)　$2-6$　　(c)　6×4　　(d)　$3/5$

(4) 法13の剰余系 Z_{13} で、次の計算を行え。

(a)　$5+10$　　(b)　$4-8$　　(c)　6×9　　(d)　$7/5$

[13]　フェルマーの小定理は、次のようなものである。

[フェルマーの小定理]

　　　M を素数として、任意の自然数 p について、次の関係が成立する。

　　　　$p^M = p \,(\mathrm{mod}\, M)$

これを、p に関する数学的帰納法で証明せよ。

(なお、本文中では、両辺を p で割った形で示したが、これは $p \neq 0 \,(\mathrm{mod}\, M)$ であるときに成立する。上の形ならば、任意の自然数 p で成立する。)

[14]　次の離散指数関数の関数表を作成し、それを用いて離散対数表を構成せよ。独立変数 x と従属変数 y の変域はいずれも 0〜10 とする。

(1)　$y = 2^x \,(\mathrm{mod}\, 11)$,　　　　$y = \log_2 x \,(\mathrm{mod}\, 11)$

(2)　$y = 5^x \,(\mathrm{mod}\, 11)$,　　　　$y = \log_5 x \,(\mathrm{mod}\, 11)$

(3)　$y = 6^x \,(\mathrm{mod}\, 11)$,　　　　$y = \log_6 x \,(\mathrm{mod}\, 11)$

(4)　$y = 9^x \,(\mathrm{mod}\, 11)$,　　　　$y = \log_9 x \,(\mathrm{mod}\, 11)$

(5)　$y = 10^x \,(\mathrm{mod}\, 11)$,　　　$y = \log_{10} x \,(\mathrm{mod}\, 11)$

なお、(1)と(3)、(2)と(4)の離散指数関数表は互いに逆に並んだものになっているはずであるが、それはどうしてか、理由を述べよ。

[15]　換字法は、文字を他の文字に置き換えて暗号化する方法で、暗号化の基本である。どのように置き換えるかを決めるのが暗号化のアルゴリズムと鍵(キー文字列)である。本文中で説明した文字ずらしのアルゴリズムは、$N=26$ を法として単純にキー定数 k を加える(式(6.44))ことである。たとえば、$k=3$ だとキーは "C" ということになる。これは古く紀元前から使われていてシーザー暗号などと呼ばれている。平文をブロック化し M 文字単位で加える定数を決めるともう少し強固な暗号になる。たとえば、$M=4$ とし、キーを " love " = 11 14 21 4 とすると、

　　　平文　　SendMoreMoney = 18　4 13　3 12 14 17　4 12 14 13　4 24

　　　キー　　　　　　　　　love = 11 14 21　4 11 14 21　4 11 14 21　4 11

　　　暗号　　DSIHXCMIXCIIJ =　　3 18　8　7 23　2 12　8 23　2　8　9

平文の各文字にキー文字を加えると暗号文の文字が得られる(各文字は 0〜25 の数値で表し、加算は $N=26$ を法として行う)。このような暗号法は 15 世紀頃に発明されたもので、ビジネル暗号と呼ばれており、コンピュータ以前にはよく使われていた。

　　次の暗号文を復号せよ。

(1)　PELCGBTENCUL　　キー = N

(2) evdwtgninfzx　　　　キー＝love
(3) zzgzvmgy　　　　　　キー＝rose

第7章　離散代数系

7.1　演算と代数系
演　算

前章で、整数の四則演算、および剰余演算の性質について、まとめた。この章では、少し一般的に、演算とその性質を系統的に考えてみよう。

演算を少し広く考える。加算は2項演算で、2つの数値の組に第3の数値を対応させる方法の1つである。この意味で、演算は2変数関数(写像)である。いま、ある集合Aにおいて定義された次のような写像、

$$f: A \times A \to A \tag{7.1}$$

$$f(x, y) = z, \ x, y, z \in A$$

を考える。この写像をAにおける2項演算という。この2項組(x, y)からzへの対応を、演算記号$*$を用いて次のように表す。

$$x * y = z \tag{7.2}$$

2項演算の記号(2項演算子)は場合に応じていろいろな記号が使われる。記号$+$を用いたときは**加法演算**、あるいは簡単に**加法**または**加算**という。記号$\cdot$のときは**乗法演算**、あるいは**乗法**、**乗算**という。もちろん、減算記号$-$や除算記号$/$も2項演算記号である。コンピュータのプログラミング言語などでは、ベキ計算を演算記号$\hat{\ }$を使って、$x \hat{\ } y (= x^y)$と書く。

集合Aが有限集合のときは、演算を掛け算の九九の形の**演算表**として書き上げることができ、**加法表**、**乗法表**などという。$x * y$の演算表では、たとえば表6.1のように、xの値を行に割り当て(xの値を縦に並べ)、yの値を列に割り当て(横に並べ)、行と列の交点の位置に$x * y$の値を書く。

一般に、A^mからAへの写像はAにおけるm**項演算**を定義する。$5!$の$!$は階乗を表す記号であるが、これを演算とみれば、1項(単項)演算記号である。

ある実数 $a(\neq 0)$ の逆数を与える演算 $1/a$ も1項演算である。この表現では2項演算の除算記号 / で表わしてあるが、$1/(\ )$ で1項演算である。逆数についてはベキ乗の表現を利用し、a^{-1} と書いて1項演算を $(\ )^{-1}$ とすることも多い。数値 x の符号を変える $-x$ の "−" 記号も1項演算である。この記号は、減算の2項演算記号としても使われている。さらに、この記号は、-12 などと負の数を表わす記号としても使われているが、これは "12" の符号変更演算というよりは "−12" の3文字で1つの数値を表わしていると見るのが普通で、演算記号ではない。ところで、$f(x) = \sin x$ はこの定義に従うと1項演算とみなしてもよく、関数電卓では1つのキーに演算として割り当てられている。しかし、一般にはこのような関数を演算ということは少ない。特定の元、たとえば0や1を明示することがあり、そのとき、その特定の元を0項演算ということがある。

代数系

集合 A の任意の要素に対し演算 $*$ の結果が A の要素であるとき、演算 $*$ は A に閉じている、あるいは、A において定義されている、という。一般に、ある演算 $*$ が集合 A に閉じているとき、集合と演算からなる系 $(A; *)$ を**代数系** (algebraic system) という。簡単に、A とだけ書くことも多い。

$$(A; *) \text{ は代数系} \Leftrightarrow \forall x, y \in A \quad x * y \in A \tag{7.3}$$

自然数の集合 N と通常の加算 + からなる系 $(N; +)$ は代数系であるが、減算 − では演算結果は N に閉じていないから、$(N; -)$ は代数系ではない。

演算は数値計算ばかりではなく、さまざまな対象の集合でも定義できる。たとえば、n 次元ベクトルの集合 V_n において、ベクトル積(外積)演算 × は V_n に閉じているから、$(V_n; \times)$ は代数系である。$n \times n$ 正方行列の集合を M_n とし、行列の積を · で表すと、$(M_n; \cdot)$ は代数系である。変域を実数全体とする1変数の実数関数の集合を F とすると、関数の合成演算 · は F の中に閉じているから、$(F; \cdot)$ は代数系である。また、演算は複数定義されていることもある。和 + と積 · は整数の集合 Z に閉じているから、$(Z; +, \cdot)$ は代数系である。6章で説明した実数体や剰余系による有限体も加法と乗法の2つの演算を定義している。また、1章の論理演算(2項演算の選言 ∨ と連言 ∧、1項演算の否定

〜)は真偽の真理値の集合{T, F}に閉じているから、({T, F}; ∨, ∧, 〜)は3つの演算からなる代数系である。

　以下では主に2項演算を対象とするが、必要に応じて1項演算や0項演算も加える。集合Aが離散集合のとき**離散代数系**、有限集合のとき**有限代数系**という。

　代数系$(A; *)$があって、Aの部分集合$B⊂A$が演算$*$に関して閉じていて、$(B; *)$がAと同じような代数系をなすとき（「同じような」の定義が必要であるが、必要のつど説明する）、代数系Bを代数系Aの**部分代数系**という。

等式と演算

　演算式(数式)は、1つ以上の項と0個以上の演算からなる一連の処理を表した記号列である。項1つでも数式である。［例4.10］で数式の帰納的定義の例を示したが、数式の構造については10.3節でふれる。一般に、同じ結果を生じる数式表現はいくつもある。2つの数式表現が同じ結果となる、という関係を等号=でつないで**等式**として表す。等式の両辺に同じ要素を演算しても等式は保たれる。つまり、P, Qを$(A; *)$における数式として、任意の$a ∈ A$に対し、

$$P = Q \text{ ならば } P*a = Q*a, \ a*P = a*Q \tag{7.4}$$

が成立する。このような性質を、等式関係=は演算$*$と**両立する**、という。また、このとき、2つの等式の辺々を演算してもかまわない。

$$P_1 = Q_1 \text{ かつ } P_2 = Q_2 \text{ ならば } P_1 * P_2 = Q_1 * Q_2 \tag{7.5}$$

これらは、方程式を解いたりするときなど、等式を変形するときに利用する基本的な性質である。ただし、一般には、式(7.4), (7.5)の逆は成立しない。

単位元と逆元

　代数系$(A; *)$において、任意の要素xに対して次のような性質をもつ定数$e ∈ A$が存在するとき、eを演算$*$に関する**単位元**という。

　　　単位元　ある$e ∈ A$が存在し, 任意の$x ∈ A$に対し $x*e = e*x = x$　(7.6)

たとえば、整数の代数系$(Z; +)$で、定数0はZの要素で、加法+に関する単位元である。代数系で2つの演算、加法+と乗法・とが定義されているとき、

加法に関する単位元を零元（れいげん）と呼び、単に単位元というと乗法に関する単位元を指す。代数系$(Z;+,\cdot)$において、0は零元、1は単位元である。

代数系$(A;*)$において、$*$に関する単位元をeとして、ある要素$a\in A$に対し次のような性質をもつ要素$a'\in A$が存在するとき、a'をaの演算$*$に関する逆元という。

$$\text{逆元}\quad a\in A \text{ に対し } a'\in A \text{ が存在して } a*a'=a'*a=e \tag{7.7}$$

逆元の表し方は様々あるが、乗法の逆数の表現a^{-1}を使うことも多い。なお、単位元の逆元は単位元自身に等しい（$e^{-1}=e$）。

なお、代数系Aにおいて0項演算の単位元や1項演算としての逆元が存在するとき、Aの部分代数系Bも同じ単位元や対応する逆元を含む。Bが、Aと一致するか、あるいは単位元のみからなるとき、自明な部分代数系という。

交換律

集合Aで定義された2項演算$*$に対し、ある$a,b\in A$について、$a*b=b*a$であるとき、aとbは$*$に関して可換であるという。Aの任意の2つの要素が可換であるとき、この性質を可換律あるいは交換律（commutative law）といい、演算$*$はAにおいて可換である、という。

$$\text{交換律}\quad \forall x,y\in A\quad x*y=y*x \tag{7.8}$$

交換律の成立する代数系を可換代数系という。

整数の集合Zにおける通常の加算や乗算は可換であるが、可換でない演算も多数ある。たとえば、Zにおける減算は可換ではないし、$n\times n$正方行列の集合M_nにおける行列の積は可換ではない。n次元ベクトル集合V_nでも、ベクトル積は可換ではない（$\mathbf{B}\times\mathbf{A}=-\mathbf{A}\times\mathbf{B}$）。

結合律

整数の代数系$(Z;+)$では、式(6.2)の結合律が成立した。一般に、結合律は、代数系$(A;*)$において、次の性質が成立することである。

$$\text{結合律}\quad \forall x,y,z\in A\quad x*(y*z)=(x*y)*z \tag{7.9}$$

結合律が成立する場合は、いくつかの要素の連続演算を、$x*y*z$のようにカッコを付けずに表すのが普通である。

[例7.1] 次の(1)〜(5)の各系について、代数系の性質を説明し、部分代数系を示せ。
(1) $(Z; -)$　　Z は整数の集合、$-$ は通常の減算
(2) $(Z_5; +, \cdot)$　Z_5 は Z の法 5 の剰余系、$+$ は 5 による剰余和、$\cdot$ は 5 による剰余積
(3) $(A; \triangle, \triangledown)$　A はあるクラスの学生の集合、$x \triangle y$ は x と y のうち背が高い方を与え、$x \triangledown y$ は背が低い方を与える演算。ただし同じ身長の学生は A には含まれていない。
(4) $(B; *)$　　$B = \{a, b, c, d\}$、$*$ 演算は次の演算表で定義されている。

$*$	a	b	c	d
a	a	b	c	d
b	b	d	a	c
c	c	a	c	a
d	d	b	a	b

[解] (1)減算は Z に閉じているが、可換ではなく、結合律も成立しない。単位元は存在しない。2 の倍数だけの整数の集合 $2Z \subset Z$ による代数系 $(2Z; -)$ は、減算は $2Z$ に閉じているから、$(Z; -)$ の部分代数系である。一般に、自然数 n の倍数の集合 $nZ = \{nx \mid x \in Z\}$ は部分代数系となる。(2)これは素数 $n = 5$ の剰余系の有限体をなしている。自明なもの以外は部分代数系は存在しない。(3)演算は A に閉じているから代数系である。交換律、結合律、分配律が成立する(実は分配律(8.27)、(8.28)も成立する)。$\triangle$ に関する単位元はもっとも背の低い学生で、$\triangledown$ に関する単位元はもっとも背の高い学生である。$\triangle$($\triangledown$) に関する単位元の $\triangle$($\triangledown$) に関する逆元はそれ自身、それ以外の逆元は存在しない。$\triangle, \triangledown$ の単位元を含む任意の部分集合が部分代数系をなす。(4) $*$ は B に閉じているから代数系であるが、演算表が対称でないから可換ではない。単位元は a、a の逆元は a、b の逆元は c、c の逆元は 2 つあり b と d、d の逆元は c。結合律は、たとえば、$(c*b)*d = a*d = d$、$c*(b*d) = c*c = c$ であるから、成立しない。自明でない部分代数系は存在しない。■

7.2　群とモノイド
群
　代数系 $(G; *)$ において、結合律が成立し、単位元が存在し、すべての要素に逆元が存在するとき、この代数系を**群**(group)という。演算 $*$ が交換律を満たす群は**可換群**である。群 $(G; *)$ は次の公理を満たす。

[群の公理]　　　　　　　　　　　　　　　　　　　　　　　　　　(7.10)
(1) 代数系である($*$ 演算が G に閉じている)

(2) 結合律が成立する
(3) 単位元が存在する
(4) 任意の元の逆元が存在する

群では、単位元が1つしかないこと(単位元の一意性)、また、逆元はそれぞれ1つしかないこと(逆元の一意性)が証明できる。

整数の集合 Z とその上での加算 $+$ の系 $(Z;+)$ は可換群である。n による剰余系からなる代数系 $(Z_n;+)$ も群となっている。この代数系でも交換律が成立するから、これは**可換群**である。可換群はアーベル群(Abelian group)ともいう。演算が加法演算 $+$ である可換群を**加群**という。

逆演算

次のような逆元を演算する演算記号を @ とすると、@ は演算 $*$ の**逆演算**となる。すなわち、任意の $a, b \in A$ に対し、b' を b の $*$ に関する逆元として、

$$a @ b = a * b' \tag{7.11}$$

$$(a * b) @ b = (a @ b) * b = a \tag{7.12}$$

である。演算 $*$ が群の演算であっても、演算 @ については一般には結合律が成立しない。たとえば、整数の集合 Z において加算 $+$ を定義した代数系 $(Z;+)$ は群をなす。単位元は 0、逆元は $-x$ である。加法の逆演算は減法で、$x, y \in Z$ として、

$$x - y = x + (-y) \tag{7.13}$$

となるが、この演算は $x - (y - z) \neq (x - y) - z$ であるから結合的ではない。

演算と等式関係とは両立するから、等式の両辺に同じ要素を演算しても等式が成立する。式(7.4)を再掲すると、

$$P = Q \text{ ならば } P * a = Q * a, \; a * P = a * Q \tag{7.14}$$

である。群では $*$ に関する逆元が存在するから、逆も成立する。

$$P * a = Q * a \text{ ならば } P = Q, \; a * P = a * Q \text{ ならば } P = Q \tag{7.15}$$

また、**移項**や**約分**などに対応する等式変形操作が可能となる。

$$P * a = Q \text{ ならば } P = Q @ a \tag{7.16}$$

[例 7.2] $(Z_6;+)$ は可換群をなし、Z_6 上で減法が定義できることを示せ。ただし $Z_6 =$

$\{0,1,2,3,4,5\}$ は Z の法 6 による剰余系、+ は 6 による剰余和である。

[解] Z_6 においては、加法は Z_6 に閉じており、可換であり、かつ結合律が成立している。加法の単位元は 0。加法の演算表、加法に関する逆元は下表。これらのことから、$(Z_6;+)$ は可換群であることがわかる。減法は、y の逆元 $-y$ の加算 $x-y=x+(-y)$ で定義できるから、減算の演算表は下表のようになる。

$x+y$	0	1	2	3	4	5		$-x$		$x-y$	0	1	2	3	4	5
0	0	1	2	3	4	5		0		0	0	5	4	3	2	1
1	1	2	3	4	5	0		5		1	1	0	5	4	3	2
2	2	3	4	5	0	1		4		2	2	1	0	5	4	3
3	3	4	5	0	1	2		3		3	3	2	1	0	5	4
4	4	5	0	1	2	3		2		4	4	3	2	1	0	5
5	5	0	1	2	3	4		1		5	5	4	3	2	1	0

正規部分群と剰余系

群 $(G;\cdot)$ において、G の部分集合 H が G と同様の群をなすとき、これを G の部分群という。

[例 7.3] 可換群 $(Z_6;+)$ のすべての部分群について、その演算表、逆元の表を示せ。ただし、自明の系、$(\{0\};+)$ と $(Z_6;+)$、は省略する。

[解] [例 7.2] の結果によれば、自明でない部分群は、$A=\{0,3\}$, $B=\{0,2,4\}$ の 2 つの集合に対して構成できる。$(A;+),(B;+)$。

A	$x+y$	0	3		$-x$		B	$x+y$	0	2	4		$-x$
	0	0	3		0			0	0	2	4		0
	3	3	0		3			2	2	4	0		4
								4	4	0	2		2

群 $(G;*)$ の部分群を H として、次の関係 R_L を、H を法とする左合同関係という。

$$aR_Lb : a,b \in G \text{ に対して、} h*a=b \text{ となる } h\in H \text{ が存在する} \quad (7.17)$$

この合同関係が同値関係であることは容易に示せる。この同値関係によって構成される同値類を、H を法とする左同値類という。これは、任意の $a\in G$ に対して、次のように定義される集合である。

$$[a] = \{x | h*a = x \in G, \ h \in H\} \quad (7.18)$$

同様に、次の H を法とする右合同関係も同値関係である。

$\quad aR_Rb : a, b \in G$ に対して、$a*h=b$ となる $h \in H$ が存在する $\quad$ (7.19)

この同値関係による同値類を右同値類という。G のある部分群 H が構成する左右の同値類が一致する場合、その H を G の正規部分群という。定義から、可換群ではすべての部分群は正規部分群である。正規部分群 H による同値類を G の法 H による剰余類、剰余類の集合を G の法 H による剰余系という。全体の集合 G は剰余類によって直和分割される。つまり、G の要素はそれぞれ必ずどれかの剰余類に属し、かつ異なる剰余類に共通な要素はない。

整数の集合 Z における加群 $(Z;+)$ は可換群であるから、その部分群はいずれも正規部分群である。n の倍数からなる整数の集合を $nZ = \{nx | x \in Z\}$ と書くと、nZ は Z の部分集合で、代数系 $(nZ;+)$ は加群 Z の正規部分群となる。$n=3$ として、$3Z = \{\cdots, -3, 0, 3, 6, \cdots\}$ を法とする剰余類は、

$\quad [0] = \{n | n = 0+h, \ h \in 3Z\} = \{\cdots, -3, 0, 3, 6, \cdots\} = 3Z$

$\quad [1] = \{n | n = 1+h, \ h \in 3Z\} = \{\cdots, -2, 1, 4, 7, \cdots\}$

$\quad [2] = \{n | n = 2+h, \ h \in 3Z\} = \{\cdots, -1, 2, 5, 8, \cdots\}$

となるから、6章で説明した法3による Z の剰余類(式(6.26))と一致する。つまり、正規部分群 $3Z$ を法とする加群 $(Z;+)$ の剰余系は、整数の集合 Z の法3による剰余系 Z_3 である。一般に、正規部分群 nZ を法とする加群 Z の剰余系は、法 n による Z の剰余系 Z_n と同じもので、Z は剰余類の直和である。

ところで、[例7.3]の $(Z_6;+)$ の部分群 $(A;+)$ を法とする剰余系は $Z_3 = ([0], [1], [2])$ と一致する。さらに、$(B;+)$ を法とする Z_6 の剰余系は $Z_2 = ([0], [1])$ となる。これらのことは容易に確認できるだろう。

剰余系の代数

剰余系における演算 $*$ を

$\quad [a]*[b] = \{x*y | x \in [a], \ y \in [b]\}$ $\quad$ (7.20)

で定義すると、これは剰余系に閉じている。この剰余系を G/H と書いて、$(G/H;*)$ は代数系である。代数系 G/H を代数系 G の法 H による商代数系という。さらに、代数系 G/H は、$(G;*)$ と同じ性質を有する代数系であること、つまり群となっていることも示せる。このような代数系を剰余群(あるいは商

群、因子群)という。

たとえば、加群 $(Z;+)$ の法 nZ による商代数系は、6章で説明した $Z_n = \{0,1,2,\cdots,n-1\}$ である。式(7.20)による Z_n における加法は次の表現と一致する。この演算がやはり加群をなすことは、6章での説明から容易にわかるであろう。

$$[x]+[y] = [x+y \bmod n] \tag{7.21}$$

置換の代数

3章の終わりで説明した置換とその積演算について考えよう。集合 $X_n = \{1,2,\cdots,n\}$ におけるすべての置換の集合を S_n とする。S_n の要素の数は、n の順列の数と同じで、$n!$ 個ある。X_n における置換は、X_n から X_n への全単射で、置換の積・は2つの全単射の合成である。たとえば、$X_5 = \{1,2,3,4,5\}$ として、置換は、3章で説明したように、次のような行列の形で表現する。

$$\alpha = \begin{pmatrix} 1 & 2 & 3 & 4 & 5 \\ 5 & 2 & 4 & 1 & 3 \end{pmatrix}, \quad \beta = \begin{pmatrix} 1 & 2 & 3 & 4 & 5 \\ 2 & 5 & 1 & 3 & 4 \end{pmatrix} \tag{7.22}$$

置換は要素を並べる順序には依存しないから、

$$\alpha = \begin{pmatrix} 2 & 5 & 1 & 3 & 4 \\ 2 & 3 & 5 & 4 & 1 \end{pmatrix} = \begin{pmatrix} 5 & 1 & 3 & 4 \\ 3 & 5 & 4 & 1 \end{pmatrix}$$

も同じ置換 α である。簡便のため、上のように同じ要素に対応する2を省いて置換を書くこともある。

積 $\alpha \cdot \beta$ は次のようになる。(なお、積の演算記号・は省略している。)

$$\alpha\beta = \begin{pmatrix} 2 & 5 & 1 & 3 & 4 \\ 2 & 3 & 5 & 4 & 1 \end{pmatrix}\begin{pmatrix} 1 & 2 & 3 & 4 & 5 \\ 2 & 5 & 1 & 3 & 4 \end{pmatrix} = \begin{pmatrix} 1 & 2 & 3 & 4 & 5 \\ 2 & 3 & 5 & 4 & 1 \end{pmatrix}$$

なお、置換の積は右から評価する。3章のコラム(P.45)を参照されたい。置換の積・は、一般には演算順序を交換すると異なった置換が得られるから、可換ではない。$\beta\alpha \neq \alpha\beta$ である。同じ置換の積はベキの形で $\alpha \cdot \alpha = \alpha^2$ などと書く。一般に、I を恒等置換として、$\alpha^0 = I$, $\alpha^1 = \alpha$, $\alpha^{k+1} = \alpha \cdot \alpha^k (k \geq 1)$ である。

S_n における置換の積はまた S_n における置換となるから、$(S_n;\cdot)$ は代数系である。$(S_n;\cdot)$ では結合律が成立する。(具体的な置換について結合的であることを確認するのは容易であるが、結合律は一般に証明する必要があるから

少々やっかいになる。ここでは省略するが、各自試みられたい。)容易に分るように、X_n での恒等置換 I_n は、X_n における恒等写像で、積・に関する単位元となる。任意の置換 α は、行列表現で上下を入替えた置換 α' との積をとると単位元 I_n となるから、α' は α の逆元 α^{-1} である。任意の置換に逆元が存在する。したがって代数系 S_n は群をなす。これを n 次の**対称群**(symmetric group)という。置換の積は可換ではなく、対称群は非可換群である。

一般に、置換の集合がその積に関して群をなすとき、**置換群**(permutation group)という。置換群は一般には非可換群であるが、置換の集合によっては可換になることがあり(次に説明する巡回置換はその例である)、その場合は**可換群**となる。なお、集合 X における全単射の集合 F が写像の合成(写像の積)・に関して群をなすとき、$(F;\cdot)$ を**変換群**という。置換群は変換群の一種である。

巡回置換と互換

式(7.22)の置換 β は、1→2→5→4→3→1 の順に循環的な対応となっている。このように循環する対応からなる置換を**巡回置換**(cyclic permutation)といい、簡単に $(1\ 2\ 5\ 4\ 3)$ と書く。

$$\beta = \begin{pmatrix} 1 & 2 & 3 & 4 & 5 \\ 2 & 5 & 1 & 3 & 4 \end{pmatrix} = \begin{pmatrix} 1 & 2 & 5 & 4 & 3 \\ 2 & 5 & 4 & 3 & 1 \end{pmatrix} = (1\ 2\ 5\ 4\ 3)$$

これは、$(2\ 5\ 4\ 3\ 1)$ や $(5\ 4\ 3\ 1\ 2)$ などと書いても同じ巡回置換を表す。α は $(1\ 5\ 3\ 4)$ の巡回置換である。2 は対応を変えない。k 個の要素からなる巡回置換を k 次の巡回置換という。

もっとも簡単な巡回置換は 2 次の巡回置換で、**互換**(transposition)という。互いに共通な文字記号をもたない置換は可換である。任意の置換は互いに共通な文字記号をもたない巡回置換の積で表現できる。たとえば、次の置換は 2 つの巡回置換の積に分解できる。

$$\begin{pmatrix} 1 & 2 & 3 & 4 & 5 \\ 4 & 1 & 5 & 2 & 3 \end{pmatrix} = \begin{pmatrix} 1 & 4 & 2 & 3 & 5 \\ 4 & 2 & 1 & 3 & 5 \end{pmatrix}\begin{pmatrix} 1 & 4 & 2 & 3 & 5 \\ 1 & 4 & 2 & 5 & 3 \end{pmatrix} = (1\ 4\ 2)(3\ 5)$$

この分解は、積の順序を除いて一意的である。任意の巡回置換はいくつかの互換の積に分解できる。たとえば $(1\ 5\ 3\ 4)$ は、次のようになる。

$$(1\ 5\ 3\ 4) = \begin{pmatrix} 1 & 5 & 3 & 4 \\ 5 & 3 & 4 & 1 \end{pmatrix} = \begin{pmatrix} 5 & 3 & 1 & 4 \\ 5 & 3 & 4 & 1 \end{pmatrix} \begin{pmatrix} 5 & 1 & 3 & 4 \\ 5 & 3 & 1 & 4 \end{pmatrix} \begin{pmatrix} 1 & 5 & 3 & 4 \\ 5 & 1 & 3 & 4 \end{pmatrix}$$
$$= (1\ 4)(1\ 3)(1\ 5)$$

したがって、任意の置換は互換の積で表されることになる。ところで、この互換への分解は一意的ではなく、さまざまな分解が可能である。たとえば、

$$(1\ 5\ 3\ 4) = (4\ 5)(1\ 4)(3\ 5) = (3\ 5)(1\ 5)(1\ 4)(4\ 5)(1\ 3)$$

という分解も可能である。しかし、互換の数の**奇偶性**(パリティ)については不変で、たとえば巡回置換$(1\ 5\ 3\ 4)$は必ず奇数個の互換の積となる。

偶数個の互換の積で表される置換を**偶置換**、奇数個の積となる置換を**奇置換**という。置換の集合S_nは、偶置換の集合S_n^{Even}と奇置換の集合S_n^{Odd}に直和分割される。偶置換の積は偶置換、単位元I_nも偶置換で、逆元も偶置換となるから、S_n^{Even}はS_nの部分群である。S_n^{Even}は非可換であるが、S_n^{Even}を法とするS_nの左右の同値類は一致することが容易に示せるから、S_n^{Even}はS_nの正規部分群である。法S_n^{Even}による剰余類を$[Even], [Odd]$とすると、$[Even] = S_n^{Even}$、$[Odd] = S_n^{Odd}$となる。この剰余系$\{[Even], [Odd]\}$において、式(7.20)による演算を定義すると、商代数系が得られるが、この代数系は、表6.7に示したZ_2における代数と同じ形になっている。

巡回群

n次の巡回置換をα、I_nを恒等置換として、αのベキを次のように定義する。

$$\alpha^0 = I_n,\ \alpha^{k+1} = \alpha^k \cdot \alpha,\ k = 0, 1, 2, \cdots$$

容易にわかるように、$\alpha^n = I_n$となり、α^k, $k = 0 \sim n-1$のn個はすべて異なる置換を与える。

$$C_n = \{I_n, \alpha, \alpha^2, \cdots, \alpha^{n-1}\} \tag{7.23}$$

とすると、代数系$(C_n; \cdot)$は可換群である。

一般に、有限代数系$(A; *)$で、単位元$I \in A$と、ある要素$\alpha \in A$があって、

$$A = \{I, \alpha, \alpha^2, \alpha^3, \cdots, \alpha^{n-1}\},\ \alpha^n = I \tag{7.24}$$

となっているとき、代数系$(A; *)$は群をなす。このような群を**巡回群**といい、αを**生成元**という。上の$(C_n; \cdot)$は、n次の巡回置換αを生成元とする巡回群である。異なる要素を生成元としても同じ巡回群が得られることがある。

n が素数のとき、巡回群は自明の部分群（単位元だけからなる群と、全体からなる群）しかもたない。n が合成数のときは、複数の自明でない部分群がある。

ところで、巡回群 $(C_n;\cdot)$ のベキ指数に注目すると、$\alpha^k = \alpha^{k \bmod n}$ となっているから、C_n における積演算は、代数系 $(Z_n;+)$ の和演算と対応していることがわかる。$(Z_n;+)$ は 1 を生成元とする巡回群でもある。

[例 7.4] 4 次の巡回置換 $\alpha = (1,2,3,4)$ を生成元とする巡回群 $(C_4;\cdot)$ と、4 による剰余系 Z_4 の代数系 $(Z_4;+)$ の演算表をそれぞれ構成し、それぞれの代数系における単位元、逆元を示せ。また、それぞれの代数系で生成元となりえる元をすべて示せ。また、自明でない部分群を示せ。

[解] $\alpha^0 = I = \begin{pmatrix} 1 & 2 & 3 & 4 \\ 1 & 2 & 3 & 4 \end{pmatrix}$, $\alpha^1 = \begin{pmatrix} 1 & 2 & 3 & 4 \\ 2 & 3 & 4 & 1 \end{pmatrix}$, $\alpha^2 = \begin{pmatrix} 1 & 2 & 3 & 4 \\ 3 & 4 & 1 & 2 \end{pmatrix}$, $\alpha^3 = \begin{pmatrix} 1 & 2 & 3 & 4 \\ 4 & 1 & 2 & 3 \end{pmatrix}$

として、演算表は次のようになる。C_4 の単位元は α^0、Z_4 の単位元は 0 である。

$x \cdot y$	α^0	α^1	α^2	α^3	x^{-1}
α^0	α^0	α^1	α^2	α^3	α^0
α^1	α^1	α^2	α^3	α^0	α^3
α^2	α^2	α^3	α^0	α^1	α^2
α^3	α^3	α^0	α^1	α^2	α^1

$(C_4;\cdot)$ の演算表

$x+y$	0	1	2	3	$-x$
0	0	1	2	3	0
1	1	2	3	0	3
2	2	3	0	1	2
3	3	0	1	2	1

$(Z_4;+)$ の演算表

$(C_4;\cdot)$ の生成元：α はもともと生成元。$\alpha^3 = \beta$ とすると、$\beta^2 = \alpha^2$、$\beta^3 = \alpha$、$\beta^4 = I$ であるから、α^3 も生成元である。$\alpha^2 = \gamma$ とすると、$\gamma^2 = I$ となり α^1 と α^3 を生成できないから、α^2 は生成元ではない。$(Z_4;+)$ の生成元：1,3 のいずれもベキ演算（加法の場合も、同じ要素を次々加えることをベキ演算という）ですべての Z_4 の要素を生成できる（1 は、$1+1=2$、$2+1=3$、$3+1=0$ であるし、3 は、$3+3=2$、$2+3=1$、$1+3=0$ となる）から生成元である。2 は、$2+2=0$ となり 1, 3 を生成できないから、生成元ではない。$\{\alpha^0, \alpha^2\}$ および $\{0,2\}$ はそれぞれ C_4, Z_4 の自明でない部分群である。■

文字列の演算

文字記号の有限集合を $\Sigma = \{a, b\}$ として、Σ の文字からなる有限な長さの並び、文字列を Σ 上の語（word）、文字列の文字数を語の長さ（word length）

という。たとえば、$w = \text{aaba}$ は長さ4の語である。長さが0の語を、**空語**（null word, empty word）といい、記号 ε で表わす。2つの語 abb, aa をつないで abbaa とするとこれも語である。2つの語をつなぐことを**連接**（concatenation）という。これを語に対する2項演算とみて、記号・で表わす。たとえば、$u = \text{abb}$, $v = \text{aa}$ として、$w = u \cdot v = \text{abbaa}$ である。この演算記号・は、積の記号と同様に省略して、$w = uv$ と書くのが普通である。連接演算は一般には**非可換**である。

一般に、ある空でない有限文字集合 Σ をアルファベットという。Σ の文字記号から構成される有限長さの文字列を Σ 上の語という。Σ 上のすべての語の集合を Σ の**閉包**（closure）といい、Σ^* と書く。

$$\Sigma^* = \{w \mid w \text{ は } \Sigma \text{ 上の語}\} \tag{7.25}$$

空語 ε は任意のアルファベット上の語であり、Σ^* は ε を含む無限集合である。

Σ 上の語の連接結果はやはり Σ 上の語であるから、$(\Sigma^*; \cdot)$ は代数系である。なお、Σ^* の部分集合を**形式言語**（formal language）という。8章と10章で、語の派生語関係について、少しふれる。

モノイド

文字列の代数系 $(\Sigma^*; \cdot)$ はモノイドと呼ばれる代数系である。Σ^* で結合律が成立することは容易にわかる。$u, v, w \in \Sigma^*$ として、

$$\text{結合律} \qquad u \cdot (v \cdot w) = (u \cdot v) \cdot w \tag{7.26}$$

である。結合律の成立する代数系を**半群**（semi-group）という。空語 ε との連接は語を変化させないから、ε は単位元である。

$$\text{単位元の存在} \qquad w \cdot \varepsilon = \varepsilon \cdot w = w \tag{7.27}$$

単位元の存在する半群を**モノイド**（monoid）、あるいは**単位的半群**という。モノイドにおいては単位元は一意的である。モノイドにおいて任意の元に逆元が存在すると群となるが、モノイド Σ^* では、連接によって語の長さが短くなることはないから、単位元の空語以外の語には逆元は存在しない。連接演算は可換ではないから、Σ^* は非可換モノイドである。代数系 $(\Sigma^*; \cdot)$ は、結合律と単位元というモノイドの性質以外の代数的性質（可換律もその1つ）を全くもたない（他の性質から自由な）モノイドという意味で**自由モノイド**（free monoid）

と呼ばれている。モノイドは身近な代数系で、たとえば自然数の集合 N における通常の乗算・について、$(N;\cdot)$ は可換モノイドである。

n 個の要素からなる有限代数系 $(M:*)$ において、単位元 $e=m^0$ が存在し、$m=m^1$ が生成元となっているとき、つまり、$m^k=m^{k-1}*m$ として

$$M = \{e, m, m^2, \cdots, m^{n-1}\} \tag{7.28}$$

となっているとき、M は可換モノイドである。このようなモノイドを巡回モノイドという。m^n は M のどれかの要素と一致する。$m^n=e$ となる巡回モノイドは巡回群である。

[例 7.5] $M=\{1,2,4,6,8\}$、演算・を 10 による剰余積とすると、$(M;\cdot)$ は $m=2$ を生成元とする巡回モノイドであることを示せ、また、2 以外の生成元があれば、それを示せ。部分巡回モノイドがあれば、それを示せ。

[解] 10 による剰余積演算・は M に閉じているから $(M;\cdot)$ は代数系である。1 は単位元である。また、$1\cdot 2=2$, $2\cdot 2=4$, $4\cdot 2=8$, $8\cdot 2=6$, $6\cdot 2=2$ であるから、$(M;+)$ は巡回モノイドである($2^6\neq 1$ だから巡回群ではない)。8 も生成元となり得るが、4, 6 は生成元とはならない。自明でない部分巡回モノイドは、$\{1,6\}$, $\{1,4,6\}$ である。■

7.3 数の代数系

加法と乗法の 2 つの演算の定義された代数系の代表は、環(かん)、体(たい)、および束(そく)である。6.2 節で実数体と整数環についてふれた。束については、8.2 節で説明する。ここでは、体と環について、簡単にまとめておく。

体

一般に、体 $(F; +, \cdot)$ は次の性質をもつ代数系である。

[体の公理] (7.29)

(1) $(F; +)$ が加群(可換群)。
   (零元は 0、a の加法に関する逆元は $-a$)
(2) $(F; \cdot)$ が可換モノイドで、かつ非零の任意の要素に逆元が存在。
   (単位元は 1、a の乗法に関する逆元は a^{-1})
(3) 乗算の加算に関する分配律が成立。

$(a \cdot (b+c) = (a \cdot b) + (a \cdot c)$ が成立する)

体(field)では、(2)の性質より、零元を除くすべての要素は乗算に関して可換群をなす。体では通常の四則演算(加減乗除)が行える。減算は加算に関する逆元の加算、除算は乗法に関する逆元の乗算で定義する。零元の乗法に関する逆元はないから0による除算は定義されない。

通常の計算を行っている数値の世界は体である。有理数の集合 Q における和と積、実数の集合 R における和と積、複素数の集合 C における和と積は、いずれもそれぞれの集合に閉じており、上の体の定義を満足する。$(Q; +, \cdot)$ を**有理数体**、$(R; +, \cdot)$ を**実数体**、$(C; +, \cdot)$ を**複素数体**という。

[例7.6]　複素数の集合 C 上の四則演算を示せ。
[解]　$a_k, b_k, k=1,2$ を実数、i を虚数単位として、$x = a_1 + ib_1$, $y = a_2 + ib_2$ に対して、
　　加法　$x + y = (a_1 + a_2) + i(b_1 + b_2)$、減法 $x - y = (a_1 - a_2) + i(b_1 - b_2)$、
　　乗法　$x \times y = (a_1 a_2 - b_1 b_2) + i(a_1 b_2 + a_2 b_1)$、
　　除法　$x/y = (a_1 a_2 + b_1 b_2)/(a_2^2 + b_2^2) + i(-a_1 b_2 + a_2 b_1)/(a_2^2 + b_2^2)$ ただし、$y \neq 0$ ■

実数体や有理数体などは無限集合であるが、素数 n を法とする Z の剰余系 Z_n が有限な体(**有限体**)をなすことは6章で示した。

体では、等式に関して**移項**(両辺に加法に関する逆元を加える)や**約分**(両辺に乗法に関する非零の逆元を掛ける)などの通常の等式の変形の方法を用いることができる。

移項　$x + y = z$ ならば $x = z - y (= z + (-y))$ 　　　　(7.30)

約分　$x \cdot y = z$ ならば $x = z/y (= z \cdot (y^{-1}))$、ただし、$y \neq 0$ 　(7.31)

体 $(F; +, \cdot)$ では次の性質が成り立つ。任意の $x, y \in F$ に対し、

$0 \cdot x = x \cdot 0 = 0$ 　　　　　　　　　　　　　　　　　　　　　(7.32)

$x \cdot y = 0$ ならば $x = 0$ または $y = 0$ 　　　　　　　　　　　　(7.33)

[例7.7]　体 F において、式(7.32), (7.33)が成立することを示せ。
[解]　[式(7.32)の証明]：$0 \cdot x = (0+0) \cdot x = (0 \cdot x) + (0 \cdot x)$、この両辺に、$0 \cdot x$ の加法に関する逆元 $-(0 \cdot x)$ を加えると $0 = 0 \cdot x$ が得られる、同様にして $0 = x \cdot 0$ も示せる。■
[式(7.33)の証明]：もし $y \neq 0$ ならば、$x \cdot y = 0$ の両辺に y の乗法に関する逆元 y^{-1} を右から乗じて、左辺 $= (x \cdot y) \cdot y^{-1} = x \cdot (y \cdot y^{-1}) = x \cdot 1 = x$、右辺 $= 0 \cdot y^{-1} = 0$、よって $x =$

0となる。同様に、$x \neq 0$ のときは、$y=0$ が得られる。以上より式(7.33)が成立する。■

環

6章で説明したように、整数の集合 Z 上で通常の和＋と積・を定義した系 $(Z;+,\cdot)$ は、単位元1以外の要素には積に関する逆元が存在しないので、体ではない。これを**環**(ring)という。一般に、環は、ある集合 R 上で加法＋と乗法・が定義された代数系 $(R;+,\cdot)$ で、次のような性質をもつ系である。

［環の公理］ (7.34)

(1) $(R;+)$ は可換群(加群)である。(零元は 0、a の逆元は $-a$)

(2) $(R;\cdot)$ は半群である。

(3) 乗法の加法に関する分配律が成立する。

積演算・が可換ならば**可換環**(commutative ring)という。積に関する単位元1 ($\neq 0$)が存在するとき、すなわち $(R;\cdot)$ がモノイドであるとき、これを**単位的環**(unitary ring)という。単位的可換環 R で 0 以外の要素に積に関する逆元が存在するとき、つまり $(R-\{0\};\cdot)$ が可換群をなすとき、R は体である。整数の代数系 $(Z;+,\cdot)$ は単位的可換環であって、これを**整数環**という。自然数 n を法とする Z の剰余系 Z_n の代数系 $(Z_n;+,\cdot)$ も単位的可換環である。n が素数ならば 0 以外の要素に乗法に関する逆元が存在するから、**有限体**となる。

環では(体も環の一種だから、体でも)次の性質がある。任意の $a, b \in R$ に対し、

$$(-a)\cdot b = a \cdot (-b) = -(a \cdot b) \tag{7.35}$$

$$(-a)\cdot(-b) = a \cdot b \tag{7.36}$$

また、［例7.7］で体における式(7.32)の性質 "$0 \cdot x = x \cdot 0 = 0$" を証明したが、環でも同じ性質が成立する。これは、実は環に共通する一般的な性質であった。しかし、式(7.33)の性質 "$x \cdot y = 0$ ならば $x=0$ または $y=0$" は環では成立するとは限らない。これは体の固有の性質である。

たとえば、$n=6$ による剰余系 $Z_6 = \{0,1,2,3,4,5\}$ で、6 による剰余和＋と剰余積・を定義すると、$(Z_6;+,\cdot)$ は環となる。その演算表を表7.1に示す。

表7.1 代数系$(\mathbf{Z}_6;+,\cdot)$の演算表と逆元表

$x+y$	0	1	2	3	4	5		$-x$
0	0	1	2	3	4	5		0
1	1	2	3	4	5	0		5
2	2	3	4	5	0	1		4
3	3	4	5	0	1	2		3
4	4	5	0	1	2	3		2
5	5	0	1	2	3	4		1

$x \cdot y$	0	1	2	3	4	5		x^{-1}
0	0	0	0	0	0	0		−
1	0	1	2	3	4	5		1
2	0	2	4	0	2	4		−
3	0	3	0	3	0	3		−
4	0	4	2	0	4	2		−
5	0	5	4	3	2	1		5

表よりわかるように2の乗法に関する逆元は存在しない。そして、$2\cdot 3=0$ であるから、$x\cdot y=0$ であっても $x=0$ または $y=0$ とは限らない。一般に、環 R において、$x\neq 0$, $y\neq 0$ であってかつ $x\cdot y=0$ となる x,y を零因子という。零

=== <コラム：多項式の環> ===

　いま、$(F;+,\cdot)$ を体とし、F の要素を係数とする多項式(これを体 F 上の多項式という)を考える。F の零元を 0、単位元を 1 とし、$a_i\in F$, $i=0, 1,\cdots, n$ として、次数 n の多項式は

$$a_n x^n + a_{n-1} x^{n-1} + \cdots + a_1 x + a_0$$

である。x は多項式を表わすための変数記号で、最高次数 n の係数は $a_n\neq 0$ である。次数が 0 の多項式を定数という。定数は体 F の要素である。任意の次数からなるすべての多項式の集合を $\mathcal{F}$ とする。$\mathcal{F}$ の要素の和 +、積 $\cdot$ を、多項式としての和、積で定義する。ただし、係数の計算は体 F 上で行う。

　たとえば、F として $Z_2=\{0,1\}$ の有限体 $(Z_2;+,\cdot)$ とすると、Z_2 上の多項式 f と g

$$f = x^3+x^2+1,\ g = x^2+x+1$$

の和と積は、体 Z_2 での加法では $1+1=0$ であることに留意すると、

$$f+g = (x^3+x^2+1)+(x^2+x+1) = x^3+(1+1)x^2+x+(1+1) = x^3+x$$

$$\begin{aligned}f\cdot g &= (x^3+x^2+1)\cdot(x^2+x+1)\\ &= x^5+(1+1)x^4+(1+1)x^3+(1+1)x^2+x+1 = x^5+x+1\end{aligned}$$

となる。多項式の集合 $\mathcal{F}$ はこのような多項式の和と積に関して閉じている。加法の単位元(零元)は定数 0、乗法の単位元は定数 1 である。$\mathcal{F}$ における加法に関する逆元は、すべての係数を、F における加法に関する逆元、としたものである。体 Z_2 では 1 の加法に関する逆元は 1 であるから、Z_2 における多項式 $f\in\mathcal{F}$ の加法に関する逆元は f 自身と一致する。また、$\mathcal{F}$ における乗法の加法に関する分配律も比較的容易に示せるから、$(\mathcal{F};+,\cdot)$ は単位的可換環である。このような環を**多項式環**という。

因子の存在しない可換環を**整域**という。有限な整域は体となることが知られている。

整数の剰余系による体

6.2節で、自然数 n による剰余系 $Z_n = \{0, 1, 2, \cdots, n-1\}$ における n を法とする剰余和 + と剰余積・について考えた。たとえば、$n=5$ の $(Z_5; +, \cdot)$ の演算表を表7.2に示す。Z_5 の零元は 0、単位元は 1 で、+ に関する逆元、および零元以外の・に関する逆元が存在する。分配律も成立することが示せるから、これは体である。一般に n が素数であれば $(Z_n; +, \cdot)$ は体である。

表7.2 代数系 $(Z_5; +, \cdot)$ の演算表と逆元表

$x+y$	0	1	2	3	4	$-x$
0	0	1	2	3	4	0
1	1	2	3	4	0	4
2	2	3	4	0	1	3
3	3	4	0	1	2	2
4	4	0	1	2	3	1

$x \cdot y$	0	1	2	3	4	x^{-1}
0	0	0	0	0	0	—
1	0	1	2	3	4	1
2	0	2	4	1	3	3
3	0	3	1	4	2	2
4	0	4	3	2	1	4

既にふれたが、n が合成数であると、$(Z_n; +, \cdot)$ はいくつかの要素を除いて乗法に関する逆元をもたない。したがって体ではないが、分配律は同様に成立するから、環となる。また、いくつかの部分代数系をもつ。たとえば、$n=6$ として、Z_6 の演算表は表7.1に示した。Z_6 は環であり、零因子が存在する。1, 5 以外の要素では乗法に関する逆元が存在しない。

第7章 演習問題

[1] 次の系が代数系かどうか答えよ。また、単位元、逆元の存在についても検討せよ。また、代数系の場合、自明でない部分代数系があれば、どのようなものか説明せよ。ただし、N は自然数の集合、Z は整数の集合、R は実数の集合である。また、$+, -, \cdot, /$ はすべて通常の数値の四則演算とする。

(1) $(N; +)$　　(2) $(N; -)$　　(3) $(N; \cdot)$　　(4) $(N; /)$

(5) $(Z;+)$　(6) $(Z;-)$　(7) $(Z;\cdot)$　(8) $(Z;/)$
(9) $(R;+)$　(10) $(R;-)$　(11) $(R;\cdot)$　(12) $(R;/)$

[2] 代数系 $(A;*)$ で，任意の元 $x \in A$ に対し $e_1 * x = x$ となる $e_1 \in A$ が存在するとき，e_1 を左単位元，$x * e_2 = x$ となる $e_2 \in A$ が存在するとき，e_2 を右単位元という。

(1) A における演算 $*$，○，△の左あるいは右の単位元が存在すれば，それぞれを示せ。ただし，$A = \{a, b, c, d\}$ で，$*$，○，△は，次の演算表による。

$x * y$	a	b	c	d
a	b	c	d	a
b	a	b	c	d
c	d	d	b	c
d	a	b	c	d

$x \bigcirc y$	a	b	c	d
a	b	a	b	a
b	a	b	c	d
c	b	c	b	c
d	c	d	a	c

$x \triangle y$	a	b	c	d
a	c	a	a	b
b	d	b	b	a
c	c	c	c	d
d	b	d	d	a

(2) (1)の代数系で，左右の単位元が一致するものがあれば，それを単位元として，その演算に関する各要素の逆元をすべて示せ。

(3) 一般に，ある有限代数系で，左単位元と右単位元がともに存在するならば，それらは一致し，かつ，単位元は1つだけであることを示せ。(単位元の一意性である。)

[3] $P = \{1, 2, 3, 12, 18, 36\}$ として，代数系 $(P;+,\cdot)$ において，$x + y$ は x と y の公約数のうち P に存在する最大のものを与える演算，$x \cdot y$ は x と y の公倍数のうち P に存在する最小のものを与える演算とする。

(1) この代数系の演算表を構成せよ。
(2) 零元，単位元を示せ。
(3) それぞれの演算について，逆元が存在すれば，それを示せ。

[4] 次の演算 $*$ について，自然数の集合 N において結合律が成立するかどうか答えよ。成立しない場合は，結合的でない例を挙げよ。$x, y \in N$ とする。

(1) $x * y = x + y$　(2) $x * y = (x + y)/2$　(3) $x * y = \max(x, y)$
(4) $x * y = \max(2x, y)$　(5) $x * y = \mathrm{GCD}(x, y)$ (GCD は最大公約数を返す関数)
(6) $x * y = \begin{cases} \min(x, y) & \text{if } \min(x, y) < 20 \\ \max(x, y) & \text{otherwise} \end{cases}$　(7) $x * y = \begin{cases} xy & \text{if } \mathrm{GCD}(x, y) = 1 \\ xy/\mathrm{GCD}(x, y) & \text{otherwise} \end{cases}$

[5] 次の問に答えよ。

(1) 次の置換を巡回置換の積で表せ。

(a) $\begin{pmatrix} 1 & 2 & 3 & 4 & 5 \\ 4 & 3 & 5 & 1 & 2 \end{pmatrix}$　(b) $\begin{pmatrix} 1 & 2 & 3 & 4 & 5 & 6 & 7 \\ 5 & 6 & 4 & 1 & 3 & 7 & 2 \end{pmatrix}$　(c) $\begin{pmatrix} 1 & 2 & 3 & 4 & 5 & 6 & 7 & 8 \\ 3 & 2 & 5 & 8 & 6 & 7 & 1 & 4 \end{pmatrix}$

(2) 巡回置換 $(2\ 4\ 1\ 3)$，$(1\ 4\ 2\ 5\ 3)$ をそれぞれ互換の積で表せ。
(3) 巡回置換 $C = (1\ 2\ 3\ 4\ 5)$ に対し，$C^i, i = 2, 3, 4, 5, 6, 7$ を求めよ。

[6] アミダクジは1つの置換を表す。途中の横線は互換であるから、置換を互換の積で表していることになる。次のアミダクジを互換の積で表し、それがアミダクジの表している置換を表現していることを示せ。

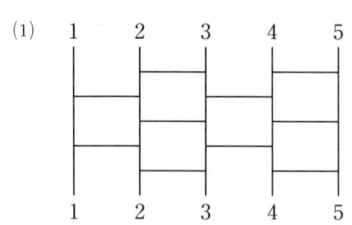

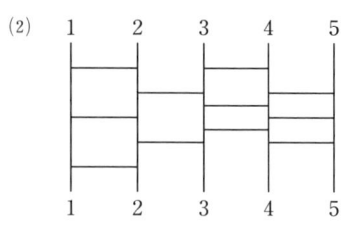

(1)　1　2　3　4　5

(2)　1　2　3　4　5

[7] $X=\{1,2,3\}$ における置換について、次の問に答えよ。
  (1) X における異なる置換の数はいくつあるか。
  (2) X におけるすべての置換は3次の対称群 S_3 を構成する。単位元を I とし、その他の置換は適当にラベル付けして、S_3 の演算表、単位元、逆元の表を示せ。
  (3) S_3 の部分集合で、位数2以上の巡回群を形成するものをすべて挙げ、それぞれについて、生成元を示せ。なお、有限群を構成する集合の要素を群の位数という。

[8] 次の問に答えよ。
  (1) k 個の要素からなる巡回置換 $C=(p_1\ p_2\ \cdots\ p_k)$ について、C のベキ乗、$C^i, i=2,3,\cdots$ が恒等置換となる最小の i が k と等しいことを示せ。
  (2) 次の置換 P について、P を巡回置換に分解し、P のベキ乗 $P^i, i=2,3,\cdots$ が恒等置換となる最小の i を求めよ。

  (a) $\begin{pmatrix} 1 & 2 & 3 & 4 & 5 \\ 4 & 5 & 1 & 3 & 2 \end{pmatrix}$　(b) $\begin{pmatrix} 1 & 2 & 3 & 4 & 5 & 6 & 7 \\ 3 & 5 & 4 & 1 & 7 & 2 & 6 \end{pmatrix}$　(c) $\begin{pmatrix} 1 & 2 & 3 & 4 & 5 & 6 & 7 & 8 \\ 3 & 7 & 5 & 1 & 4 & 8 & 6 & 2 \end{pmatrix}$

[9] 次のことを証明せよ。
  (1) モノイドでは単位元は一意的である(1つしかない)。
  (2) 群では逆元は一意的である(各要素それぞれに1つしかない)。
  (3) 群 $(G;\cdot)$ において、任意の $a, b \in G$ に対し、$(a\cdot b)^{-1}=b^{-1}\cdot a^{-1}$ が成立する。

[10] 群 $(G;*)$ について、次の問に答えよ。
  (1) a を G の任意の定数として、写像 f と g を、$f(x)=a*x$, $g(x)=x*a$ と定義すると、それぞれ G から G への全単射であることを示せ。
  (2) 演算 $*$ が G の有限部分集合 H に閉じているならば、H は G の部分群になることを、(1)の結果を利用して示せ。
  (3) G の部分集合 H において、任意の $x, y \in H$ に対し、$x*y^{-1} \in H$ であれば、$(H;*)$ は $(G;*)$ の部分群であることを証明せよ。

[11] 次の問に答えよ。

(1) 群 $(G;*)$ の部分群を H として、H を法とする左合同関係、右合同関係がそれぞれ同値関係であることを示せ。

(2) 群 $(G;*)$ の正規部分群 H による剰余系 G/H における演算 $*$ を式(7.20)で定義すると、$(G/H;*)$ は代数系をなし、かつ群をなすことを示せ。

[12] 次の問に答えよ。

(1) $M = \{0, 2, 4, 6, 8, 10\}$ において、演算 $*$ を12による剰余和とすると、$(M;*)$ は巡回群であることを示し、可能な生成元をすべて示せ。

(2) 1の n 乗根を $\alpha = e^{i(2\pi/n)}$ として、α のベキからなる集合 $A_n = \{\alpha^0, \alpha^1, \alpha^2, \cdots, \alpha^{n-1}\}$ とその上の演算として複素数の積 $\cdot$ をとると、$(A_n;\cdot)$ は n 次の巡回群となる。$n = 2, 4$ のとき、それぞれの巡回群について、演算表を示し、可能な生成元をすべて挙げよ。

(3) (2)の巡回群 $(A_n;\cdot)$ について、n を2以上の自然数として、α 以外の生成元があれば、それはどのようなものか説明せよ。

[13] 次の代数系の演算表を示し、どのような代数系か答えよ。また、存在すれば、単位元、逆元を示せ。

(1) $(P;\cdot)$ P は次の置換の集合、$\cdot$ は置換の積。

$\begin{pmatrix} 1 & 2 & 3 \\ 1 & 2 & 3 \end{pmatrix}, \begin{pmatrix} 1 & 2 & 3 \\ 2 & 3 & 1 \end{pmatrix}, \begin{pmatrix} 1 & 2 & 3 \\ 3 & 1 & 2 \end{pmatrix}$

(2) $(Q;\cdot)$ Q は次の置換の集合、$\cdot$ は置換の積。

$\begin{pmatrix} 1 & 2 & 3 \\ 1 & 2 & 3 \end{pmatrix}, \begin{pmatrix} 1 & 2 & 3 \\ 2 & 3 & 1 \end{pmatrix}, \begin{pmatrix} 1 & 2 & 3 \\ 3 & 1 & 2 \end{pmatrix}, \begin{pmatrix} 1 & 2 & 3 \\ 2 & 1 & 3 \end{pmatrix}, \begin{pmatrix} 1 & 2 & 3 \\ 3 & 2 & 1 \end{pmatrix}, \begin{pmatrix} 1 & 2 & 3 \\ 1 & 3 & 2 \end{pmatrix}$

(3) $(M;\cdot)$ M は次の置換の集合、$\cdot$ は置換の積

$\begin{pmatrix} 1 & 2 & 3 & 4 \\ 1 & 2 & 3 & 4 \end{pmatrix}, \begin{pmatrix} 1 & 2 & 3 & 4 \\ 4 & 3 & 2 & 1 \end{pmatrix}, \begin{pmatrix} 1 & 2 & 3 & 4 \\ 2 & 1 & 4 & 3 \end{pmatrix}, \begin{pmatrix} 1 & 2 & 3 & 4 \\ 3 & 4 & 1 & 2 \end{pmatrix}$

[14] $M = \{1, 2, 4, 6, 8\}$ における演算 $\cdot$ を10による剰余積とする。$(M;\cdot)$ について次の問に答えよ。

(1) M のすべての要素が $g = 2$ によって生成されることを示せ。

(2) M がモノイド(巡回モノイド)であることを示せ。

(3) M に $g = 2$ 以外の生成元があれば、それをすべて示せ。

(4) 部分巡回モノイドがあれば、生成元とともにすべて示せ。

[15] Σ をアルファベット(有限な文字集合)とし、演算 $\cdot$ を語の連接演算として、次の問に答えよ。(Σ^* は、Σ 上のすべての語の集合、ε は空語である。)

(1) 代数系 $(\Sigma^*;\cdot)$ は、$|\Sigma| \geq 2$ ならば非可換モノイドであることを示せ。

(2) 代数系 $(\Sigma^*;\cdot)$ は、$|\Sigma| = 1$ ならば巡回モノイドであることを示せ。

(3) 連接演算に関して、ε を単位元とし、$g = 01$ を生成元とする巡回モノイドを示せ。

[16]　有限な巡回モノイド C で、生成元を用いて単位元から次々に元を構成するとき、初めて一致する元が単位元（C 全体が巡回する）ならば C は群であることを証明せよ。

[17]　有限代数系 $(A;)$ において、演算 $*$ は、任意の $a,b,c \in A$ に対し、
$$(a*b)*(b*c) = b$$
という性質をもつとする。次の等式を示せ。

(1)　$a*((a*b)*c) = a*b$　　　(2)　$(a*(b*c))*c = b*c$

[18]　半群 $(A;*)$ において、次のことを示せ。

(1)　A が可換で、ある $a,b \in A$ に対し、$a*a = a$, $b*b = b$ ならば $(a*b)*(a*b) = a*b$

(2)　ある $a,b,c \in A$ に対し、$a*c = c*a$, $b*c = c*b$ ならば $(a*b)*c = c*(a*b)$

[19]　$(\{a,b\};*)$ が半群で、$a*a = b$ とする。次のことを示せ。

(1)　$a*b = b*a$　　　(2)　$b*b = b$

[20]　次の問に答えよ。

(1)　2 あるいは 3 を法とする整数の集合 Z の剰余系 Z_2, Z_3 が、剰余和 $+$、剰余積 $\cdot$ の演算について、それぞれ体となっていることを確認せよ。また、加減乗除の演算表が構成できることをそれぞれ確認せよ。

(2)　p が素数ならば、p による剰余系 $Z_p = \{0,1,2,\cdots,p-1\}$ における和 $+$ と積 $\cdot$ を、それぞれ p による剰余和、剰余積とすると、$(Z_p;+,\cdot)$ が体であることを示せ。

(3)　p が素数でなければ、$(Z_p;+,\cdot)$ は体にはならないことを示せ。

[21]　次のような演算の代数系 $(\{0,1,a,b\};+,\cdot)$ が体であることを示せ。

$x+y$	0	1	a	b		$x \cdot y$	0	1	a	b
0	0	1	a	b		0	0	0	0	0
1	1	0	b	a		1	0	1	a	b
a	a	b	0	1		a	0	a	b	1
b	b	a	1	0		b	0	b	1	a

[22]　有限な整域 F は体をなすことを示せ。有限な整域とは、零因子をもたない有限な環である。

第8章　順序集合と束

8.1　順序関係と順序集合
順序関係

テニスやサッカーなどの大会では、対戦の勝敗によって参加者や参加チームを順序付ける。トーナメントは勝ち抜き戦の一種である。図8.1のような結果であったとすると、CはAより上位で、AはBより上位であるが、さらにCはBよりも上位であると見なす。これは上位・下位概念の推移性と呼ばれる性質で、順序関係の1つの特徴である。

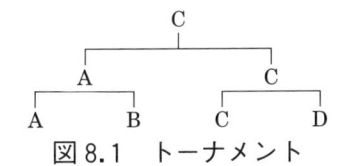

```
          C
        ┌─┴─┐
        A   C
       ┌┴┐ ┌┴┐
       A B C D
```
図8.1　トーナメント

ところで、AとDは対戦もしていないし、推移性でも上下関係は決まらない。トーナメントによる順序付けではこのような比較不能な対がある。リーグ戦などでは、勝ち点などで参加者すべてを一列に順序付ける。この場合は比較不能な対はない。このような順序を決める関係について考える。

5.3節で中の関係の性質をいくつか挙げた。ある集合Aにおける関係Rが、次の性質をもつとき、RをAにおける順序関係(order relation)という。

[順序関係の定義]

反射律	$\forall x \in A\ xRx$	(8.1)
反対称律	$\forall x, y \in A\ (xRy \wedge yRx) \rightarrow (x = y)$	(8.2)
推移律	$\forall x, y, z \in A\ (xRy \wedge yRz) \rightarrow (xRz)$	(8.3)

反対称性は、式(5.15), (5.16)の表現を考慮するとわかりやすいだろう。一般の順序関係では、比較不能な要素対も含む。数値などで評価して一列に並べる

（比較不能な場合を含まない）順序関係を**全順序関係**(totaly order relation)というが、それと区別して一般の順序関係を**半順序関係**(semiorder relation)ともいう。ここでは、単に順序というと半順序を指すこととする。

順序関係 R の定義された集合 A を**順序集合**(ordered set)といい、$(A;R)$ と表す。順序関係を示す記号としては≧（あるいは≦）を使うことが多い。順序集合 $(A;≧)$ は、まぎれがなければ、単に A と書くこともある。

順序集合 $(A;≧)$ において、$a, b \in A$ に対し、$a ≧ b$ のとき、a は b の**上位**である、b は a の**下位**である、という。$a ≧ b$ あるいは $b ≧ a$ であるとき、a, b は**比較可能**であるという。$a ≧ b$ も $b ≧ a$ もどちらも成立しないとき、a, b は**比較不能**であるという。関係≧は反射的であるから $a ≧ a$ であり、任意の要素は自分自身の上位でもあり下位でもある。$a ≧ b$ かつ $a \neq b$ のとき、$a > b$ と書くことがある。このとき、a は b より上位である、などという。なお、これらの上位下位概念は、順序関係の記号として≦を用いる場合は左右が逆になる。たとえば、順序集合 $(A;≦)$ においては、$a ≦ b$ のとき、a は b の下位、b は a の上位である。

全順序集合においては任意の要素対が比較可能である。反対称的性質によって同順位の要素は自分自身だけであるから、すべての要素はその順序関係によって一列に並べることができる。実数の集合 R における大小関係は全順序関係であり、直線状に並べたものが数直線である。

順序集合の表現

有限順序集合を示すのに5章で説明した関係の表現を利用することができる。$A = \{a_1, a_2, \cdots, a_n\}$ として、A における順序関係≧の関係行列による表現 $R = (r_{ij})$ は、$n \times n$ の正方行列である。要素対 (a_i, a_j) が $a_i ≧ a_j$ の関係にあれば $r_{ij} = 1$、関係がなければ（比較不能なら）0、とした正方行列である。反射的性質により、すべての主対角要素は $r_{ii} = 1$ となっている。また、反対称的であるから、ある行列要素が $r_{ij} = 1 (i \neq j)$ となっていると、その主対角線に対称な位置の行列要素は $r_{ji} = 0$ となっている。推移的性質は、$r_{ij} = 1$ かつ $r_{jk} = 1$ ならば $r_{ik} = 1$ にもなっていることに対応する。

次に、順序関係の関係グラフによる表現を考える。関係グラフは、要素を節

点として配置し、2つの要素 a_i, a_j が $a_i \geq a_j$ の関係にあれば a_j (下位) から a_i (上位) に向う矢印辺 (有向辺) でつないで表す (矢印を逆に、上位から下位へ向けて書くこともある)。反射的性質は、同値関係と同様にすべての節点でのループ有向辺の存在を意味する。反対称性により、2つの要素間に関係を表す有向辺があれば、逆向きの有向辺はなく、一方向のみの関係となる。推移性も同値関係と同様であるが、反対称性により一方向へのみの推移性となる。ところで、図 8.2 のような関係は、一方向の矢印だけ含む関係であるが推移的ではない。これは3スクミと呼ばれ、ジャンケンゲームのグー、チョキ、パーの関係と同じである。

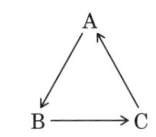

図 8.2 3スクミの関係

ハッセ図 (Hasse diagram) は、順序関係をグラフに表す方法である。これは、順序関係の関係グラフ表現において、反射的ループを省略し、推移的に得られる関係を表す辺を除き、さらに、矢印の向きを常に上向きになるよう、より上位の要素を上方に配置し、矢印を省いて表した図である。上下を逆に描くこともある。全順序集合のハッセ図は、上下方向に直線的に並ぶ。

約数関係

"約数である" という関係は順序関係である。なぜなら、自然数 a は a 自身の約数であるから反射的である。a が b の約数で、かつ、b が a の約数であるならば、$a = b$ であるから、反対称的である。さらに、a が b の約数で、b が c の約数であるならば、a は c の約数でもあるから、推移的である。

自然数の集合 N において、約数である関係を記号 $\leq$ で表そう。

$$x \leq y : x \text{ は } y \text{ の約数である} (y \text{ は } x \text{ で割り切れる}) \tag{8.4}$$

これを約数関係と呼ぼう。3 と 6 とは比較可能で $3 \leq 6$ であるが、4 と 6 は比較不能である。なお、x が y の約数であることを $x|y$ と書くことも多いが、ここでは順序関係という意味を強調して、$\leq$ の記号を使おう。

自然数の部分集合の上でこの約数関係を定義することもできる。たとえば、

$A = \{1, 2, 3, 6, 8, 12\}$ における約数関係を関係行列および、関係グラフ、ハッセ図で表しておこう。

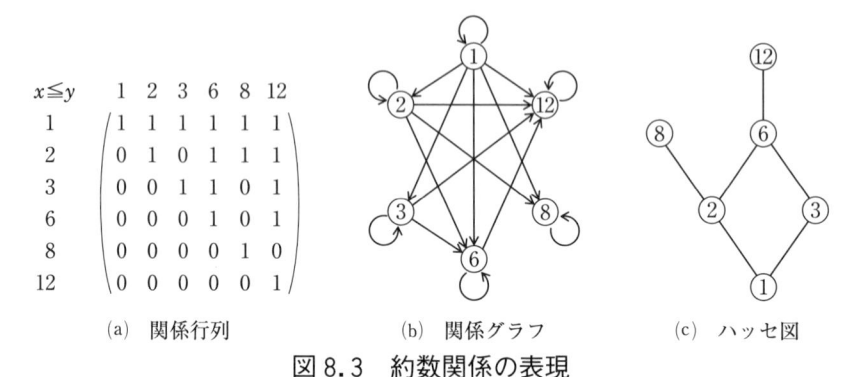

$$
\begin{array}{c|cccccc}
x \leq y & 1 & 2 & 3 & 6 & 8 & 12 \\
\hline
1 & 1 & 1 & 1 & 1 & 1 & 1 \\
2 & 0 & 1 & 0 & 1 & 1 & 1 \\
3 & 0 & 0 & 1 & 1 & 0 & 1 \\
6 & 0 & 0 & 0 & 1 & 0 & 1 \\
8 & 0 & 0 & 0 & 0 & 1 & 0 \\
12 & 0 & 0 & 0 & 0 & 0 & 1
\end{array}
$$

(a) 関係行列　　(b) 関係グラフ　　(c) ハッセ図

図 8.3　約数関係の表現

派生語関係

7.2 節で文字列の演算を扱ったが、あるアルファベット（文字の有限集合）Σ の文字記号からなる有限長さの文字列を語といい、語の連接演算を定義した。Σ 上の語 w が Σ 上の語 u と v の連接からなる（$w = uv$）とき、u を w の接頭辞、v を接尾辞という。u が w の接頭辞になっているとき、w を u の派生語という。たとえば、$u = $ "habit" は $w = $ "habitant" の接頭辞であるから w は u の派生語である。

$$u \geq w : w \text{ は } u \text{ の派生語である} \tag{8.5}$$

この語の間の関係を派生語関係と呼ぼう。$v = \varepsilon$（空語）とすれば $u = uv$ であるから u は自分自身の接頭辞にもなっている。したがって、$u \geq u$ となるから反射的である。また、w が u の派生語でかつ u が w の派生語ならば $w = u$ であるから、反対称的である。さらに、w が v の派生語で、v が u の派生語ならば、w は u の派生語であるから、推移的でもある。したがって、派生語関係は順序関係である。

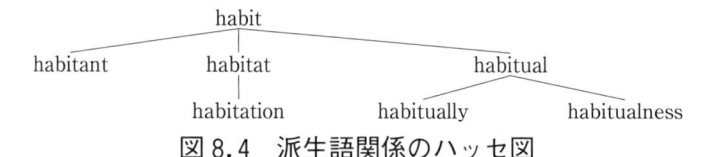

```
                    habit
         ┌────────────┼────────────┐
      habitant     habitat      habitual
                      │       ┌─────┴─────┐
                 habitation habitually habitualness
```

図 8.4　派生語関係のハッセ図

集合の包含関係

2つの集合の包含関係⊂は順序関係である。反射的、反対称的、推移的であることが容易に示せる。有限集合 $X = \{a, b, c\}$ のベキ集合(すべての部分集合からなる集合) $\mathcal{P}(X)$ において、たとえば $\{a\} \subset \{a, b\}$ である。この包含関係⊂を $\mathcal{P}(X)$ のすべての要素についてハッセ図として示すと、図 8.5 となる。

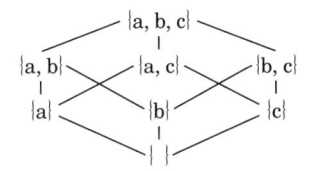

図 8.5　ベキ集合 $\mathcal{P}(\{a, b, c\})$ における包含関係

分割

有限集合 X の分割 A は、X を直和分割した集合を要素とする集合族である。

$$A = \{X_1, X_2, \cdots, X_n\}、X = X_1 + X_2 + \cdots + X_n, n \geq 1 \tag{8.6}$$

ただし、$X_i \neq \{\ \}$、$X_i \cap X_j = \{\ \}$, $i \neq j$

A と B を X の分割としたとき、A の要素が B の要素の直和分割で得られたものだけからなっているならば、A は B の細分であるという。直和分割は、X の要素を適当な順序で並べて、適当な位置に分割線を挿入して作ることができる。この分割線の入る位置を**分割境界**と呼ぶと、細分 A の分割境界はもとの分割 B の分割境界をすべて含んでいる。たとえば、$X = \{a, b, c, d\}$ として、分割 $A = \{\{a\}, \{c\}, \{b, d\}\}$ は分割 $B = \{\{a\}, \{b, c, d\}\}$ の細分であるが、$C = \{\{a, c\}, \{b\}, \{d\}\}$ は B の細分ではない。細分関係に反射性を認めておくと、この"細分である"という関係は、反射的、反対称的、推移的になるから、順序関係である。A が B の細分であるという関係を $A \leq B$ で表そう。

$x \leq y$：分割 x は分割 y の細分である　　　　　　　　　(8.7)

X のすべての分割の集合を P_X とすると、$(P_X; \leq)$ は順序集合となる。たとえば、$X = \{1, 2, 3\}$ とすると、可能な分割は5つある。それらの細分関係をハッセ図に表すと、図 8.6 のようになる。

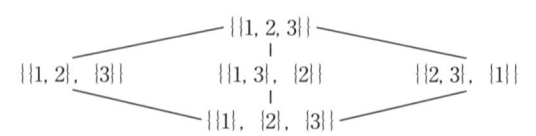

```
              |{1, 2, 3}|
      ┌──────────┼──────────┐
 |{1, 2}, {3}|  |{1, 3}, {2}|  |{2, 3}, {1}|
      └──────────┼──────────┘
             |{1}, {2}, {3}|
```

図 8.6　$X = \{1, 2, 3\}$ の分割の細分関係のハッセ図

　分割において、分割した集合の大きさだけに注目すると**自然数の分割**となる。自然数の分割は、自然数 n をいくつかの自然数の和として表すことである。つまり、n の分割 A とは、$a_1, a_2, \cdots, a_k$ を自然数として、

$$A = \{a_1, a_2, \cdots, a_k\}、a_1 + a_2 + \cdots + a_k = n、a_i > 0 \tag{8.8}$$

である。分割の大きさだけが問題になるから、

$$a_1 \geq a_2 \geq \cdots \geq a_k$$

としよう。当然ながら分割数 k は $k \leq n$ である。分割 A が分割 B の細分であるとは、B のすべての要素が A の 1 つ以上の要素の和になっていることである。これを、$A \leq B$ と書こう。n のすべての分割を P_n とすると、$(P_n; \leq)$ は有限順序集合となる。たとえば、$n = 5$ のとき、すべての分割は 7 通りある。

上限と下限

　順序集合 $(X; \geq)$ を考える。X のある要素 p について、p より上位にある要素が p 以外には X に存在しないとき、p を X における**極大元**(maximal)という。図 8.7 の a, b は極大元である。有限順序集合では極大元は必ず存在する。極大元は複数存在し得るが、極大元どうしは比較不能である。極大元が 1 つしかないとき、その要素 p は X の他のすべての要素の上位にある。これを**最大元**(maximum)といい、$\max(X) = p$ と書く。

$$\max(X): 任意の\ x \in X\ に対し\ p \geq x\ となる\ p \in X\ を返す関数 \tag{8.9}$$

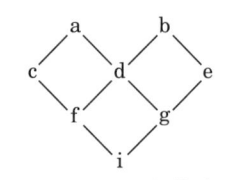

```
        a       b
         \     /
      c - d - e
         / \ / \
        f   g
         \ /
          i
```

図 8.7　順序集合

　極小元(minimal)、**最小元**(minimum)も同様に定義できる。X のある要素 q について、その下位にある要素が q 以外には X に存在しないとき、q を X に

おける極小元という。図 8.7 の i は極小元である。極小元どうしも比較不能である。極小元が 1 つしかないとき、その要素 q は X の他のすべての要素の下位にある。これを最小元といい、$\min(X) = q$ と書く。図 8.7 の i は極小元で、1 つしかないから最小元でもある。

$$\min(X): 任意の x \in X に対し x \geqq q となる q \in X を返す関数 \qquad (8.10)$$

いま、ある順序集合 X とその部分集合 A について、A のすべての要素に対して上位である X の要素が存在するとき、そのような要素すべての集合を X における A の**上界**(upper bound)という。これを Upper(A) と書く。A のすべての要素に対して下位である X の要素の集合を、X における A の**下界**(lower bound)という。これを Lower(A) と書く。

上界　$\mathrm{Upper}(A) = \{u \mid u \in X, \forall x \in A\ u \geqq x\}$ \qquad (8.11)

下界　$\mathrm{Lower}(A) = \{v \mid v \in X, \forall x \in A\ x \geqq v\}$ \qquad (8.12)

図 8.7 において、$A = \{\mathrm{f, g}\}$ とすると、$\{\mathrm{a, b, d}\}$ は A の上界である。

上界 Upper(A) に最小元が存在するとき、それを X における A の**上限**(upper limit, supremum)といい、sup(A) と書く。A に最大元が存在すれば、それは A の上限でもある($\sup(A) = \max(A)$)。下界 Lower(A) に最大元が存在するとき、それを A の**下限**(lower limit, infimum)といい、inf(A) と書く。A に最小元が存在すれば、それは A の下限でもある($\inf(A) = \min(A)$)。

上限　$\sup(A) = \min(\mathrm{Upper}(A))$ \qquad (8.13)

下限　$\inf(A) = \max(\mathrm{Lower}(A))$ \qquad (8.14)

図 8.7 において、$A = \{\mathrm{f, g}\}$ の上限は、上界 $\{\mathrm{a, b, d}\}$ の最小元 d である。

約数関係の上限と下限

自然数 N と、N における約数関係 $\leqq$ からなる順序集合 $(N; \leqq)$ を考えよう。$a, b \in N$ として、$a \leqq b$ ならば a は b の約数で、b は a の倍数である。$m, n \in N$ の公倍数は m と n の共通の上位要素である。つまり、N の部分集合 $\{m, n\}$ の上界は m と n の公倍数の集合である。上限は上界の最小値であるが、それは**最小公倍数**(LCM)である。同様に、m と n の公約数の集合は部分集合 $\{m, n\}$ の下界を構成し、その最大値、つまり**最大公約数**(GCD)が下限となる。

まとめると、約数関係の順序集合 $(N; \leqq)$ において、次の関係を得る。

$$\sup(\{m, n\}) = \mathrm{LCM}(m, n) \tag{8.15}$$
$$\inf(\{m, n\}) = \mathrm{GCD}(m, n) \tag{8.16}$$

8.2 順序集合と束

順序集合上の和と積

図 8.8 のような順序集合では、任意の要素 x, y に対して上限 $\sup(\{x, y\})$ と下限 $\inf(\{x, y\})$ が存在する。すべての (x, y) について上限と下限を次の表に示す。

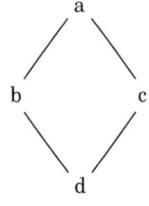

図 8.8 順序集合

表 8.1 図 8.8 の上限・下限表

$x \sup y$	a	b	c	d		$x \inf y$	a	b	c	d
a	a	a	a	a		a	a	b	c	d
b	a	b	a	b		b	b	b	d	d
c	a	a	c	c		c	c	d	c	d
d	a	b	c	d		d	d	d	d	d

有限順序集合 L において、任意の要素対 (x, y) に上限と下限が存在するとき、要素対 $(x, y) \in L^2$ にその上限および下限を対応させることを、L 上の 2 項演算とすることができる。これらの演算を L における和 $+$、積 $\cdot$ と定義する。

和　$x + y = \sup(\{x, y\})$ (8.17)

積　$x \cdot y = \inf(\{x, y\})$ (8.18)

L はこれらの演算について閉じているから $(L; +, \cdot)$ は代数系である。このような代数系を**束**(lattice)という。上の例では、L は有限集合であるから**有限束**である。自然数 N と、N における約数関係 $\leq$ からなる順序集合 $(N; \leq)$ でも任意の要素対に上限と下限が定義できるから、束となる。これは**無限束**である。なお、通常の数式と同様、束でも積の演算記号 $\cdot$ は省略し、積は和に優先する解釈とする。

束の性質

上のように有限順序集合 L から構成された束 $(L; +, \cdot)$ は、次の式 (8.19) 〜 (8.21) の性質をもっているが、逆に、これを束の定義とすることができる。任

意の $x, y \in L$ に対して、

[束の公理]

$$\text{交換律} \quad x+y = y+x, \; x \cdot y = y \cdot x \tag{8.19}$$

$$\text{結合律} \quad (x+y)+z = x+(y+z), \; (x \cdot y) \cdot z = x \cdot (y \cdot z) \tag{8.20}$$

$$\text{吸収律} \quad (x+y) \cdot x = x, \; (x \cdot y) + x = x \tag{8.21}$$

束の他の性質はすべてこの公理から導くことができる。たとえば、束 L では次のベキ等律も成立するが、これは公理から導くことができる。

$$\text{ベキ等律} \quad x+x = x, \; x \cdot x = x \tag{8.22}$$

このように定義された束 $(L; +, \cdot)$ から逆に順序集合を導ける。$x, y \in L$ の間の上位下位関係 $\geqq$ を、式(8.23)あるいは式(8.24)によって定義すると、この関係は、反射性、反対称性、推移性を満たすから、$(L; \geqq)$ は順序集合となる。

$$x \geqq y \quad \text{iff} \quad x+y = x \tag{8.23}$$

$$x \geqq y \quad \text{iff} \quad x \cdot y = y \tag{8.24}$$

有限な順序集合 L が束をなすとき、最大元 I と最小元 O が存在する。有限束 L においては、O と I が零元および単位元となり、次の性質が成立する。

$$\text{零元 } O \quad x+O = O+x = x, \; x \cdot O = O \cdot x = O \tag{8.25}$$

$$\text{単位元 } I \quad x \cdot I = I \cdot x = x, \; x+I = I+x = I \tag{8.26}$$

最大元と最小元の存在する有限順序集合が必ずしも束を構成するわけではない。すぐ後で示すが、図8.10はその例である。

約数関係の作る束

自然数の集合 N と約数関係 $\leqq$ から定義される無限束 N では、零元 O は存在して 1 であるが、最大元 I は存在しない。N の部分集合 $P = \{1, 2, 3, 6, 9, 18\}$ の上で約数関係を定義すると、代数系 $(P; +, \cdot)$ は束となり、図8.9からわかるように、最小元 $O = 1$, 最大元 $I = 18$ となる。ところで、たとえば、$Q = \{1, 2, 3, 12, 18, 36\}$ の上に同様の約数関係を定義すると、図8.10に示すように、Q は最大元 $I = 36$ と最小元 $O = 1$ が存在する有限順序集合である。しかし、$\{2, 3\}$ の上界は $\{12, 18, 36\}$ であるが、この中には最小元が存在しないから $\{2, 3\}$ の上限は存在しないので、束とはならない。

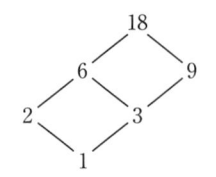

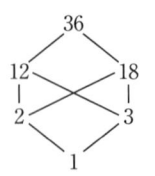

図 8.9　P 上の約数関係のハッセ図　　図 8.10　Q 上の約数関係のハッセ図

分割の作る束

図 8.6 の例で示したように、有限集合 X のすべての分割の集合を P_X とすると、細分関係 $\leqq$ による $(P_X; \leqq)$ は有限順序集合である。P_X では、1 つのグループにする分割が最大元で、すべての要素に分割する分割が最小元となる。分割 A と B の上限は A と B の共通の分割境界だけからなる分割で、A と B の下限は A と B の両方の分割境界からなる分割である。任意の 2 つの分割 A, B にこれらの上限、下限が存在するから、これをそれぞれ、分割の和 $A+B$ と積 $A \cdot B$ とすると、代数系 $(P_X; +, \cdot)$ は束を構成する。

$X = \{a, b, c, d\}$ とすると、X のすべての分割の集合 P_X は 15 通りの分割からなる。たとえば、

$A = \{\{a, e\}, \{c\}, \{b, d, h\}, \{f, g, i\}\}$

$B = \{\{a, b, e\}, \{c, f, g\}, \{d, h\}, \{i\}\}$

とすると、和と積は次のようになる。

$A + B = \{\{a, b, d, e, h\}, \{c, f, g, i\}\}$

$A \cdot B = \{\{a, e\}, \{b\}, \{c\}, \{d, h\}, \{f, g\}, \{i\}\}$

X の分割 A と B はともに、それらの和(上限)$A+B$ の細分となっているし、積(下限)$A \cdot B$ は、A の細分でもあり、B の細分でもある。

分配束

有限束では、最大元と最小元が存在し、それぞれ零元 O と単位元 I となる。さらに、次の 2 つの分配律が成立する場合がある。

　　　積の和に関する分配律　$(x+y) \cdot z = (x \cdot z) + (y \cdot z)$　　　(8.27)

　　　和の積に関する分配律　$(x \cdot y) + z = (x+z) \cdot (y+z)$　　　(8.28)

これらの分配律が成立する束を、分配束という。例を示そう。

[例 8.1] $P = \{1, 2, 3, 6, 12\}$ の上に定義した約数関係から構成される束では、分配律が成立することを示せ。$Q = \{1, 2, 3, 4, 12\}$ についてはどうか。
[解] P の零元 O は 1、単位元 I は 12 である。式 (8.27)(8.28) の x, y, z について、P の要素のすべての組み合わせについてこれらの成立を確かめてみればよい。実際には、x, y, z のうち 1 つが零元または単位元であるか、あるいは、x, y, z のうち 2 つが同じ要素であれば、式 (8.27), (8.28) の成立はほとんど自明であるから、その他の組み合わせについてだけ調べる。x, y の対称性を考慮して検討すれば、その組み合わせの数はそれほど大きくはない。この場合は、$(x, y, z) = (2, 3, 6), (2, 6, 3), (3, 6, 2)$ の 3 通りについて調べればよい。この組み合わせすべてについて、式 (8.27), (8.28) は成立する。

$Q = \{1, 2, 3, 4, 12\}$ の上で同じような束を考えると、分配律は成立しない。これは、反例 (分配的でない例) を示せば十分である。たとえば、式 (8.27) で $x = 2$, $y = 3$, $z = 4$ とすると、左辺 $= \inf(\sup(2, 3), 4) = \inf(12, 4) = 4$、右辺 $= \sup(\inf(2, 4), \inf(3, 4)) = \sup(2, 1) = 2$ となるから、これは分配的でない。式 (8.28) についても同様の反例を構成できる。■

補元

有限束 L において、I を最大元、O を最小元として、ある $a \in L$ に対し、

$$\text{補元} \quad a + a' = I \text{、かつ、} a \cdot a' = O \tag{8.29}$$

の条件を満たす a' が存在するならば、そのような a' を a の補元という。すべての要素に補元が存在する束を可補束という。零元 (対応する順序集合では最小元) と単位元 (最大元) は、互いに補元となっている。

[例 8.2] [例 8.1] の $Q = \{1, 2, 3, 4, 12\}$ の上で約数関係を定義して構成される束において、各要素に補元が存在すればそれを示せ。$P = \{1, 2, 3, 6, 12\}$ ではどうか。
[解] 順序集合 Q では、$O = 1$, $I = 12$ で、$3 + 4 = 12$, $3 \cdot 4 = 1$ となるから、$a' = 4$ は $a = 3$ の補元である。$3 + 2 = 12$, $3 \cdot 2 = 1$ であるから、2 も $a = 3$ の補元である。表にまとめる。

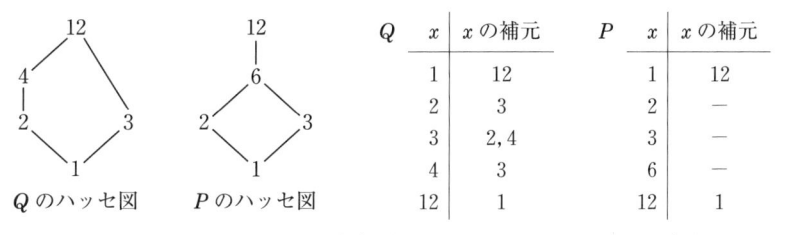

Q	x	x の補元	P	x	x の補元
	1	12		1	12
	2	3		2	—
	3	2, 4		3	—
	4	3		6	—
	12	1		12	1

Q のハッセ図　P のハッセ図

P では、$O = 1$, $I = 12$ であるが、たとえば $a = 2$ については、$2 + x = 12$ となる x は $x = 12$ しか存在せず、そのとき $2 \cdot 12 = 2$ であるから、$a = 2$ の補元は存在しない。各要素に

ついて表に示す。表中の − 記号は補元が存在しないことを意味する。■

双対律

束では、加法と乗法の演算についての性質は対称である。つまり、関係式で + を・に、・を + に入れ替えても成立している。単位元 I、零元 O を含む性質では、+ と・とを入れ替えると同時に I と O も入れ替えた性質が成立する。したがって、束においてある性質があったとき、+ と・とを入れ替え、I と O とを入れ替えた性質も成立する。このような特徴を双対律という。

ブール束

零元 O と単位元 I の存在する束 $(B; +, \cdot)$ において、分配律が成立し（分配束であり）、かつすべての要素に補元が存在する（可補束である）とき、その束をブール束という。ブール束はブール代数（Boolean algebra）とも呼ばれる。ブール代数では、補元は一意的であり、補元をとることを 1 項演算と見ることができる。$x \in B$ の補元は $\bar{x}$ と書くことが多い。

8.3 ブール代数

ブール代数は論理回路設計の基本となる数学的基礎である。ブール代数については多数の成書があり、大学の授業としても離散数学とは別に科目設定したカリキュラムとなっていることが普通なので、簡単にふれるにとどめる。

ブール代数の公理的定義

前節で、ブール代数をブール束として導いた。ブール束では多くの代数的性質が成立している。しかし、代数系としては、これらの性質がすべて必要な訳ではない。いくつかの性質は他の性質から導くことができる。代数系の特徴を必要最小限の性質の集まりで表すとき、それをその代数系の公理という。

ブール代数の公理は多数提案されているが、ハンティントンの公理はブール代数の定義としてよく用いられる公理である。これを紹介しよう。集合 B において、演算、和 +、積・が定義されており、いずれも B に閉じているとす

る。代数系 $(B;+,\cdot)$ が次の性質を満足するとき、B をブール代数という。任意の $x,y,z \in B$ に対し、

[ハンティントンの公理]

交換律	$x+y = y+x, \; x\cdot y = y\cdot x$	(8.30)
分配律	$x\cdot(y+z) = (x\cdot y)+(x\cdot z)$	(8.31)
	$x+(y\cdot z) = (x+y)\cdot(x+z)$	
零元 O の存在	$x+O = x$	(8.32)
単位元 I の存在	$x\cdot I = x$	(8.33)
補元の存在	$x+\bar{x} = I, \; x\cdot\bar{x} = O$	(8.34)

ブール代数の他のすべての性質は、単位元や零元、補元の一意性を含めて、これらの公理から証明できる。すべての B の要素 x に補元 $\bar{x}$ が存在するから、1項演算として補元を返す演算、補演算を定義できる。補演算は変数記号の上付きバーで表すのが普通である。なお、$O \neq I$ とするので B の大きさは2以上である。O と I は互いに補元となっている。

次の例のような代数系を**集合代数**という。集合代数はブール代数である。

[例 8.3] 集合 $X = \{a,b\}$ として、X のベキ集合 $\mathcal{P}(X)$ における和 $\cup$、積 $\cap$ の集合演算を考える。$(\mathcal{P}(X);\cup,\cap)$ の代数系がブール代数であることを示せ。また、補元が全体集合 X に対する補集合となることを確認せよ。

[解] $\mathcal{P}(X) = \{\{\},\{a\},\{b\},\{a,b\}\}$ であるから、$\cup$、$\cap$ の演算表を利用して、ハンティントンの公理系が成立することを示せばよい。和 $\cup$ と積 $\cap$ の演算表は次のようになる。

$x\cup y$	$\{\}$	$\{a\}$	$\{b\}$	$\{a,b\}$	$x\cap y$	$\{\}$	$\{a\}$	$\{b\}$	$\{a,b\}$	x	$\bar{x}$
$\{\}$	$\{\}$	$\{a\}$	$\{b\}$	$\{a,b\}$	$\{\}$	$\{\}$	$\{\}$	$\{\}$	$\{\}$	$\{\}$	$\{a,b\}$
$\{a\}$	$\{a\}$	$\{a\}$	$\{a,b\}$	$\{a,b\}$	$\{a\}$	$\{\}$	$\{a\}$	$\{\}$	$\{a\}$	$\{a\}$	$\{b\}$
$\{b\}$	$\{b\}$	$\{a,b\}$	$\{b\}$	$\{a,b\}$	$\{b\}$	$\{\}$	$\{\}$	$\{b\}$	$\{b\}$	$\{b\}$	$\{a\}$
$\{a,b\}$	$\{a,b\}$	$\{a,b\}$	$\{a,b\}$	$\{a,b\}$	$\{a,b\}$	$\{\}$	$\{a\}$	$\{b\}$	$\{a,b\}$	$\{a,b\}$	$\{\}$

演算は $\mathcal{P}(X)$ に閉じているから代数系である。交換律は演算表が対称であるから成立する。零元 $O = \{\}$、単位元 $I = \{a,b\}$ である。$\mathcal{P}(X)$ の要素の補元は補集合である。分配律は、[例 8.1] での説明に留意して、式 (8.31) の x,y,z に対してすべての組み合わせを確かめればよい(これは省略)。以上より、$(\mathcal{P}(X);\cup,\cap)$ はブール代数である。■

ブール代数の性質

ここでは、ブール代数の公理以外の性質について、簡単にまとめておく。これらの性質はすべて、ハンティントンの公理 (8.30)〜(8.34) から証明できる。

単位元の性質	$x + I = I$	(8.35)
零元の性質	$x \cdot O = O$	(8.36)
対合律（二重否定）	$\bar{\bar{x}} = x$	(8.37)
吸収律	$x + (x \cdot y) = x, \quad x \cdot (x + y) = x$	(8.38)
ベキ等律	$x + x = x, \quad x \cdot x = x$	(8.39)
補元の吸収	$x + (\bar{x} \cdot y) = x + y, \quad x \cdot (\bar{x} + y) = x \cdot y$	(8.40)
結合律	$(x + y) + z = x + (y + z),$	
	$(x \cdot y) \cdot z = x \cdot (y \cdot z)$	(8.41)
ド・モルガン律	$\overline{x + y} = \bar{x} \cdot \bar{y}, \quad \overline{x \cdot y} = \bar{x} + \bar{y}$	(8.42)

等式の変形

群や体の場合は各演算に関して逆元が存在するから逆演算が定義でき、式 (7.30) などの手法を用いて等式の変形を行うことができる。しかし、ブール代数 B では逆元が存在しないから、そのような変形はできない。ブール代数でも等式関係＝は和、積、補の各演算と両立するから、$p, q, r, s, x \in B$ として、

$$p = q \text{ ならば } p + x = q + x, \quad p \cdot x = q \cdot x, \quad \bar{p} = \bar{q} \tag{8.43}$$

$$p = q \text{ かつ } r = s \text{ ならば } p + r = q + s, \quad p \cdot r = q \cdot s \tag{8.44}$$

となる。これらの性質は、p, q, r, s, x に和、積、補からなる任意の演算式を代入しても成立する。しかし、逆は成立しない。

$p + x = q + x$ ならば $p = q$ である、とは限らない

$p \cdot x = q \cdot x$ ならば $p = q$ である、とは限らない

実際、吸収律 $x + (x \cdot y) = x$ から $x \cdot y = 0$ が導けるわけではない。

ブール代数 B においては次のような性質がある。

$$p + x = q + x \text{ かつ } p \cdot x = q \cdot x \text{ ならば } p = q \tag{8.45}$$

つまり、ある要素 x との和だけではなく積についても等式が成立するならば、両辺から x を除いても等式が成立することを示している。順序集合でいえば、ある要素との上限と下限が一致する要素は 1 つしかないということを意味して

いる。これは、次のように、容易に証明できる。

$$p = pI + O = p(x+\bar{x}) + x\bar{x} = px + p\bar{x} + x\bar{x} = px + (p+x)\bar{x}$$
$$= qx + (q+x)\bar{x} = qx + q\bar{x} + x\bar{x} = q(x+\bar{x}) + x\bar{x} = qI + O = q \blacksquare$$

なお、ここでは、補の演算は和、積より優先し、積の演算は和の演算より優先する解釈をとり、積の演算記号・は省略する表現を用いている。

ブール代数 B_2

$B_2 = \{0,1\}$ において $1 \geq 0$ という順序関係を導入すると、$(B_2; \geq)$ は順序集合となる。最大元は1、最小元が0で、上限、下限演算に関して束となる。この束は、分配律を満たし、補元も存在するから、ブール束である。これをブール代数 B_2 という。なお、ブール代数 B_2 において、和をブール和あるいは論理和、積をブール積あるいは論理積と呼び、補の演算を論理否定、あるいは簡単に否定と呼ぶことも多い。B_2 における和、積、補の演算をブール演算といい、B_2 を変域とする変数をブール変数という。

表 8.2　B_2 の演算表

$x+y$	0	1		$x \cdot y$	0	1		x	$\bar{x}$
0	0	1		0	0	0		0	1
1	1	1		1	0	1		1	0

ブール代数 B_2 に対応する順序集合 $(B_2; \geq)$ のハッセ図は、図 8.11(a) である。

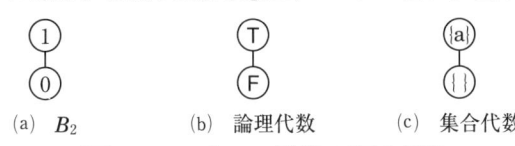

```
  ①           Ⓣ          {a}
  |           |           |
  ⓪           Ⓕ           {}

 (a)  $B_2$    (b) 論理代数   (c) 集合代数
```

図 8.11　ブール代数の順序構造

ブール代数 B_2 の演算表は、基本的には表1.2の論理演算と同じである。0に F, 1 に T をそれぞれ対応させ、さらに、和 + を選言 $\vee$ に、積・を連言 $\wedge$ に対応させると、$(\{T,F\}; \vee, \wedge)$ はブール代数 B_2 と同じ構造になる。これを論理代数という。1つの要素だけからなる集合を $X = \{a\}$ として、そのベキ集合 $\{\{\ \}, \{a\}\}$ における集合代数 $(\{\{\ \}, \{a\}\}; \cup, \cap)$ もブール代数 B_2 と同じ構造である。これらのブール代数に対応する順序集合のハッセ図を図 8.11 (b), (c) に示す。

ブール関数とブール形式

$B_2 = \{0, 1\}$ における n 変数関数を **n 変数ブール関数**という。$x_i, y \in B_2$ として、
$$f : B_2^n \to B_2, \quad f(x_1, x_2, \cdots, x_n) = y \tag{8.46}$$
である。和、積の演算は 2 変数ブール関数、補の演算は 1 変数ブール関数である。ブール関数は、n 変数ならば変数の組合せが 2^n 通りあり、それぞれに関数の値として 0, 1 の 2 通りがあるから、2^{2^n} 通りある。1 変数関数ならば 4 通り、2 変数関数ならば 16 通りになる。

ブール形式は、B_2 を変域とするブール変数を項として和、積、補の演算で表された演算式（数式）を指す。論理式あるいは論理関数ともいう。変数が n 種類あれば、**n 変数ブール形式**である。ブール形式では、通常の数式と同様に、1 項演算の補の演算を 2 項演算の積と和に優先し、積を和に優先する解釈をする。積の演算記号は省略するのが普通である。

B_2 における任意の n 変数ブール関数は、B_2 における n 変数ブール形式で表せることが証明できる。つまり、和、積、補の演算の組 $(+, \cdot, ^-)$ は任意のブール関数を表現できる。このような演算の組を、ブール演算の**完全系**という。これは、2 つの 2 項演算と 1 つの 1 項演算からなる系である。ド・モルガン律によれば積は和と補の演算で表せる $(xy = \overline{\overline{x}+\overline{y}})$ から、積を含まない演算の組 $(+, ^-)$ でも完全系となることができる。同様に $(\cdot, ^-)$ も完全系である。NAND 演算 $|$ は $x|y = \overline{x \cdot y}$ で定義される演算であるが、この演算だけの系 $(|)$ も完全系になることが証明できる。NOR 演算 $\|$ は $x\|y = \overline{x+y}$ で定義される演算であるが、$(\|)$ もこれだけで完全系になっている。

第 8 章　演習問題

[1]　次の語の集合 L における派生語関係をハッセ図に示せ。

　　L = {affect, affectation, affected, affectedness, affectedly, affecting, affctingly, affection, affectionate, affectionately, affective}

[2]　次の関係が順序関係かどうか示し、順序関係ならばハッセ図で表せ。

　(1)　$U = \{0, 1\}$ とし、$U^2 = U \times U$ において $x_1 \geq x_2$ かつ $y_1 \geq y_2$ のとき、$(x_1, y_1) \geq (x_2, y_2)$

(2) $U=\{0,1\}$ とし、U^2 において、$x_1≧x_2$ または $y_1≧y_2$ のとき、$(x_1,y_1)≧(x_2,y_2)$

(3) $U=\{0,1\}$ とし、U^3 において、$x_1≧x_2$ かつ $y_1≧y_2$ かつ $z_1≧z_2$ のとき、$(x_1,y_1,z_1)≧(x_2,y_2,z_2)$

(4) $U=\{1,2,3\}$ として、U^2 において、$x_1+y_1≧x_2+y_2$ のとき、$(x_1,y_1)≧(x_2,y_2)$

[3] 次のように定義された関係が順序関係であることを示せ。

(1) 自然数の集合 N において、n が m の約数である関係 $n≦m$

(2) 有限集合 U のベキ集合 $\mathcal{P}(U)$ における包含関係 $\subset$

(3) 自然数の集合 N における数の大小関係 $≦$

(4) 有限集合 A のすべての分割の集合を P として、P において細分である関係 $≦$

[4] 図8.1のトーナメント図において、勝者を上位、敗者を下位にする関係を R とすると、$X=\{A,B,C,D\}$ における R の反射的かつ推移的閉包 R^* は順序関係になる。

(1) X における関係 R を、関係グラフ、および、関係行列に表せ。

(2) 関係 R の反射的かつ推移的閉包 R^* を表す関係行列を求めよ。

(3) R^* は順序関係になっている。それをハッセ図に表せ。

[5] 図の有限順序集合において、次の部分集合 A の極大元、極小元、を示せ。また、A に上界、下界、上限、下限が存在すれば、それを示せ。

(1) $A=\{c,d,e,g\}$ (2) $A=\{a,b,c,d\}$ (3) $A=\{d,e,f,g,h\}$

(4) $A=\{c,d\}$ (5) $A=\{d,e\}$ (6) $A=\{c,g\}$

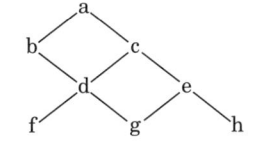

[6] 図のような順序集合 A,B および C それぞれについて、次の問に答えよ。

(1) 最大元、最小元を示せ。

(2) 部分集合 $\{b,c\}$, $\{a,c\}$ それぞれの上界、下界を示せ。

(3) 部分集合 $\{b,c\}$, $\{a,c\}$ それぞれの上限、下限が存在すればそれを示せ。

(4) 束であるかどうか答えよ。束の場合、零元と単位元が存在すれば、それを示せ。

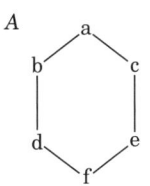

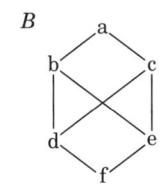

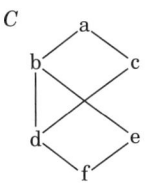

[7] $U=\{1,2,3,4,6,9\}$ における約数関係を $≦$ として、順序集合 $(U;≦)$ について、次の問に答えよ。

(1) U をハッセ図に描け。
(2) U における極大元、極小元を示し、最大元、最小元が存在すればそれを示せ。
(3) U の部分集合 $\{2,3\}, \{1,2\}, \{6,9\}$ について、それぞれ上界、下界、上限、下限が存在すればそれを示せ。
(4) U は束となるか。

[8] 次の順序集合は束をなす。上限と下限の演算表を構成せよ。

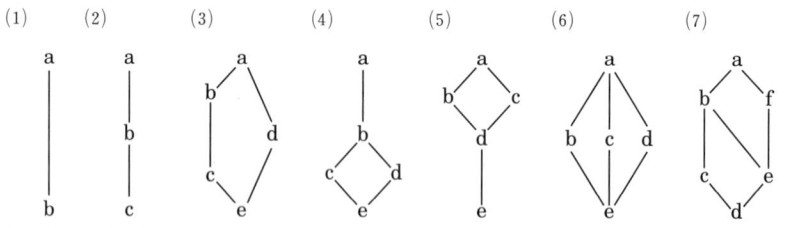

(1)　　(2)　　(3)　　(4)　　(5)　　(6)　　(7)

[9] 次の集合は約数関係により順序集合となるが、これらの順序集合は束を構成する。束における和と積の演算表を示せ。

(1) $A = \{1,2,3,6\}$　　(2) $B = \{1,2,4\}$　　(3) $C = \{2,4\}$
(4) $C = \{1,2,3,4,12\}$　　(5) $D = \{2,4,8,12,24\}$　　(6) $E = \{1,2,3,5,30\}$
(7) $F = \{1,2,3,4,9,36\}$　　(8) $G = \{1,2,3,5,6,10,15,30\}$

[10] $X = \{a,b,c,d\}$ のすべての分割を求め、細分関係による順序関係をハッセ図に示せ。

[11] 集合 $X = \{a,b,c\}$ の分割について、次の問に答えよ。
(1) X のすべての分割を求めよ。
(2) (1)の分割は、細分関係について順序集合をなす。この順序集合のハッセ図を示せ。
(3) (2)の順序集合は束を構成する。この束の演算表を示せ。
(4) (3)の束に零元、単位元が存在する。それを示せ。
(5) (3)の束の各要素に補元が存在すればそれをすべて挙げよ。

[12] 有限順序集合 $(L; \leq)$ から構成された束 $(L; +, \cdot)$ において、任意の $x, y, z \in L$ に対し、次のことを示せ。
(1) $x \leq x + y$　　(2) $x \leq z$ かつ $y \leq z$ ならば $x + y \leq z$
(3) $x \cdot y \leq x$　　(4) $z \leq x$ かつ $z \leq y$ ならば $z \leq x \cdot y$
(5) $(L; +, \cdot)$ は結合律を満たす。　　(6) $(L; +, \cdot)$ は吸収律を満たす。

[13] [例 5.4] で示した食材と栄養素との関係は、次のような意味で束となる。食材の集合を $L = \{a,b,c,d,e\}$ とする。L における演算 $+, \cdot$ を、$x, y \in L$ について、$x + y =$ "x または y を含む"、$x \cdot y =$ "x および y を含む"、とすると、これらの演算は、交換律、結合律、吸収律を満たすから、$(L; +, \cdot)$ は束となる。たとえば、必須アミノ酸 F は、食材 a または b を含めばよいから、F = a + b と表せる。同様に、G = b + c となる。FG = (a+b)(b+

c)は、FとGをともに含むもので、束の性質(束の公理やベキ等律など)を用いて簡単にすると、

$$FG = (a+b)(b+c) = a(b+c) + b(b+c) = ab + ac + b = (ab+b) + ac = b + ac$$

となる。これは、FとGを同時に含むことは、bだけか、あるいは、aとcを同時に含む、ということを意味する。[例5.4]の表によれば、確かに、FとGを同時に含むためには、bか、あるいは、aとcを含む必要がある。Lとして、たとえば栄養素の集合をとれば、異なった解釈のできる束となる。[例5.4]の表に基づき、次の問に答えよ。

(1) ビタミンをすべて含む食材の組合せをすべて示せ。
(2) 必須アミノ酸をすべて含む料理の組合せをすべて示せ。
(3) ビタミンをすべて含む料理の組合せをすべて示せ。

[14] 束の公理を満たす代数系$(L;+,\cdot)$において、式(8.23)の関係$\geqq$を定義すると、$(L;\geqq)$は順序集合となることを示せ(反射性、反対称性、推移性を示せ)。式(8.24)の関係を導入しても同じ順序集合となることを示せ。

[15] 束の公理を満たす代数系$(L;+,\cdot)$において、ベキ等律(8.22)が成立することを、束の公理から導け。

[16] 零元O、単位元Iの存在する束では、OとIが互いに補元であることを示せ。

[17] [6]の束となるもの、[8](1)〜(7)の束、および、[9](1)〜(8)の束について、次の問に答えよ。

(1) 分配律の成立する束はどれか。分配律が成立しない束については、分配的でない例を1つ示せ。
(2) 零元、単位元の存在する束はどれか。その束において、各要素の補元が存在すれば、それをすべて挙げよ。
(3) ブール束(ブール代数)となっているのはどれか。

[18] 有限集合$U = \{a, b\}$のベキ集合$\mathcal{P}(U)$における包含関係$\subset$は順序関係である。この順序集合$(\mathcal{P}(U);\subset)$について、次の問に答えよ。

(1) 順序集合をハッセ図に描け。
(2) この順序集合はブール束(ブール代数)を構成する。この束の演算表(上限演算+、および、下限演算・)を示せ。
(3) この束における零元、単位元を示せ。
(4) この束における補元の表を構成せよ。

[19] 次のブール形式の表すブール関数の真理値表を構成せよ。

(1) $f(x, y) = x(\bar{x} + y) + \bar{y}(x + \bar{y})$
(2) $f(x, y) = (x + y)(\bar{x} + \bar{y})$
(3) $f(x, y, z) = x(\bar{y} + z(\bar{x} + y))$

[20] 次のブール関数をブール形式で表せ。
 (1) $f(x,y) =$ "$x=y$ のとき 0, $x \neq y$ のとき 1"
 (2) $f(x,y,z) =$ "x,y,z の中に 1 が偶数個あれば 0、奇数個あれば 1"
 (3) $f(x,y,z) =$ "x,y,z の中で 0 が多ければ 0、1 の方が多ければ 1"

[21] 有限ブール代数 B において、式(8.45)と類似の次の性質がある。これを証明せよ。
 (1) $x \cdot p = x \cdot q$ かつ $\bar{x} \cdot p = \bar{x} \cdot q$ ならば $p = q$
 (2) $x + p = x + q$ かつ $\bar{x} + p = \bar{x} + q$ ならば $p = q$

[22] 有限ブール代数において、次の性質を証明せよ。
 (1) $x = y$ iff $x + \bar{y} = I$ かつ $\bar{x} \cdot y = O$
 (2) $x = y$ iff $x \cdot \bar{y} + \bar{x} \cdot y = O$
 (3) $x = y$ iff $x \cdot y + \bar{x} \cdot \bar{y} = I$

[23] 有限ブール代数において、次の性質を証明せよ。
 (1) $x + y = O$ ならば $x = y = O$
 (2) $x \cdot y = I$ ならば $x = y = I$
 (3) $x + y = x$ iff $x \cdot y = y$

第9章　離散グラフ

9.1　有限離散グラフ

5章で関係グラフを導入した。8章ではハッセ図を説明した、これらは**離散グラフ**（discrete graph）である。グラフは図形として描いて表現できるため、概念を可視化する手法として、至る所でさまざまに工夫したものが使われている。化学でおなじみの分子の構造図はもちろん、コンピュータプログラムの構造や処理プロセスを可視化するブロックダイヤグラムなど、極めて普通に使われている。

離散グラフ

　離散的な**節点**（ノード、node）と2つの節点を結ぶ**辺**（エッジ、edge）からなる集合を、**離散グラフ**、あるいは単にグラフという。節点は**頂点**（vertex）、あるいは単に点、辺は**弧**（アーク、arc）ともいう。辺でつながれた節点は互いに**隣接点**である。節点の集合を V、辺の集合を E とすると、グラフ G は V と E を指定すれば決定できる。これを $G(V, E)$ と書く。ここで対象とするのは、V, E とも有限集合の**有限グラフ**（finite graph）である。

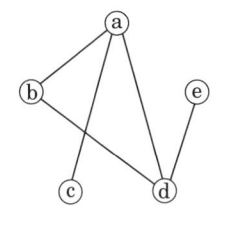

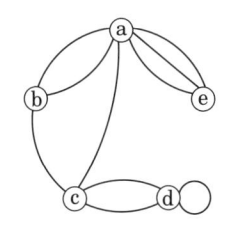

(a)　単純グラフ　　　　　(b)　多重グラフ

図 9.1　離散グラフ

小さい有限グラフは図 9.1 のように描いて表わすことができる。節点を○な

どで示し、辺は節点を結ぶ線分で示す。グラフの図表現ではラベル記号を付けることが多い。それをラベル付きグラフという。節点につける節点ラベルは○の中あるいはその近くに、辺につける辺ラベルは辺の近くに書く。

図9.1(a)のように、2つの節点の間に高々1つの辺しかないグラフを**単純グラフ**(simple graph)、図9.1(b)のように、複数の辺を許すグラフを**多重グラフ**(multiple graph)と呼ぶが、どちらも単にグラフということが多い。一般の多重グラフでは、1つの節点から出て同じ節点にもどる辺、**ループ辺**(loop)、を許すことがある(図9.1(b)の節点 d)。もちろん、多重グラフは単純グラフを包含している概念である。必要な場合はそのつど、どちらか明示することにする。なお、無限グラフは V も E も無限であるグラフであるが、多重グラフでは V は有限で E が無限となる無限グラフもある。

無向グラフと有向グラフ

離散グラフで辺の向きを考えることも多い。始節点から終節点へ向かう矢印をもった辺を有向辺あるいは有向弧という。図9.2のように、グラフが有向辺のみからなるとき**有向グラフ**(directed graph)あるいは**ダイグラフ**(digraph)という。5章の関係グラフは有向グラフである。始節点と終節点を区別しない辺を無向辺といい、図9.1のように無向辺だけしか含まないグラフは**無向グラフ**(undirected graph)である。順序集合を表すハッセ図は無向グラフである。無向グラフも有向グラフもどちらも単にグラフというが、必要なときには区別する。

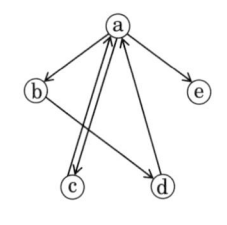

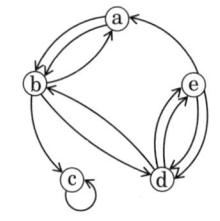

(a) 有向グラフ　　(b) 多重有向グラフ

図9.2　有向グラフ

有向グラフでは節点 a から節点 b へ向う辺と、b から a に向う辺とは区別するが、同じ向きの辺は高々1つである。有向グラフで同じ向きの辺が複数存

在することを許したグラフを，**多重有向グラフ**という。単に多重グラフということも多い。一般の多重グラフではループも許す。通常のグラフを多重グラフと区別して，**単純有向グラフ**，あるいは単に**単純グラフ**ということがある。

グラフ $G(V, E)$ があって，節点の集合 V の部分集合 V' と辺の集合 E の部分集合 E' がグラフをなす（E' のすべての辺の両端が V' に属する）とき，$G'(V', E')$ をグラフ G の**部分グラフ**（subgraph）という。G は，無向グラフでも有向グラフでも，あるいは多重グラフでもよい。

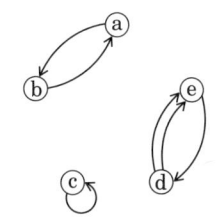

図9.3　図9.2(b)の多重有向グラフの部分グラフ

同型グラフ

離散グラフを図形で表わしたとき，節点の配置によっては同じグラフでもみかけの上で異なって見える。図9.4 に示した2つのグラフは，節点の並べ方を替える，つまり，節点のラベルを，たとえば

$$A \to p, \quad B \to s, \quad C \to r, \quad D \to q, \quad E \to t \tag{9.1}$$

と対応させると，同じグラフになる。2つのグラフはラベルを無視して節点の隣接関係という点から見れば同じ隣接関係を表しているグラフである。

図9.4　同型グラフ

2つのグラフの節点を1対1で対応させる全単射があって，そのとき辺もうまく対応しているならば，その全単射はグラフの**隣接関係を保存する**という。式(9.1)は図9.4の2つのグラフの隣接関係を保存する全単射である。隣接関係を保存する全単射が存在する2つのグラフは互いに**同型**（isomorphic）である

という。そのような写像を同型写像という。式(9.1)は図9.4の2つのグラフの同型写像である。同型なグラフはラベル記号以外は本質的に同じグラフである。以下では、異なったグラフとは互いに同型でないグラフを意味する。

以上のことは多重グラフでも同様である。また、有向グラフでは、同型写像は辺の向きも含めて隣接関係を保存する全単射である。

節点の次数

無向グラフで、ある節点に接続する辺の数(隣接節点の数)を、その節点の次数(order)という。次数が偶数の節点を偶節点(even node)、奇数の節点を奇節点(odd node)という。次数0の節点は孤立点である。

有向グラフでは、ある節点を終節点とする辺の数をその節点の入次数、始節点とする辺の数を出次数といい、入出次数の和を単に次数という。次数0の節点は孤立点であり、入次数=0で出次数≠0の節点を入口、出次数=0で入次数≠0の節点を出口という。

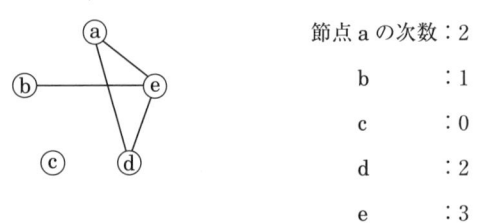

節点aの次数：2
b　　　　：1
c　　　　：0
d　　　　：2
e　　　　：3

図9.5　単純無向グラフの節点次数

径路・順路

無向グラフにおいて、ある始節点aから隣接点を経由して終節点bへ至る節点(多重グラフでは辺も)の列を、aとbの2つの節点を結ぶ径路(walk、経路とも書く)といい、径路を構成する辺の数をその径路の長さ(length)という。2つの節点を結ぶ径路は、一般には複数ある。径路の途中で辺が重複しない(節点は重複してもよい)径路を小道(trail)と呼び、節点が重複しない径路を順路(path)と呼ぶ(道ともいう)。閉じた(終節点が始節点と一致する)順路、あるいは小道を閉路(cycle)という。節点の重複のない順路の閉路と辺の重複のない小道の閉路とを区別するときは、前者を単純閉路(simple cycle)という。

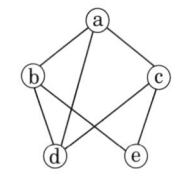

```
径路の例：a—d—c—a—d—b      長さ＝5
小道の例：a—b—e—c—a—d—b         6
順路の例：a—d—c—e—b              4
単純閉路の例：a—b—e—c—a          4
```

図 9.6　径路・小道・順路・閉路

上のような無向グラフ上の概念は、有向グラフについても同様に定義できる。ある節点 a から有向辺の向きに沿った隣接点を経由して節点 b へ至る節点（多重グラフでは辺も含む）の系列を a から b への**有向径路**という。辺の重複のない有向径路を**有向小道**、節点の重複のない有向径路を**有向順路**という。閉じた有向順路、あるいは有向小道を**有向閉路**という。前者を区別するときは、**単純有向閉路**などと呼ぶ。有向辺の向きを無視して径路を構成することがあるが、それは単に a と b の間の径路という。径路に向きを考えたとき、辺の向きが径路の向きと逆のとき、その辺を**逆有向辺**という。逆有向辺を含まない径路は有向径路である。

連結性

無向グラフで、任意の 2 つの節点間に径路が存在するグラフを**連結**であるといい、そのグラフを**連結グラフ**(connected graph)という。連結グラフにおいて、ある 2 つの節点間の最短の順路の長さをその 2 節点間の**距離**(distance)という。連結グラフにおいて、すべての 2 節点間の距離の最大値をそのグラフの**直径**(diameter)という。連結グラフで、ある節点とそれに連結する辺を除くと非連結になる節点を**切断点**(カットポイント，cut point)といい、ある辺を除くと非連結になるときその辺を**橋**(ブリッジ，bridge)という。

有向グラフにおいて、有向辺の向きを無視すれば、連結性に関する以上の概念は全く同じように定義できる。有向辺の向きを考慮した連結性の概念について説明を付け加えておこう。有向グラフ G において、2 つの節点 a, b の間に逆有向辺を許す順路があるとき、a, b は**弱連結**であるという。a, b 間に有向順路がある（a から b でも、b から a でも、どちらでもよい）ときは**片方向連結**であるという。有向順路が双方向にあるときは**強連結**であるという。もちろん、強連結ならば片方向連結でもあり、片方向連結ならば弱連結でもある。

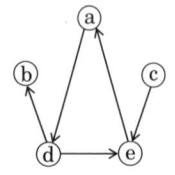

図 9.7 有向グラフの節点の連結性

c—d 弱連結
a—b 片方向連結
a—d 強連結

　グラフ G において、すべての節点対が弱連結（あるいはそれ以上の連結性）であるとき、グラフ G は弱連結である、という。同様に、すべての節点対が片方向連結（あるいは強連結）であるときは、G は片方向連結であるといい、すべて強連結ならば G は強連結である、という。なお、有向グラフで単に連結といった場合は、有向辺の向きを無視するのが普通で、弱連結である。

9.2　グラフの隣接行列

グラフの表現

　グラフをコンピュータで扱うためには、グラフを記号で表現する必要がある。

　グラフを記号で表すもっとも簡単な方法は、グラフの定義に従ってすべての節点に異なったラベルを付けて節点集合 V を記述し、節点ラベルの2項組（順序対）で辺を表して辺の集合 E を記述する方法である。これは辺を V における2項関係とみなした**集合表現**である。順序対は成分要素を並べる順序に依存した表現であるから、有向辺に対応させるのがわかりやすい。始節点 a から終節点 b へ向う有向辺を順序対 (a,b) として表す。もちろん、多重グラフでは辺は順序対だけでは表せないので、辺ラベルも必要である。

　辺を節点の順序対で表すとき、無向グラフでは2つの順序対、(a,b) と (b,a) のどちらも同じ1つの無向辺を表す。両方揃えて1つの辺を表す方法と、一方の順序対だけで表す方法と、どちらもある。後者の方法では、節点に順序ラベルを付けて上位ラベル節点を第1成分とするなどの工夫が必要である。図9.8 のグラフを前者の方法により表した無向グラフ表現は次のようになる。

$$E = \{(a,b),\ (a,c),\ (b,a),\ (b,c),\ (b,d),\ (c,a),\ (c,b),\ (d,b)\}$$

この表現方法を有向グラフとみると、(a,b) は a から b へ向う有向辺、(b,a) は b から a に向う有向辺となり、(a,b) と (b,a) がともに E に含まれていると

きは双方向の有向辺を表す。これを無向グラフとみると、(a, b)と(b, a)と2つの順序対で1つの無向辺を表す。もし一方の順序対しかないときは無効である。どちらのタイプのグラフかでEの要素の解釈をかえる必要がある。

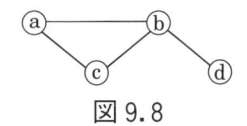

図 9.8

グラフの辺の数が少ないときはグラフのリスト表現を使うことがある。図9.8を隣接リスト表現すると、次のようになる。

((a, b, c), (b, a, c, d), (c, a, b), (d, b))

リストは、いくつかの要素をカンマ","で区切って並べて、全体をカッコでくくったものである。この例では、節点aに隣接する節点はbとcであることを(a, b, c)というリストで表している。こうした方法で構成したリストをすべての節点について構成し、それをまたリストの形に並べたものがこの隣接リストである。ほかにも、節点に接続する辺からなるリストなど、さまざまな目的でいろいろな形式のリストが作られる。

隣接行列

有限グラフの節点の数が多くない場合は、記号表現としてさまざまな行列表現が使われる。**隣接行列**(adjacency matrix)表現は、コンピュータプログラムでグラフを扱うときにもよく用いられる。5章で関係行列を導入したが、これは関係グラフを有向グラフとみなしたときの隣接行列である。

n個の節点からなる無向グラフ$G(V, E)$の隣接行列$A = (a_{ij})$は節点v_iと節点v_jとを結ぶ辺があるとき行列の(i, j)成分と(j, i)成分を1とし、辺がなければ0とする$n \times n$対称正方行列である。

$$a_{ij} = a_{ji} = \begin{cases} 1 & 節点 v_i と v_j を結ぶ辺が存在するとき \\ 0 & 節点 v_i と v_j を結ぶ辺が存在しないとき \end{cases} \quad (9.2)$$

もちろん、この隣接行列は節点の番号付けの順序に依存する。多重グラフに対しては、隣接行列の(i, j)要素を次のようにとるのが自然であろう。

$$a_{ij} = a_{ji} = 節点 v_i と v_j を結ぶ辺の数 \quad (9.3)$$

節点v_iとv_jとを結ぶ辺が存在しないときは0である。節点v_iにループがある

と、対角成分は $a_{ii}=1$ となる。図 9.9 は、図 9.1 の無向グラフの隣接行列である。

$$
\begin{array}{c}
\text{a b c d e} \\
\begin{array}{c}a\\b\\c\\d\\e\end{array}\!\!\left(\begin{array}{ccccc}0&1&1&1&0\\1&0&0&1&0\\1&0&0&0&0\\1&1&0&0&1\\0&0&0&1&0\end{array}\right)
\end{array}
\qquad
\begin{array}{c}
\text{a b c d e} \\
\begin{array}{c}a\\b\\c\\d\\e\end{array}\!\!\left(\begin{array}{ccccc}0&2&1&0&3\\2&0&1&0&0\\1&1&0&2&0\\0&0&2&1&0\\3&0&0&0&0\end{array}\right)
\end{array}
$$

(a) 無向グラフ (b) 多重グラフ

図 9.9　無向グラフ（図 9.1）の隣接行列

有向グラフの隣接行列は、その (i,j) 成分を

$$a_{ij}=\begin{cases}1 & \text{節点 } v_i \text{ から } v_j \text{ へ向う有向辺が存在するとき}\\ 0 & \text{節点 } v_i \text{ から } v_j \text{ へ向う有向辺が存在しないとき}\end{cases} \qquad(9.4)$$

で定義する。多重有向グラフでは、0 と 1 の代りに、そのような有向辺の数とすることになる。有向グラフの隣接行列は、一般には対称ではない。辺の向きを無視した隣接行列を**弱隣接行列**と呼ぶと、それは無向グラフと同じ対称行列であって、隣接行列の (i,j) 成分が 1 のときに対称な位置の (j,i) 成分も 1 とした行列となっている。図 9.10 は、図 9.2 の有向グラフの隣接行列である。

$$
\begin{array}{c}
\text{a b c d e} \\
\begin{array}{c}a\\b\\c\\d\\e\end{array}\!\!\left(\begin{array}{ccccc}0&1&1&0&1\\0&0&0&1&0\\1&0&0&0&0\\1&0&0&0&0\\0&0&0&0&0\end{array}\right)
\end{array}
\qquad
\begin{array}{c}
\text{a b c d e} \\
\begin{array}{c}a\\b\\c\\d\\e\end{array}\!\!\left(\begin{array}{ccccc}0&2&0&0&0\\1&0&1&1&0\\0&0&1&0&0\\0&1&0&0&2\\1&0&0&2&0\end{array}\right)
\end{array}
$$

(a) 有向グラフ (b) 多重有向グラフ

図 9.10　有向グラフ（図 9.2）の隣接行列

2 つの有限グラフ $G_1(V_1,E_1)$, $G_2(V_2,E_2)$ が同型であるとき、V_2 に適当な置換（同型写像）を施すと、2 つのグラフの隣接行列は一致する。

隣接行列のブール和とブール積

5 章で関係行列に対して行列のブール和、行列のブール積を導入した。行列のブール和は、各成分ごとの和を取った結果が 0 でなければその成分を 1 とする和演算である。行列のブール積は、通常の行列の積を計算した結果、各成分が 0 でなければその成分を 1 とする行列の積演算である。それをここでも利用

する。

　節点の集合 V 上の 2 つの単純無向グラフ $A = (V, E_A)$ と $B = (V, E_B)$ の隣接行列 $A = (a_{ij})$, $B = (b_{ij})$ に対して行列のブール和をとると、隣接行列 (g_{ij})

$$g_{ij} = \begin{cases} 0 & a_{ij} + b_{ij} = 0 \text{ のとき} \\ 1 & a_{ij} + b_{ij} > 0 \text{ のとき} \end{cases} \tag{9.5}$$

は、次の A, B の和グラフ G に対応する。

$$G = (V, E), \quad E = E_A \cup E_B \tag{9.6}$$

これがどのようなことを表しているかは容易にわかるであろう。

　n 個の節点からなる単純無向グラフ G の隣接行列を $G = (g_{ij})$ として、G の G 自身との行列のブール積 $G^2 = G \cdot G$ を考えてみよう。G^2 の $(1,2)$ 成分 g_{12}^2 は、

$$g_{12}^2 = \sum_{k=1}^{n} g_{1k} g_{k2} = g_{11} g_{12} + g_{12} g_{22} + g_{13} g_{32} + \cdots + g_{1n} g_{n2} \tag{9.7}$$

である。上の計算で、積は通常の積でよく、和は通常の和が 0 でなければ 1 とする。たとえば、この第 3 項 $g_{13} g_{32}$ は、節点 1 と節点 3 の間に辺があり、かつ、節点 3 と節点 2 の間に辺があるとき、つまり、節点 3 を経由して節点 1 から節点 2 へ至る長さ 2 の径路があるとき、1 となる。第 k 項は k を経由する長さ 2 の径路の有無を表し、和はどれかの項が 1 であれば 1 となるから、結局、g_{12}^2 は、節点 1 から節点 2 へ長さ 2 の径路が存在する場合に 1 となる。

　単純無向グラフ G が n 個の節点からなるとき、隣接行列 G の行列のブール積による k 次のベキ乗 G^k の (i,j) 成分 g_{ij}^k は、i から j に至る長さ k の径路の有無を示す。次の G のベキ乗行列のブール和

$$G_k = G + G^2 + G^3 + \cdots + G^k \tag{9.8}$$

の (i,j) 成分は i, j 間に長さ k 以下の径路が存在するかどうかを示す。節点間の順路あるいは単純閉路は $n-1$ より長くなることはないから、グラフ G が連結であれば、行列 G_k のすべての要素が 1 となる $k \leq n-1$ が存在する。

多重グラフの隣接行列

　多重グラフでは、隣接行列は節点間の辺の数を表すとしたから、式 (9.7), (9.8) において、ベキ乗と和は、通常の行列の積と和とする。たとえば、$G^2 = (g_{ij}^2)$ の第 k 項は、節点 i と節点 k の間の辺の数 g_{ik} と、節点 k と節点 j の間の辺の数 g_{kj} との積、つまり、k を経由して i から j へ至る長さ 2 の径路の数を

表す.したがって,g_{ij}^2 は i から j への長さ 2 の径路の総数を表すことになる.一般に,多重グラフの隣接行列 G の通常の行列の積による n 乗のベキ $G^n = (g_{ij}^n)$ の (i,j) 成分 g_{ij}^n は節点 i から節点 j に至る長さ n の径路の数を表す.G_k も同様の意味となる.単純グラフの隣接行列でも,行列のブール積ではなく通常の行列の和と積とすれば,同様である.

有向グラフの隣接行列

単純有向グラフについても同様に隣接行列の積を定義することができる.隣接行列 G の行列のブール積による k 乗のベキ G^k の (i,j) 成分は,i から j への長さ k の有向径路の有無を示す.言い換えれば,G^k の (i,j) 成分は i,j 間が長さ k の有向径路によって片方向連結であるかどうかを示している.有向グラフの弱隣接行列をベキ乗すると弱連結性に対応した隣接行列となる.

n 個の節点からなる有向グラフ G において,隣接行列 G の式(9.8)と同様のベキ乗の行列のブール和 G_k について,その (i,j) 成分は,i から j へ至る長さ k 以下の有向径路が存在するかどうかを示している.したがって,G_{n-1} の成分を調べることによって,グラフ G が片方向連結であるか強連結であるか分る.有向グラフ G が連結であるためには G が弱連結であればよいから,行列 G を弱隣接行列として G_k のすべての要素が 1 となる $k \leq n-1$ が存在すればよい.

以上の議論を多重有向グラフに拡張することは容易である.たとえば,隣接行列 G のベキ乗 G^k を通常の行列の積によって求めれば,長さ k の有向径路の数を表すことになる.

9.3 離散グラフの特徴

グラフの特徴

無向グラフにおいて,すべての節点が互いに辺で結ばれているとき,それを完全グラフ(complete graph)という.n 個の点からなる完全グラフを記号 K_n で表す.すべての節点の次数が等しいグラフを正則グラフ(regular graph)といい,節点の次数 k をその正則グラフの次数という.完全グラフ K_n は次数 $n-1$ の正則グラフである.

節点の集合が V_1, V_2 の2つに分割され ($V_1 \cap V_2 = \phi$)、すべての辺が V_1 の節点と V_2 の節点の間にのみあるとき、2部グラフ (bipartite graph) という。V_1 と V_2 のすべての節点が互いに辺で結ばれている2部グラフは完全2部グラフである。$|V_1| = m$, $|V_2| = n$ であるような完全2部グラフを $K_{m,n}$ と表す。

任意の2節点間に必ず一つだけ順路が存在する単純グラフを木 (tree) という。木は閉路のない連結グラフである。いくつかの木が集まった非連結グラフを木と区別して、林あるいは森 (forest) ということがある。木は、見方を変えれば2部グラフでもある。ところで、普通、単に木というと有向グラフの根付き木を指すのが普通である。木グラフについては、次の10章で取り上げる。

関係グラフは離散集合の要素を節点とし、関係を有向辺で表した有向グラフである。対称的な関係では、すべての辺は双方向で強結合となっている。ある集合における関係が同値関係ならば、その関係グラフはいくつかの連結部分からなり、各連結部分は各同値類に対応する。すべての節点対が双方向に連結されているグラフを完全有向グラフと呼ぶと、同値関係の関係グラフの連結部分は完全有向グラフで、かつ、すべての節点に反射的関係を表すループを追加したものとなっている。

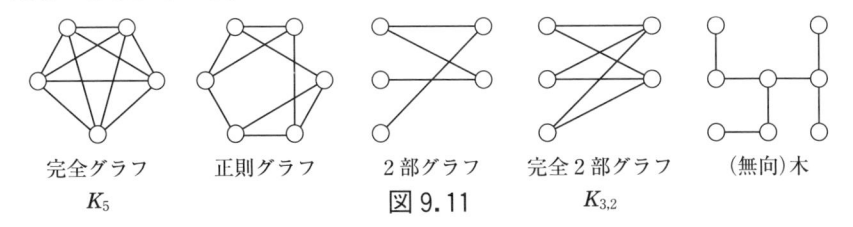

| 完全グラフ K_5 | 正則グラフ | 2部グラフ | 完全2部グラフ $K_{3,2}$ | (無向)木 |

図 9.11

なお、次のことは、単純であるが、重要である。証明は演習とする。任意の有限無向グラフ G において、

(1) G における辺の数の2倍はすべての節点の次数の和に等しい。 (9.9)
(2) n 個の節点からなる G において、G が $n-1$ 本以上の辺をもつとき、かつ、そのときに限り、G は連結である。 (9.10)

補グラフ

任意の無向グラフ $G = (V, E)$ に対して、同じ節点の集合 V からなる完全グラフ $G_K = (V, E_K)$ を構成できる。$E' = E_K - E$ として構成したグラフ $G' = (V$,

E') を、G の補グラフ (complementary graph) という。たとえば、V を n 人の集まりとして、グラフ G を"互いに知っている"という関係を表すグラフとすると、G の補グラフ G' は"互いに知り合いというわけではない"関係を表す。

G の補グラフ G が G 自身に同型であるとき、G を自己補グラフという。

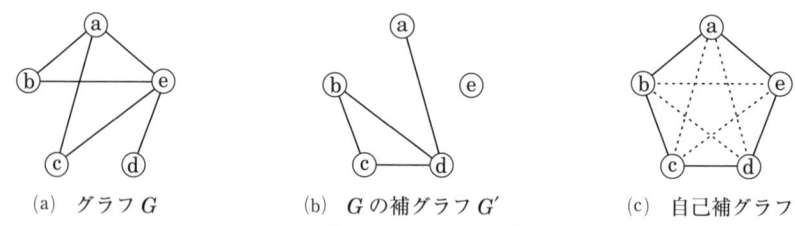

 (a) グラフ G (b) G の補グラフ G' (c) 自己補グラフ

図 9.12 補グラフと自己補グラフ

図 9.12(c) において、実線の辺からなるグラフ A の補グラフ A' は点線の辺からなるが、容易にわかるように、A と A' は同型グラフである。

オイラーグラフ

 有限な多重無向グラフで、すべての辺を 1 回だけ通る小道 (辺は重複しないが、節点は重複してもよい径路) が存在するとき、その小道を周遊可能小道といい、その多重グラフを周遊可能グラフという。一筆書きが可能な図形は周遊可能グラフである。閉じた周遊可能小道をオイラー閉路といい、オイラー閉路を有する多重グラフをオイラーグラフ (Eulerian graph) と呼ぶ。もちろん、オイラー閉路は 1 つとは限らず、一般には多数ある。多重有向グラフでも、有向小道、有向順路によりオイラー閉路、オイラーグラフを同様に定義できる。

 オイラーの名前の付いた定理は多数あるが、オイラー閉路に関するオイラーの定理は、次のようなものである。

 [オイラーの定理]   (9.11)

  有限な多重無向グラフがオイラーグラフであるための必要十分条件は、
  グラフが連結であり、かつ、すべての節点の次数が偶数 (偶節点) である
  ことである。

このオイラーの定理を利用すると、ある与えられた連結グラフがオイラーグラフであるかどうかは、すべての節点について、それが偶節点かどうか調べることによって、判断できる。また、2 個または 0 個の奇節点をもつ有限連結グラ

フは周遊可能である、つまり一筆書きできることが示せる。

多重無向グラフを対象に、オイラーの定理の証明について考えよう。グラフの連結性についてはほとんど自明であるから、要点は、連結グラフに対して、$p=$ "すべての節点が偶節点である" ことが $q=$ "オイラーグラフである" ための必要十分条件となっていることの証明である。必要条件は $q{\to}p=$ "オイラーグラフならば、すべての節点は偶節点である" ということで、十分条件は $p{\to}q=$ "すべての節点が偶節点ならば、オイラーグラフである" である。この場合、必要条件の証明は比較的容易であるが、十分条件の証明はかなりやっかいである。

[オイラーの定理の必要条件の証明]

与えられたグラフ G がオイラーグラフであるとする。G にはオイラー閉路が存在する。あるオイラー閉路に沿って開始節点 S から S に至る辺をたどった径路を L とする。G の任意の2つの節点間には L に沿った径路が存在するから G は連結である。ある節点 A について、L は何回か A を通過するが、L はすべての辺を一度だけ通るから、L において A に入る辺の数と A から出る辺の数は等しい。つまり、A の次数は偶数である。これは開始節点 S でも同様である。ゆえに、G のすべての節点は偶節点である。よって、オイラーグラフならば、連結ですべての節点は偶節点である。■

十分条件の証明をするためには、次の補助定理が必要である。

[補助定理]

すべての節点が偶節点の連結グラフには、任意の節点について、その節点を含む辺の重複のない小道の閉路が少なくとも1つ存在する。

まず、この補助定理を証明しよう。

[補助定理の証明]

すべての節点が偶節点である連結グラフを G とする。G の任意のある節点 A を含む閉路が存在することを証明する。A を1つの端点とする任意の辺 e を選び、他端の節点を B とする。辺 e を除いたグラフを G' とすると、G' に A から B に至る径路 f が存在すれば、e と f とで A を通る G における閉路が構成できる。径路 f が存在することは、G' が連結であること、すなわち、辺 e が G のブリッジになっていないことを意味する。これを背理法で証明する。いま、e が G のブリッジであると仮定する。そのとき、e を除いた G' は A, B を別々に含む2つの連結部分からなる。G におけるすべての節点は偶節点であるから、G' の各連結部分の節点は、A あるいは B の節点だけが奇節点となり、それ以外は偶節点である。しかし、これは式(9.9)と矛盾する(節点の次数の和は偶数でなければならない)。よって、e はブリッジではなく、G' は連結である。したがって、G' には A から B へ

至る径路 f が存在する。この径路 f が重複する辺をもつ場合は f 内に小さいループ状の部分が存在するから、適当にそのようなループを除去することによって辺の重複しない小道の閉路とすることができる。以上より、G には A を含む小道の閉路が存在する。■

この補助定理を使って、オイラーの定理の十分条件を証明しよう。ここでは、オイラー閉路を帰納的に構成するアルゴリズムを示すことによって証明する。

[オイラーの定理の十分条件の証明]

グラフ G が連結でかつすべての節点が偶節点であるとする。すると、補助定理より、G には小道の閉路が存在する。その閉路を L とする。G における閉路 L が G のすべての辺を含んでいれば、L はオイラー閉路である。

L がオイラー閉路でないとき、G から L に属する辺を除去し、さらに、辺の除去によって孤立する節点も除去して、得られたグラフを G' とする。G' は一般にはいくつかの連結グラフからなる。G' の連結グラフのうちの1つ G'_1 を考える。G は連結であったから、G'_1 は L といくつかの節点を共有する。共有していない節点はもともと偶節点である。共有している任意の節点 v について、L における v の次数は L が閉路であるから偶数である。G'_1 における v の次数は、G における v の次数（偶数）から L における v の次数（偶数）を引いたものであるから、v は G'_1 でも偶節点である。したがって、G'_1 におけるすべての節点は偶節点である。G'_1 が L と共有している節点の1つを A とすると、補助定理より A を含む小道の閉路 L_1 が G'_1 に存在する。L と L_1 は A でつながっており、A で交叉させることによって全体として一つの小道の閉路にできる。これを G' のすべての連結部分に対して行うと G での1つの閉路が得られる。これを改めて L とおく。

この閉路 L が G のすべての辺を含んでいれば、L はオイラー閉路である。そうでなければ、上の手順を L がすべての辺を含むまで繰返す。L の辺の数はこの手続きで単調に増加するから、この手順は必ず停止する。停止したとき、L はすべての辺を含む。

よって、あるグラフ G が連結でかつすべての節点が偶節点ならば、オイラー閉路が存在するからオイラーグラフである。■

この証明における再帰的アルゴリズムを簡単な例で示しておこう。

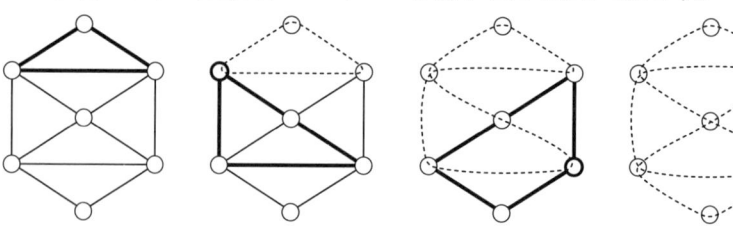

図 9.13 オイラー閉路の再帰的構成

ハミルトン閉路

　無向グラフで、すべての節点を一度だけ通る順路の閉路をハミルトン閉路といい、そのような閉路の存在するグラフをハミルトングラフ（Hamilton graph）という。ある与えられた連結グラフがオイラーグラフであるかどうかは、オイラーの定理を利用した簡単な判定法が存在した。しかし、ハミルトングラフかどうか効率的に判定するアルゴリズムは存在しないと考えられている。可能な閉路をすべて調べる必要がある。セールスマンが n 個の都市を順に一度だけ巡って出発した都市に戻る順路は、n 個の節点からなるグラフのハミルトン閉路である。巡回セールスマン問題（Traveling Salesman Problem，TSP）は与えられたグラフにおけるそのような順路の最短路を求める問題である。

　有向グラフにおいても、オイラー閉路と同様、ハミルトン閉路が定義できる。

＜コラム：平面グラフ＞

　平面に描かれたグラフにおいて、どの辺も互いに交わらないとき、それを平面グラフという。平面グラフに同型なグラフを平面的グラフという。平面的でないグラフは非平面グラフである。たとえば、電子回路を設計するとき、プリント基盤の配線は平面グラフでなければならない。

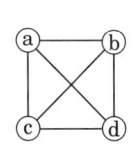

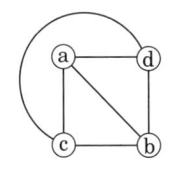

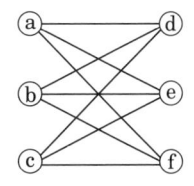

平面的グラフ　　平面グラフ　　非平面グラフ K_5 と $K_{3,3}$

　連結平面グラフは、平面全体を辺で囲まれたいくつかの閉領域（と外側の領域）に分割する。そのような図形を地図（平面地図）という。地図において、頂点の個数 V、辺の数 E、領域の個数 R とすると、それらの間に、次のような関係がある。

　　　　$V - E + R = 2$

これを、平面グラフに関するオイラーの定理という。

　任意の平面地図で、境界を接する（辺を共有する）領域は同じ色にしない、という条件で領域を色で塗り分けるとき、少なくとも4色あれば塗り分けることができる。これは古くから地図の**4色問題**と呼ばれていた問題で、証明の困難な問題の1つであった。1976年に、アッペルとハーケンがコンピュータを用いてこの問題を証明したことで知られている。

第9章 演習問題

[1] 次の(a), (b)の2つのグラフは同型である。同型写像を求めよ。

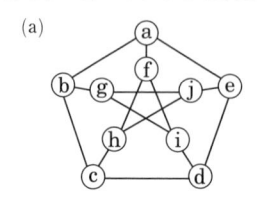

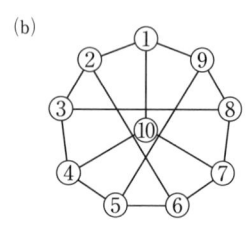

(a)　　　　　　　　　　　　(b)

[2] [1]の無向グラフ(a)について、次の問に答えよ。ただし、関係行列の積、和は、それぞれ行列のブール積、行列のブール和とする。
 (1) 隣接行列 R を求めよ。
 (2) R^2 を求めよ。R^2 は何を表しているか。
 (3) $R_2 = R + R^2$ を求めよ。R_2 からわかることは何か。

[3] 次の無向グラフ $G(V, E)$ の図を描き、連結かどうか答えよ。また、カットポイント、ブリッジがあれば、それを示せ。
 (1) $V = \{A, B, C, D, E\}$, $E = \{(A,B), (A,E), (B,D), (B,E), (C,B), (C,D)\}$
 (2) $V = \{A, B, C, D, E\}$, $E = \{(A,C), (B,D), (B,E), (D,E)\}$
 (3) $V = \{A, B, C, D, E\}$, $E = \{(A,B), (A,C), (A,D), (B,E), (C,D)\}$

[4] [3]の(2), (3)の無向グラフそれぞれについて、次の問に答えよ。ただし、関係行列の積、和は、それぞれ行列のブール積、行列のブール和とする。
 (1) 隣接行列 R を求めよ。
 (2) R^2 を求めよ。R^2 は何を表しているか。
 (3) $R^i, i = 2, 3, 4$ を求めよ。これらの行列に対応する無向グラフをそれぞれ描け。
 (4) $R^0 = I_5$ (V 上の反射的関係)として、R^i の $i = 0 \sim 4$ の和、$R_4 = \sum_{j=0}^{4} R^i$ を求めよ。R_4 からわかることは何か。

[5] 次のグラフについて答えよ。

(A) (a)の無向グラフについて
 (1) A と F の間の距離を求めよ。
 (2) このグラフの直径を求めよ。
 (3) 切断点はどれか、すべて示せ。
 (4) ブリッジはどれか、すべて示せ。

(B) (b)の有向グラフについて
 (1) A から G へ至る有向順路を示せ。
 (2) 強連結の節点対の例を挙げよ。
 (3) 片方向連結だけ、および、弱連結だけの節点対の例を挙げよ。

(a), (b) のグラフ図

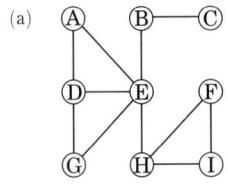

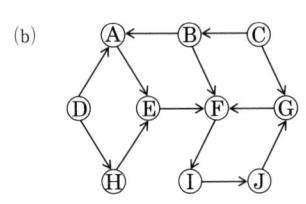

[6] 次の隣接行列 A の表す無向グラフを描け。また、A のベキ A^2, A^3 を通常の行列の積、行列のブール積でそれぞれ計算せよ。

(1) $\begin{pmatrix} 0 & 1 & 1 \\ 1 & 0 & 0 \\ 1 & 0 & 0 \end{pmatrix}$
(2) $\begin{pmatrix} 0 & 0 & 1 & 0 \\ 0 & 0 & 0 & 1 \\ 1 & 0 & 0 & 1 \\ 0 & 1 & 1 & 0 \end{pmatrix}$
(3) $\begin{pmatrix} 0 & 0 & 1 & 0 \\ 0 & 0 & 0 & 1 \\ 1 & 0 & 1 & 0 \\ 0 & 1 & 0 & 0 \end{pmatrix}$

[7] 次の隣接行列 A で示される多重有向グラフを描け。また、通常の行列の積により A^2, A^3 を求めよ。それぞれ何を表すか答えよ。

(1) $\begin{pmatrix} 0 & 0 & 2 \\ 2 & 1 & 1 \\ 0 & 1 & 0 \end{pmatrix}$
(2) $\begin{pmatrix} 1 & 1 & 0 & 0 \\ 1 & 0 & 1 & 2 \\ 1 & 1 & 1 & 1 \\ 0 & 0 & 1 & 1 \end{pmatrix}$
(3) $\begin{pmatrix} 2 & 1 & 0 & 2 \\ 1 & 0 & 2 & 1 \\ 0 & 2 & 1 & 1 \\ 2 & 1 & 1 & 0 \end{pmatrix}$
(4) $\begin{pmatrix} 1 & 0 & 1 & 1 & 0 \\ 0 & 1 & 0 & 0 & 1 \\ 1 & 0 & 0 & 1 & 0 \\ 0 & 0 & 1 & 1 & 0 \\ 0 & 1 & 0 & 0 & 1 \end{pmatrix}$

[8] $V = \{a, b, c, d, e\}$ として、次の隣接行列で表わされた多重有向グラフを図示せよ。また、a から b へ至る長さ 2 以下の有向径路の数を求めよ。長さ 4 の有向径路はいくつあるか。

(1) $\begin{pmatrix} 1 & 0 & 0 & 1 & 1 \\ 0 & 1 & 1 & 0 & 1 \\ 0 & 1 & 0 & 1 & 0 \\ 1 & 0 & 1 & 0 & 1 \\ 0 & 1 & 0 & 1 & 1 \end{pmatrix}$
(2) $\begin{pmatrix} 1 & 0 & 1 & 0 & 1 \\ 0 & 2 & 0 & 2 & 0 \\ 0 & 0 & 0 & 1 & 1 \\ 2 & 1 & 1 & 0 & 0 \\ 0 & 1 & 0 & 1 & 1 \end{pmatrix}$
(3) $\begin{pmatrix} 0 & 1 & 1 & 0 & 1 \\ 1 & 1 & 2 & 0 & 2 \\ 2 & 0 & 2 & 1 & 0 \\ 0 & 1 & 0 & 0 & 1 \\ 1 & 0 & 0 & 2 & 2 \end{pmatrix}$

[9] 無向グラフ $G = (V, E)$ の V における関係 R を次のように定義する。$x, y \in V$ として、
    xRy：節点 x と y の間に径路がある
とすると、R は V における同値関係である。このことを証明せよ。また、R による同値類はどのようなものか、説明せよ。

[10] 次のことを証明せよ。
(1) 無向グラフにおける辺の数の 2 倍はすべての節点の次数の和に等しい。
(2) 有向グラフにおいて、すべての節点の入次数の総和は出次数の総和と等しい。
(3) 無向グラフにおける奇節点の数は偶数個 (0 個も可) である。
(4) n 個の節点からなる連結無向グラフは少なくとも $n-1$ 本の辺をもつ。(辺の数に対して数学的帰納法を適用せよ。)

[11] n 個の節点からなる連結無向グラフ G において、次のことを、n に関する数学的帰納法で証明せよ。

G が木であるのは、G が $n-1$ 本の辺をもつとき、かつ、そのときに限る

[12] 次の完全グラフを描け。

(1) K_3　　(2) K_4　　(3) K_5

[13] 次の完全2部グラフを描け。

(1) $K_{2,2}$　　(2) $K_{3,3}$　　(3) $K_{3,4}$　　(4) $K_{6,3}$

[14] 次の問に答えよ。

(1) 節点が6個、8個からなる3次の正則グラフを、異なったグラフを2個ずつ描け。

(2) 節点が7個の3次の正則グラフを描け。

(3) 節点が6個、7個の4次の正則グラフをそれぞれ描け。

[15] 完全グラフ K_n、および、完全2部グラフ $K_{m,n}$ それぞれについて、その辺の総数を求めよ。

[16] 節点が3個、4個、5個、6個、7個からなる自己補グラフをそれぞれ1つ示せ。存在しないこともあるが、その場合は理由を説明せよ。

[17] 次の問に答えよ。

(1) 6個の節点からなる任意のグラフ G とその補グラフ G' は、いずれか一方が三角関係を有する（辺を直線で描くと節点を頂点とする三角形がある）ことを示せ。（背理法によるのがわかりやすい。）

(2) 6人の人が集まったとき、その中の少なくとも3人は、互いに友人であるか、あるいは友人でないか、どちらかの関係が成立する。このことを示せ。

[18] 2個以下の奇節点をもつ有限連結グラフは周遊可能であることを示せ。

[19] 多重有向グラフにおいて、逆有向弧を含まないオイラー閉路が存在するために多重有向グラフが満たすべき必要十分条件を検討せよ。

[20] 任意の正凸多面体の頂点と辺からなる図形は連結グラフである。正多面体の場合について、ハミルトングラフかどうか調べ、ハミルトングラフであればハミルトン閉路の例を示せ。なお、正多面体は、正四面体、正六面体、正八面体、正十二面体、正二十面体の5種類ある。（グラフを平面に描いて、検討せよ。）

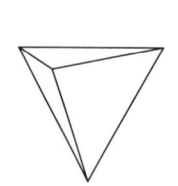

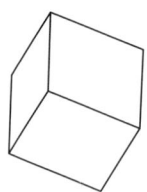

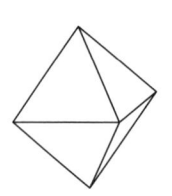

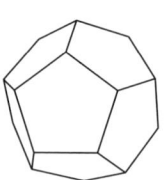

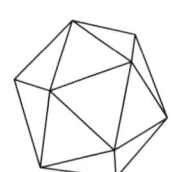

[21]　n-cube はハミルトン閉路を有することを示せ。n-cube は、長さ n のビット列 2^n 個を節点とし、1ビットだけ異なる節点間を辺で結んだグラフである。幾何学的な図形としては n 次元立方体である。

[22]　連結平面グラフ(辺を交叉させずに平面上に描くことのできるグラフ)は、平面全体を辺で囲まれたいくつかの閉領域(と外側の領域)に分割する。そのような図形を地図(平面地図)という。地図において、頂点の個数 V、辺の数 E、領域の個数 R とすると、それらの間に、次のような関係がある。

$$V - E + R = 2$$

これを、平面グラフに関するオイラーの定理という。これを V, E に関する数学的帰納法で示せ。

第 10 章　木グラフ

10.1　木

無向木

　木 (tree) は、前章で、任意の節点間に順路が 1 つだけ必ず存在する単純無向グラフとして定義した。木において、次数が 1 の節点を**端点** (terminal node)、次数が 2 以上の節点を**分岐節点** (branch node) という。「異なる木」は、節点ラベル、辺ラベルを除いて基本的に同じ (同型写像が存在する) グラフは除いて考える。たとえば、節点が 5 個で構成される異なる木は、図 10.1(a)〜(c) である。(d)(e) はともに (b) と同型である。

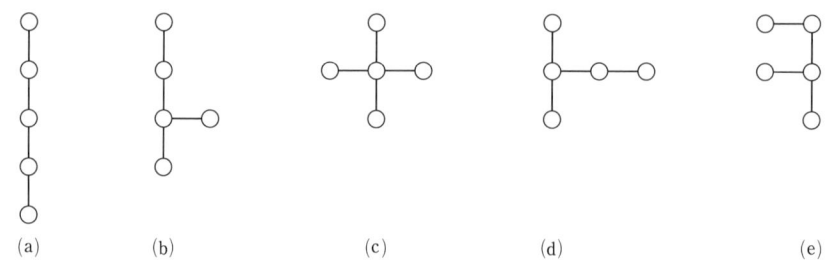

図 10.1　節点数 5 の無向木

　n 個の節点からなる無向グラフ T について、次の (A)〜(D) は同値である。このうち 1 つが成立することが確認できれば、そのグラフは木である。

　　(A)　T では、任意の節点間に順路が必ず 1 つだけ存在する。　　(10.1)
　　(B)　T は、連結でかつ閉路をもたない。
　　(C)　T は、連結で $n-1$ 個の辺をもつ。
　　(D)　T は、$n-1$ 個の辺をもち閉路をもたない。

これらのことからただちに、n 個の節点からなる連結グラフにおいて、辺の数が n 以上ならば閉路が存在することがわかる。

全域木

連結無向グラフ G における連結部分グラフが G のすべての節点を含む木であるとき、その木を G の**全域木**(spanning tree)という。たとえば、図10.2のグラフで、太く描いた部分グラフは全域木である。一般には、1つのグラフの全域木は多数構成できる。

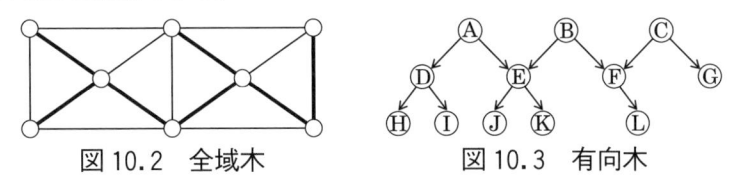

図10.2　全域木

図10.3　有向木

有向木

連結有向グラフで、逆有向辺も許す一般の閉路が存在しないグラフを、**有向木**という。n 個の節点から構成される有向木の辺の数は無向木と同じで、$n-1$ である。有向木において、入次数＝0の節点を**根**(ルート、root)と呼び、出次数＝0の節点を**葉**(leaf)という。葉は端点である。有向木を図に表すとき、図10.3のように有向辺の向きを常に下向きに描くことができる。根節点を上方に、葉節点を下方に描き、分岐節点は、有向辺の向きが下方を向くように置こう。有向辺を常に下向きに描くとき、有向辺の矢印を省略して、無向グラフのように描くことが多い。4個の節点からなる異なるすべての有向木は図10.4に示しただけある。

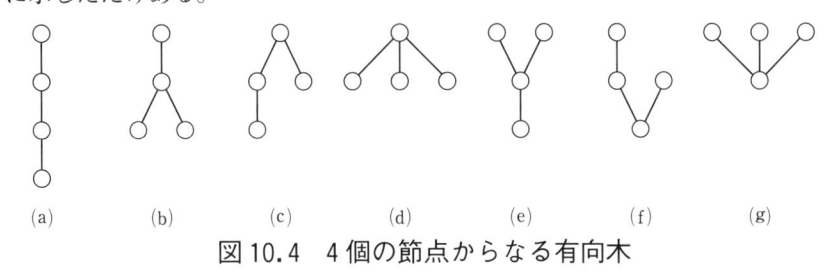

図10.4　4個の節点からなる有向木

根付き木

根節点を1つだけもつ有向木を、**根付き木**(rooted tree)という。図10.4の(a)～(d)は根付き木である。通常、単に**木**(tree)というと、この根付き木を指

す。根付き木は、連結な有向グラフで、1つの入口節点(根)といくつかの出口節点(葉)があり、かつ根からすべての葉へ至る有向順路がそれぞれ1つだけ存在する有向グラフである。根と葉以外の節点は分岐節点と呼ぶ。木の有向辺を枝(branch)という。根付き木を図に描くときは、一般の有向木と同じく、根を最上位に、枝(有向辺)を下方へ向かわせ、葉を各枝の下になるように配置し、かつ、有向辺の矢印を省略して無向グラフとして描く。

―――<コラム：ディレクトリの木と決定木>―――

UNIX コンピュータシステムや多くのパソコン(Windows や MacOS など)のファイルシステム(file system)では、ディレクトリ(directory、フォルダとも呼ばれる)は根付き木を構成している。ディレクトリはファイルの管理簿で、子ディレクトリも一緒に管理している。全体はルートディレクトリ(root directory)を根節点とし、下位ディレクトリあるいはファイルを節点とする木構造となっている。個々のファイルはそれより下位の節点はないから葉節点である。空のデイレクトリ(ファイルをもたないディレクトリ)も葉節点となる。ルートディレクトリ(記号では/と書くが、Windows の日本語版ではバックスラッシュに対応する記号¥となっているのが普通である)からの順路はパス(path)と呼ばれる。パスは、ルート以外の節点のラベル(ディレクトリ名かファイル名)を記号/で区切って並べて表す。たとえば/home/staff/ogura/text/file1 は、ルートディレクトリ/から home, staff, ogura の各ディレクトリを経由して text ディレクトリにあるファイル file1 へ至るパスである。

根付き木の各節点に意思決定のための判断条件(たとえば含意命題の前件部、つまり if-then ルールの条件部)を配置し、条件が成立したら左の枝(後件部、then 部)へ、不成立なら右の枝(else 部)へ進めて、次の条件判断をする、という判断の連鎖により最終的意思決定を行なう方法がある。このような意思決定方法を決定木(decision tree)法という。これはグラフに表わすと2分木になっている。節点に n 択ルールを配置すればその節点からは n 個の枝分かれが生じる。決定木はポイントを押えた個々の判断ルールから簡単に構成できることから、コンピュータ以前からさまざまに使われてきた。生物や化学物質の分類・分析知識から仕事の手引き(マニュアル)に至るまで、多くの経験知識がこのような形で書かれている。診断用に構成した決定木を診断木という。医療診断、故障診断、建築耐震診断、危険度診断、経営診断など、トラブルの原因を追及したり、トラブルの起こりそうなところを予見したり、将来の発展を予測したり、診断はさまざまな行動の前提となる。個々の診断ルールがある基準によって正常か異常か判断する形になっていると、全体の診断木は2分木になる。

10.1 木   173

有向辺の矢印の先を下位とみなすと、根付き木の最上位節点は根で、1つだけである。根からある節点に至る順路の長さを、その節点の**深さ**(depth)という。**高さ**(hight)ということもある。節点 s から出る枝の数(出次数)を s の**分岐次数**という。単に次数ということもある。すべての節点の分岐次数が高々 n ($\geqq 2$)のとき、n **進木**あるいは n **分木**(n-ary tree)という。分岐次数が常に一定であるような木は正則であるという。$n = 2$ の2進木(2分木、binary tree)はさまざまな記述やデータ構造としてよく用いられる。

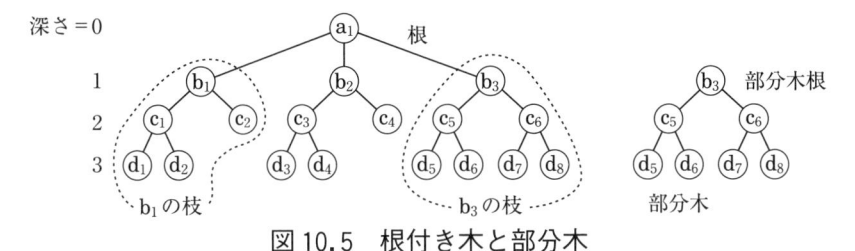

図 10.5　根付き木と部分木

根付き木の順序構造

木(根付き木)の表す順序構造を考えよう。辺でつながれた2つの節点のうち上側の節点(上位節点、有向辺の始節点)を**親節点**(parent node)、下側の節点(下位節点、有向辺の終節点)を**子節点**(child node)という。木では、根節点以外の節点について親節点は1つしかない。共通の親をもつ節点は**兄弟節点**あるいは**姉妹節点**(sibling node)という。

木の任意の連結部分グラフはやはり木で、**部分木**(subtree)という(図10.5)。通常、部分木は、ある分岐節点 b を根(部分木根)として b より下の部分全体からなる部分木を指すのが普通である。節点 b が節点 a の子節点となっているとき、b を根とする部分木を a の枝ということがある。枝ということばは下方への有向辺を指すことが多いが、根付き木の場合はこのような部分木を指すことも多い。木は部分木から構成されており、部分木はやはり木であるから、木は再帰的な構造である。

根付き木の節点の集合 S 上の親子関係を、$x, y \in S$ として次のように書こう。

$$x > y : x は y の親節点である \tag{10.2}$$

親の親、親の親の親、…は祖先である。また、子の子、…は子孫である。関係

>の推移的閉包(5章参照)を>$^+$と書くと、>$^+$は祖先・子孫関係を表す。

$$x >^+ y : x は y の祖先である (y は x の子孫である) \tag{10.3}$$

この祖先・子孫関係に、自分を含めた反射的関係を加えて、親子関係>の反射的かつ推移的閉包>*を考える。これは、自分は自分自身の祖先でありかつ子孫でもある $x >^* x$ ということを含む、拡張された祖先・子孫関係である。この関係>*を単に祖先・子孫関係と呼び、$\geq^t$ と表そう。

$$x \geq^t y : x は y の祖先である (y は x の子孫である) \tag{10.4}$$

この祖先・子孫関係$\geq^t$は順序関係であることが容易にわかる。

根付き木 T において、2つの節点間 a, b に関係 $a \geq^t b$ あるいは $b \geq^t a$ が成立するとき、a, b は比較可能であり、成立しないときは比較不能である。たとえば、図 10.5 では $b_2 \geq^t d_4$ であるが、d_5, d_7 は関係$\geq^t$では比較不能である。2つの節点 a, b が比較不能であるとき、$\{a, b\}$ の上界は a, b の共通の祖先の集合で、上限は a と b が異なる枝に属するような節点である。図 10.5 では、$\{d_5, d_7\}$の上限は b_3 である。

順序木

木の兄弟節点に上下関係を導入し、さらに、上位の兄弟節点の子孫は、下位の兄弟節点の子孫よりも上位になるようにした根付き木を、**順序根付き木**、あるいは簡単に**順序木**(ordered tree)という。単に木ということもある。図による表現では、左に上位の節点を、右に下位の節点を配置する。

たとえば、図 10.5 を順序木とみなすと、b_1, b_2, b_3 は兄弟節点で、この順に上下関係がある。d_1 と d_4 は、祖先・子孫関係$\geq^t$に関して比較不能であるが、しかし、共通の祖先 a_1 の異なる枝に属している。その枝の部分木根 b_1 は b_2 より上位にあるから、b_1 の枝に属する d_1 は、b_2 の枝に属している b_2, c_3, c_4, d_3, d_4 より上位である。順序木に定義されているこのような順序関係を$\geq^o$と書くと、$\geq^o$ は、任意の節点が比較可能であるから、全順序関係であり、すべての節点に番号付けができる。最上位は根節点である。図 10.5 の例でこの全順序を明示すると、上位から順に、$a_1, b_1, c_1, d_1, d_2, c_2, b_2, c_3, d_3, d_4, c_4, b_3$ などとなる。

順序木では左右を区別するから、異なる順序木は根付き木より種類が多い。

4つの節点からなる異なる順序木は、図 10.4 の (a) 〜 (d) の 4 個と、その (c) の木の左右を入替えた木とで、5 個ある。

派生語関係と辞書式順序

8 章で 2 つの語の間の派生語関係を定義した。ある語 u が語 w の接頭辞となっているとき、w を u の派生語と呼んだ。Σ 上の語の集合 L は派生語関係によって順序集合となり、図 8.4 に示したハッセ図は、根付き木である。これを**派生語の木**と呼ぶ。派生語関係は派生語の木における祖先・子孫関係 $\geq_t$ である。一般には、派生語のハッセ図はいくつかの木からなるが、2 つ以上の木になるときは L に最上位の語、空語 ε、を加えておけば、つまり $L \cup \{\varepsilon\}$ を改めて L とすれば、L はいつも根付きの木と考えてよい。

語を並べるときにアルファベット順にしたりするが、それと同様に、Σ の文字記号の間に上下関係を考える。たとえば、$\Sigma = \{a, b, c\}$ で、$a \geq b \geq c$ とする。派生語の木で、左の方の枝にこの順の上位文字列を、右の方に下位文字列を配置する。そうすると、派生語の順序集合 L のハッセ図を順序木とすることができる。L は順序木における順序関係 $\geq_o$ により全順序集合となり、すべての語は一列に並べることができる。このように語(文字列)を並べる方法を、**辞書式順序**という。言語辞書では、アルファベットの順に、すべての語が配置されている。

今、図 10.6 のような順序木 T があるとする。節点についている○内の番号は、T の節点に全順序の番号付けを行ったときの番号である。

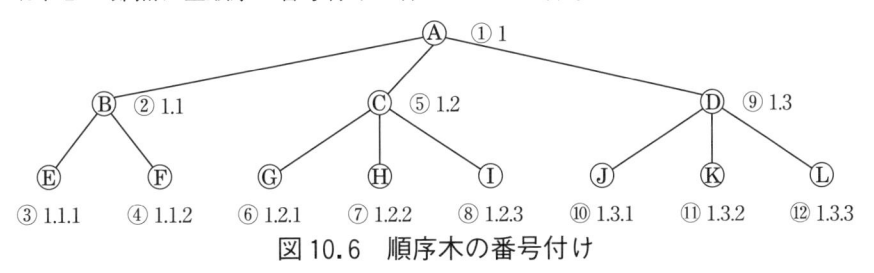

```
                    Ⓐ ① 1
         ┌──────────┼──────────┐
       Ⓑ ② 1.1    Ⓒ ⑤ 1.2    Ⓓ ⑨ 1.3
       ┌─┴─┐    ┌───┼───┐    ┌───┼───┐
      Ⓔ  Ⓕ   Ⓖ  Ⓗ  Ⓘ   Ⓙ  Ⓚ  Ⓛ
③ 1.1.1 ④ 1.1.2 ⑥ 1.2.1 ⑦ 1.2.2 ⑧ 1.2.3 ⑩ 1.3.1 ⑪ 1.3.2 ⑫ 1.3.3
```

図 10.6　順序木の番号付け

この順序木において、節点のラベル付けを次のように帰納的に行ってみよう。なお、このラベル付けで "." を用いたが、これは単なるデリミタ(区切り記号、delimiter)であって、他の記号でも空白でもよい。

[順序木のラベル付け]　　　　　　　　　　　　　　　　　　　　(10.5)
  a. 根節点のラベルは 1
  b. 親節点のラベルが w のとき、
   子節点のラベルを左から $w.1, w.2, \cdots$

こうすると、すべての節点に図 10.6 のようにラベルを付けることができる。ラベル w に対し、ラベル $w.1, w.2, \cdots$ を w の枝番という。このラベルの集合を辞書式順序に並べたときの節点の順序は T の全順序と一致する。辞書式順序では、数字列の順序 $11, 112, 12$ が数値の順序 $11, 12, 112$ と一致していないことに注意する。

順序木の表現

 順序木の要素は順序関係 $\geqq^\circ$ により一列に並べることができるが、一列に並べてしまった状態では順序木のもっている構造を表すことができない。たとえば、図 10.6 の順序木の要素は、A, B, E, F, C, G, H, I, D, J, K, L と並べられるが、この要素列からはもとの順序木は構成できない。順序木のすべての部分木をそれぞれカッコでくくると、木全体は次のようにカッコの入れ子で表すことができる。これから木構造を再構成するのは容易である。

   (A, (B, E, F), (C, G, H, I), (D, J, K, L))　　　　　　　　　　(10.6)

カッコ内の最初の要素は部分木根で、残りの要素はその枝に対応する。各枝はまた部分木である。これは順序木のリストによる表現で、再帰的な表現構造となっている。

リスト

 リスト (list) は 4 章で簡単にふれた。リストは、いくつかの成分をカンマで区切って並べてカッコでくくったものである。一般のリストは、再帰的構造となっていて、リスト自身がリストの成分になり得る。上に説明した式 (10.6) の順序木の表現はリストである。各成分を区切るカンマをデリミタ (delimiter、区切り記号) と呼ぶが、空白などを使うこともある。リストの帰納的定義は式 (4.9) に示した。部分的には 4 章と重複するが、いくつかの用語を説明しよう。リストの成分のもとになるリストの基本要素がアトムで、任意の記号あるいは

記号列 (string) がアトムになりえる。たとえば、"a"、"123" はアトムである。成分を1つも含まない空リストは ( ) と書く。たとえば、a～f をアトムとして、((a, b), c, (d, (e), f)) はリストである。リスト成分としてリストを含まずアトムのみからなるリストを、線形リストという。たとえば、(a, b, c, d, e) は5つのアトムからなる線形リストである。

リストの最初の要素を部分順序木の根に対応させ、残りの要素を枝に対応させると、式(10.6)のリスト表現を図10.6の順序木に表すことができる。ところで、この方法ではリストの要素は1番目と残りとで対等ではない。また、リストの第1要素にリストがあるようなリストは、この方法では順序木として表現できない。この順序木表現を、リストの根枝表現と名づけておこう。

リストのすべてのアトムをそれぞれ葉節点に対応させ、n 個の成分からなるリスト自身を n 個の枝をもつ分岐節点に対応させると、任意のリストは順序木で表すことができる。空リストはラベル nil をもつ葉節点で表す。たとえば、((a, b), c, ((d, e, ( )), f) は図10.7の順序木として表せる (○は対応するリストを表す)。この順序木表現を、リストの分岐節点表現と名づけておく。

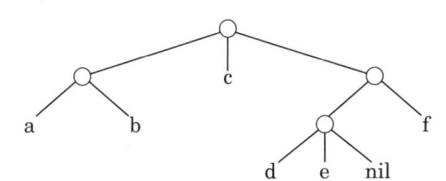

図 10.7 リストの分岐節点表現による順序木表現

10.2 グラフの探索と探索木

離散グラフにおいて、1つの節点を開始節点 (start node) とし、1つ以上の節点を目標節点あるいはゴール (goal node) として、開始節点から目標節点に至る順路を見つけるという問題を考える。このような問題を一般にグラフの探索 (graph searching) 問題という。離散グラフで表される対象では常に考えられることで、人工知能分野では状態空間探索として問題解決や知識処理の基本的な手法として定式化されている。インターネットと呼ばれるコンピュータネットワークは、コンピュータとルータと呼ばれる多数のノード (節点) とそれら

の間を結ぶ通信路(辺)から構成されている世界規模の巨大なネットワークである。そこでは、通信相手のコンピュータとの通信径路探索(ルーティング、routingと呼ばれる)を効率化的に行うための仕組みをネットワークシステムそのものに組み込んでいる。以下では、ごく基本的なグラフ探索方法について簡単に説明する。

― <コラム：2分木リスト構造> ―

リストは、コンピュータで可変な大きさのデータを扱うときに非常によく用いられるデータ構造である。ここで紹介したリストは、各分岐節点は任意の数の分岐をすることができるから、データ構造としては少々やっかいである。コンピュータプログラミング上は、より基本的なデータ構造としてリスト構造(list structure)を使う。このリスト構造を表すときは、デリミタとしてカンマではなく縦棒を使って、次のように再帰的に定義する。

［リスト構造の帰納的定義］
 (a) nil はリスト(空リスト)である。
 (b) x がアトムで A, B がリストならば $(x|A), (A|x), (A|B)$ はリストである。
 (c) 以上の手続きを有限回適用して構成されるものだけがリストである。

この定義ではリストは2分木構造である。デリミタとしてカンマを使うリストは分岐の数を制限しない表現である。カンマを使った任意のリストは、縦棒を使う2分木のリストで表せる。たとえば、次のようにする。

$$(x) = (x|(\ )),\ (x,y) = (x|(y|(\ ))),\ (x,y,z) = (x|(y|(z|(\ ))))$$

しかし、逆はできない場合がある。たとえば、リスト(a|b)はカンマのデリミタでは表せない。通常はリストはカンマだけで表現するが、不都合はない。いくつか例を挙げてみよう。nil は空リストである。(図は、リストの分岐節点表現である。)

(1) (a|b)　　　　　　　　　　(2) (a,b|c) = (a|(b|c))
(3) (a,b,c) = (a|(b|(c(\ ))))　(4) ((a,b),c) = ((a|(b|(\ ))|(c|(\ )))

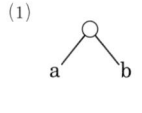

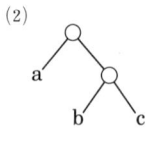

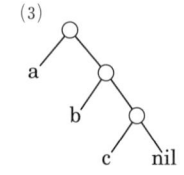

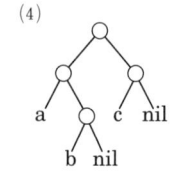

(1) 　　　(2)　　　　　(3)　　　　　　(4)

プログラミング言語 LISP では、セル(cell)と呼ばれる基本構造を多用するが、これは次のセルを指すポインタを2つもっている。セルを節点、ポインタを有向辺とみなすと、これは分岐が2の有向グラフに対応する。一般的なセルからなる構造は親のセルが複数あることを排除しないから、閉路を許す有向グラフを表すことになる。リ

スト構造で、1つの開始セル(start cell)をもち、開始セル以外のすべてのセルについて親のセルを1つに限り、かつ親以外の祖先へのポインタを禁止することで、開始セルを根節点とする2分順序木構造とできる。上で紹介したデリミタの縦棒は、実は、歴史的にはこのセルの2つのポインタのデリミタであった。もちろん、このようなセル構造でなくてもリスト構造を表すデータ構造はいろいろに工夫できる。

上の図で、○は節点を表すが、データ構造上はポインタの格納されるセルである。アトムはすべて葉節点になる。実際のセル構造では、葉節点はアトムのデータが実際に格納されているメモリアドレスへのポインタとなっている。

探索木

無向グラフあるいは有向グラフで、開始節点Sから目標節点Gへの順路(有向順路)を見いだしたい。たとえば迷路では、入口を開始節点、出口を目標節点、通路を無向辺、通路の分岐点を節点にそれぞれ対応させると、迷路全体は無向グラフで表される。入口から出口への径路発見はこのグラフの探索である。

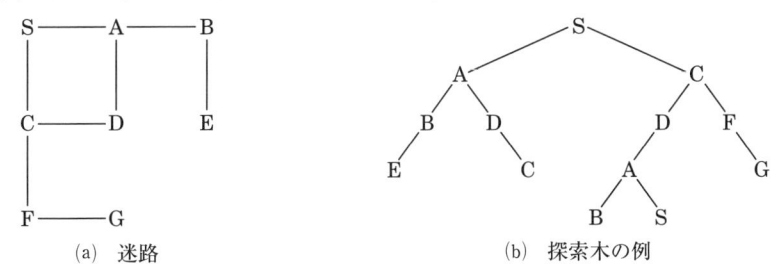

(a) 迷路　　　　　　　　　　(b) 探索木の例

図 10.8　離散グラフの探索

開始節点Sを根節点とし、次にSのすべての隣接節点を調べて根節点の子節点とする木を構成する。ある節点について、その親節点以外のすべての隣接節点を得て木を成長させることを、節点を**展開**するという。展開できない節点は葉節点である。子節点を展開して孫節点を得て、孫節点を展開して…、こうして次々と探索を広げて得られる木のグラフを**探索木**(search tree)という。開始節点から始めてすべての節点が展開された探索木を**完全探索木**という。離散グラフの探索は探索木の構成で、探索方法は探索木を成長させる方法である。探索木を成長させる途中で目標節点が見つかれば、そこで探索は終了である。

探索の過程で、既に探索した節点が繰返しでてくることがある。これは元のグラフに閉路が存在するためである。探索木では同じ節点が現れても区別し、

探索木の節点としては異なった節点として扱うので、グラフに閉路があると探索木は無限に成長し続ける。通常は、同じ節点が見つかったらその節点を葉節点とし、それより先は探索しない。そうすると、有限グラフの完全探索木は有限の大きさとなるが、探索の順序に依存して異なった木になる。

　囲碁や将棋、チェスなどの対戦ゲームでは局面に応じて互いに次の手を打つが、手を打つと局面が変化する。数手先まであれこれの手を読むことは、局面を節点として、打つ手をそれによって変化した局面をつなぐ辺とみれば、有向グラフの探索と同義である。ゲームの探索木をゲーム木 (game tree) と呼ぶ。ゲーム木探索についてもさまざまな手法があるが、ここでは省略する。

横型探索と縦型探索

　探索を進めるとき、探索木の節点を1つずつ調べていくとする。どのような順序で探索を先へ進めるかによって、探索木の形は変わる。探索順序を決める方法を**探索戦略**という。探索戦略にはさまざまな方法が提案されているが、基本となる戦略は、**横型探索**(幅優先探索、width-first-search)と**縦型探索**(深さ優先探索、depth-first-search)である。

　探索において、ある節点 A がゴールかどうか判断し、ゴールでない場合は A を展開しその子節点を得ることを、節点 A の調査と呼ぼう。未調査の節点と調査済みの節点は、一般に探索が進むに従ってその数が大きく変化するので、可変な大きさのデータ構造として線形リストを使おう。未調査節点のリストを **OpenList** とし、調査済み節点のリストを **ClosedList** と名づけ、それぞれ O( )、C( ) と表そう。OpenList の節点は、先頭から1つずつ順に調査する。調査が終わった節点は ClosedList へ移す。探索が進むにしたがって、2つのリストは変化する。探索が終了した時点で開始節点 S から目標節点 G までの径路を容易に得るために、各節点には親節点へのポインタを付けておく。A が B を展開して得られた節点ならば、A[B] と表記しよう。たとえば、ある探索ステップで、2つのリストが次のようであったとすると、

$$O(B[S], D[S], C[A]), \quad C(S[\ ], A[S])$$

このステップでは、OpenList が未調査の B, D, C の3つの節点をこの順に含んでおり、B と D は S を展開して得られ、C は A から得た、ということを表し

ている。また ClosedList は、調査済みの節点として S, A があり、A の親は S であることを示している。S は開始節点なので、親ポインタは空である。

横型探索は、開始節点からはじめて、探索木を 1 段ずつ順に降りていく方法である。各段の節点を順に調べ、目標節点が見つかったら終了する。このためには OpenList の節点は調査によって得られた順に節点を並べておけばよいから、後から得られた節点はリストの後ろに挿入する。このような OpenList の使い方を先入れ先出し方式(First-In-First-Out, FIFO)という。これはデータ構造としては待ち行列(queue)である。探索が循環するのを防ぐため、展開によって同じ節点が得られたら、先に得られた方を優先する。

(a) 横型探索の探索木　　　　　(b) 縦型探索の探索木

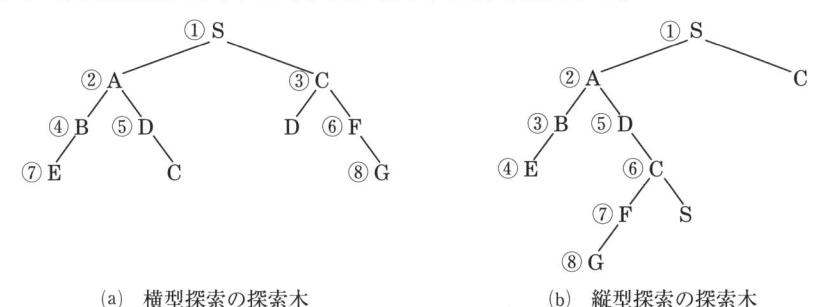

図 10.9　図 10.8 の探索木

縦型探索では、探索木の 1 つの枝を先へ先へ深く進めて、行き止まり節点(ゴールでもなく展開もできない節点)になったら引き返して順に他の枝の探索を進める、という方法である。図 10.9(b)の④E 点のように、行き止まりから引き返すことをバックトラック(backtracking)といい、縦型探索ではこれに対応する手法が必要である。バックトラックして探索すべき枝を OpenList に残しておかなければならないが、そのためには OpenList を後入れ先出し方式(Last-In-First-Out, LIFO)とすればよい。後から得られた節点を OpenList の先頭に挿入する。こうすると、先頭から順に調査していくだけで自然とバックトラック処理が実現できる。このような OpenList は、データ構造としてはスタック(stack)である。展開で同じ節点が得られたら、後から得られた方を優先する。

横型探索は、一段ずつ調べる、という性格から、探索木の比較的浅いところにある目標を探索するときには有効であるが、目標が深いところにあると手間

がかかる。横型探索も縦型探索も**盲目的探索**と呼ばれていて、グラフが巨大になると効率が低下するので、そのための工夫がいろいろ提案されている。後に説明する重み付きグラフの探索では、評価を用いて探索を効率化する。

［横型探索のアルゴリズム］ (10.7)

INITIALIZE：
0. OpenList, ClosedList とも空とする(O( ),C( ))。
1. 開始節点 S を OpenList に入れる(O(S))。

LOOP：
2. OpenList が空ならば、S からゴールに至る径路は存在しない。終了。
3. OpenList の先頭を取りだし、OpenList から除く。それを A とする。
4. A がゴールならば、S からゴールに至る節点の系列を出力して終了。
5. A がゴールでなければ、A を展開し到達可能な節点の集合 P_A を求める。
6. A を ClosedList の最後に入れる。
7. P_A が空ならば 2 へもどる。(A が葉節点のとき)
8. P_A が空でなければ、その節点を適当な順序で OpenList の末尾に追加する。
   8a. このとき、追加した節点には[A]を添字として付けておく(親へのポインタ)。
   8b. P_A に OpenList あるいは ClosedList の節点と同じ節点があれば、それを P_A から除いておく。

LOOP_END：2 に戻る。

［縦型探索のアルゴリズム］ (10.8)

INITIALIZE：
0. OpenList, ClosedList とも空とする(O( ),C( ))。
1. 開始節点 S を OpenList に入れる(O(S))。

LOOP：
2. OpenList が空ならば、S からゴールに至る径路は存在しない。終了。
3. OpenList の先頭を取りだし、OpenList から除く。それを A とする。
4. A がゴールならば、S からゴールに至る節点の系列を出力して終了。
5. A がゴールでなければ、A を展開し到達可能な節点の集合 P_A を求める。
6. A を ClosedList の最後に入れる。
7. P_A が空ならば 2 へもどる。(A が葉節点のとき)
8. P_A が空でなければ、その節点を適当な順序で OpenList の先頭に追加する。
   8a. このとき、追加した節点には[A]を添字として付けておく。
   8b. P_A に ClosedList の節点と同じ節点があれば、それを P_A から除いておく。

8c. また OpenList に P_A の節点と同じ節点があれば、OpenList から除く。
LOOP_END：2に戻る。

[例 10.1]　図 10.8(a) の離散グラフを縦型探索し、OpenList, ClosedList が探索に従ってどう変化するか示せ。この探索で構成される探索木が図 10.9(b) となることを確認せよ。なお、展開して得られた節点が複数あるときは、アルファベット順に並べるものとする。

[解]　Step1：O(S[ ]), C( )
　　　Step2：O(A[S], C[S]), C(S[ ])
　　　Step3：O(B[A], D[A], C[S]), C(S[ ], A[S])
　　　Step4：O(E[B], D[A], C[S]), C(S[ ], A[S], B[A])
　　　Step5：O(D[A], C[S]), C(S[ ], A[S], B[A], E[B])
　　　Step6：O(C[D]), C(S[ ], A[S], B[A], E[B], D[A])
　　　Step7：O(F[C]), C(S[ ], A[S], B[A], E[B], D[A], C[D])
　　　Step8：O(G[F]), C(S[ ], A[S], B[A], E[B], D[A], C[D], F[C])
　　　Step9：G はゴール、ポインタをたどると G←F←C←D←A←S が探索径路。
探索順に探索木を描くと、図 10.9(b) の探索木が得られる。■

順序木の縦型探索

順序木に対して、根から、左の枝から順に縦型探索すると、全順序関係 $\geq^o$ の順に節点を訪問することになる。たとえば、図 10.6 の順序木を縦型探索すると、図 10.10 に示したように、それと同じ順序で節点を訪問していることがわかる。言い換えると、順序木を縦型探索すると、順序木のラベル付けに関して、辞書式順序に並ぶことになる。

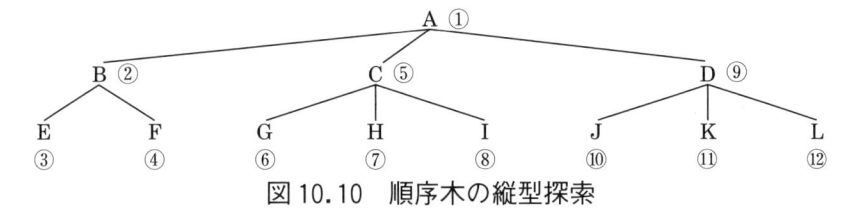

図 10.10　順序木の縦型探索

重み付きグラフの探索

離散グラフの辺のラベルとして、辺の重み (weight) を付けることがある。

たとえば、いくつかの都市を節点、辺を都市間交通機関として、地図を離散グラフに表す。辺の重みをその費用として、いくつかの都市を順次訪問する計画をたてるとき、訪問順の径路を構成する辺の重みの和はその径路全体の費用を表す。このようなグラフを**重み付きグラフ**という。重み付きグラフは有向グラフについても定義できる。ところで、重みは、それによって径路の善し悪しを見ることになるが、それは一般に評価と呼ばれる。評価はその考え方で大きく2つの意味がある。1つは**価値評価**(value)で、値が大きい方が評価が高い。他の1つは**コスト評価**(cost、費用評価)で、値が小さい方が評価が高い。さらに、一般には、評価値には加法性があることを仮定する。つまり、径路の評価は径路を構成する辺の重みの和とするのである。組み合わせで割引率が異なる鉄道の乗り継ぎ運賃ではこのような加法性が成立していない。

連結重み付き離散グラフで、2つの節点間の最適な径路(評価が価値ならば径路に沿う辺の重みの和が最大となる径路、評価がコストならば最小になる径路)を見つける問題を**最適径路探索問題**という。ダイクストラ(Dijkstra)のアルゴリズムは、ある開始節点Sから他のすべての節点までの最短径路を求める方法である。ダイクストラ法のアルゴリズムについて、簡単に説明しよう。

節点の評価(開始節点Sからこの節点までの最適径路の評価値)を問題としているから、探索のための節点の標記に、親節点へのポインタだけでなく、その時までに得られている径路の評価値も一緒に添えておく。たとえば、A[B, 5]は、節点Aは節点Bから得られていて、その径路でのSからAまでの評価は5である、ということを表す。

上で使った2つのリストを用いて行う探索法を、これに適用しよう。評価の良い方から探索を進めるため、OpenListは評価の順に並べておき、先頭の良い評価の節点から調査・展開する。ある節点AがClosedListにあるとき、そのAの評価は、OpenList中の他の節点より良いはずだから、それ以上Aの評価が上がることはない。したがって、ClosedList中の節点の評価は確定していることになる。つまり、S-A間の最適径路が得られている。OpenListに残っている節点についてはその評価値はSからの最適径路に沿うものかどうかはわからない。探索が進むとより評価の高い径路が見つかる可能性があり、見つかると新しい親ポインタと評価値で書き換えられる。目標節点Gまでの径路

探索では、GがOpenListの先頭にきて、それが取り出された時点でGの評価が確定し、そこで探索が終了する。OpenListが空となるまで探索・調査を継続すれば、ClosedListには、すべての節点についてSからの最適径路の評価値が得られている。

[ダイクストラのアルゴリズム] (10.9)
 INITIALIZE：
  0. OpenList, ClosedList とも空とする(O( ), C( ))。
  1. 開始節点 S[ ] を OpenList に入れる(O(S[ ]))。
 LOOP：
  2. OpenList が空ならば、S からゴールに至る径路は存在しない。終了。
  3. OpenList の先頭を取りだし、OpenList から除く。それを A とする。
  4. A がゴールならば、S からゴールに至る節点の系列と評価値を出力して終了。
  5. A がゴールでなければ、A を展開し到達可能な節点の集合 P_A を求める。
  6. A を、親へのポインタと評価を付けたまま ClosedList の最後に入れる。
  7. P_A が空ならば2へもどる。(A が葉節点のとき)
  8. P_A が空でなければ、P_A のすべての節点を評価し、OpenList に追加する。OpenList を評価の良い順に並べ直す。
   8a. 追加した節点には　親ポインタAと評価値を添字として付けておく。
   8b. P_A に OpenList の節点と同じ節点があれば、評価の良い方を残し他方は除く。
   8c. P_A に ClosedList の節点と同じ節点があれば、それを P_A から除いておく。
 LOOP_END：2に戻る。

ここで紹介した探索方法は、一般には**最適探索**(optimal search)と呼ばれる一連の探索法と基本的には同じである(これについては、人工知能の教科書などを参照されたい)。なお、ダイクストラ法では探索すべきグラフはあらかじめわかっているのが普通であるから、OpenList と ClosedList は、いずれも長さの可変なリストである必要はなく、固定的な長さの配列などで表すことも多い。

最小全域木の探索

連結無向グラフが重み付きグラフであるとき、全域木を構成する辺の重みの和を最小とする全域木を、**最小全域木**という。最小全域木 T の探索には極め

て単純な方法、クルスカル(Kruskal)のアルゴリズムがある。これは次のように帰納的に定義される手順である。まず、グラフのすべての辺を重みの小さい方から順に並べておき、そのリストをEとする。グラフの節点の数をnとする。

[クルスカルのアルゴリズム] (10.10)
 1. $T = \{\ \}$
 2. Eの先頭から辺eを取り出す。
  eがTの辺と閉路を作らなければ、eをTに加える。
  eがTの辺と閉路を作るならば、eを捨てる。
 3. 2の手順を、Tの要素の数が$|T|=n-1$となるまで繰り返す。
以上の手続きで得られるTが最小全域木である。

10.3 構文木

関数のリスト表現

n変数関数$f(x_1, \cdots, x_n)$を次のように書くことがある。

$$(f, x_1, \cdots, x_n) \tag{10.11}$$

これは、関数のリスト形式による表現(リストの根枝表現)である。関数の合成はリスト形式で、

$$(f, (g_1, x_1, x_2, \cdots, x_m), \cdots, (g_n, x_1, x_2, \cdots, x_m)) \tag{10.12}$$

と表せる。この例は、fの引数$x_1, \cdots, x_n$にn個のm引数関数$g_1, \cdots, g_n$をそれぞれ代入したm変数関数を表している。プログラミング言語のLISPでは、すべての命令や関数はこのようなリスト形式で表現されている。LISPでは、デリミタはカンマではなく空白である。

数式の表現

6章で数の演算について説明した。ここでは、一連の演算からなる数式について考える。数式はたとえば$1 \times 2 + (3+4) \times 5$のように書く。ところで、和、積などの2項演算は2変数関数である。和を表す関数を$\mathrm{add}(x, y)$とすると、$3+4$は$\mathrm{add}(3,4)$となるが、関数のリスト表現では、$(\mathrm{add}, 3, 4)$となる。addの代わりに+記号を使い、カッコを省略し、デリミタを空白とすると、+ 3 4

という表現が得られる。関数のリスト表現で関数記号をリストの最後に置くと、3 4 ＋となる。

一般に、2項演算記号∗を$x*y$のように2つの項の間において表す方法を演算記号の**中置記法**(infix notation)という。演算記号を前に置いて∗xyの形に表す方法を**前置記法**(prefix notation)という。ポーランドの論理学者ルカシヴィッチ(Lucasiewicz)が提唱した表現法で、それにちなんでポーランド記法(Polish notation)と呼ばれることも多い。演算記号を後置する$xy*$の形の記法は**後置記法**(postfix notation)と呼ばれる。逆ポーランド法ともいう。日本の多くの電卓では連続計算をするとき中置記法で数式を入力するが、ある電卓は後置記法の数式で計算する。コンピュータプログラムを機械語命令に変換するコンパイラでも、数式の表現は後置記法である。

数式の評価とは演算を実行して結果を求めることであるが、演算を実行する順序によって評価結果が異なる。数式におけるカッコの意味は、説明するまでもないが、カッコの中を優先して評価するということである。たとえば、数式$1+(2\times3)$は、2×3を計算してから1に加える、ということを表す。普通はこの数式のカッコは省略して$1+2\times3$と表す。しかし、$(1+2)\times3$ではカッコは必要である。複数の演算記号を用いる中置記法数式では、演算の計算順序をできるだけ少ないカッコで表すため、次のような解釈規則を用いる。これを中置記法の解釈規則と呼ぶのは既に6章でふれた。

[中置記法の解釈規則] (10.13)

(1) 2項演算より1項演算を優先して解釈する。

(2) 2項演算にも優先順位を付ける。
四則演算では、積、商を和、差より優先する。

(3) 同じ順位の演算は、左から演算する。

前置記法と後置記法の数式表現では、演算記号が2項演算ということを利用すると、カッコがなくても演算順序が決定できることが示せる。

一般に、数式は演算記号と演算対象の要素からなるリストと見ることができる。演算順序は明示的にカッコで表す。しかし、中置記法数式では解釈規則によって決められるときはカッコを省略したりする。前置記法や後置記法数式では、2項演算という知識を使うと、カッコがなくても演算順序は決定できる。

[例 10.2] 数式 1×2+(3+4)×5 の前置記法、後置記法による表現をそれぞれ示せ。
[解] 数式にカッコを付けて演算順序を明示すると、$((1×2)+((3+4)×5))$ となる。これを関数の合成としてリスト表現すると、

  $(+,(×,1,2),(×,(+,3,4),5))$

となる。これから、カッコを省略しデリミタを空白とすると前置記法数式が得られる。

  $+ × 1\ 2 × + 3\ 4\ 5$

関数記号を後置するリスト表現からは、後置記法数式が得られる。

  $1\ 2 × 3\ 4 + 5 × +$

いずれも、+と×の演算が 2 項演算であることを利用すると、演算順序がカッコなしで決定できることがわかる。■

ところで、$(a-(-b))×(-c)$ という数式では、記号 − が 2 項演算 (減算) と 1 項演算 (符号替え) の 2 つの意味で使われている。このように、あらかじめ何項演算かわからないときには、前置記法、後置記法でもカッコを用いて項数を明示する必要がある。

  前置記法 $×\ (\ -\ a\ (\ -\ b\ )\ )\ (\ -\ c\ )$
  後置記法 $(\ a\ (\ b\ -\ )\ -\ )\ (\ c\ -\ )\ ×$

カッコを省略した前置記法 $× - a - b - c$ では、$×(-a)(-b(-c))$ という解釈も可能になるので、カッコがないと演算順序が決定できない。

数式の構文木

数式 $1×2+3×(4+5)$ の計算順序は、カッコですべての 2 項演算を明示すると $((1×2)+(3×(4+5)))$ となる。2 項演算を、部分木根に演算記号、2 つの枝に項を対応させた 2 分木で表すと、カッコでくくられた部分はそれぞれ 2 分木の部分木に対応し、数式全体は図 10.11 のようになる。このような順序木で表されたものを**数式の構文木**という。

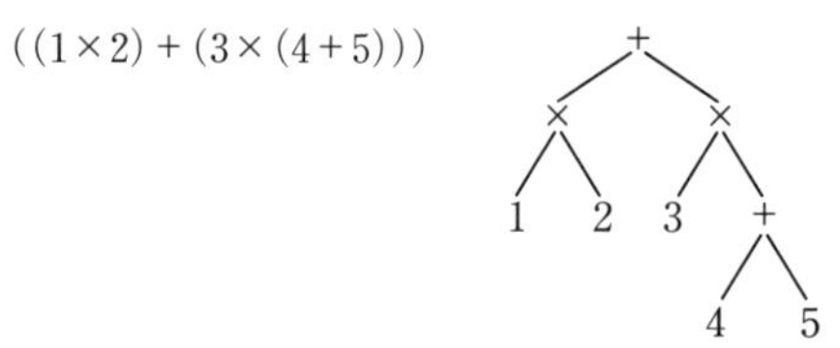

$((1×2)+(3×(4+5)))$

図 10.11 数式の構文木

中置記法数式 1+2×3 は、(1+2)×3 と 1+(2×3) の 2 通りの解釈ができ、それぞれの構文木は異なったものになるが、中置記法の解釈規則を適用すると後者の解釈が選ばれる。

数式の表現法と構文木の探索との関係を少しみてみよう。以下で中と左右ということばを使うが、「中」は演算記号に対応し、「左」と「右」はそれぞれ演算の第 1 項に対応する左の枝の部分木と第 2 項に対応する右の枝の部分木を表す。

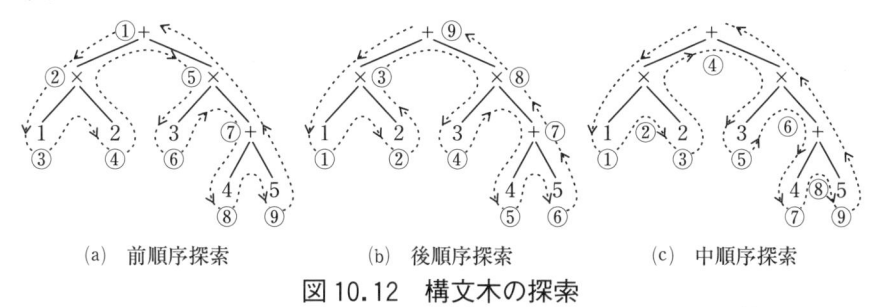

(a) 前順序探索　　　　(b) 後順序探索　　　　(c) 中順序探索

図 10.12　構文木の探索

中－左－右という順ですべての部分木を再帰的に探索するのは**前順序探索**（preorder travasal）というが、これは構文木を順序木と見て節点を縦型探索をしていることと同じである。順に訪問して得られる節点系列は前置記法数式になる。縦型探索で、中の演算記号を行きがけではなく戻りがけに訪問する左－右－中の順は**後順序探索**（postorder travasal）と呼ばれるが、節点系列は後置記法数式を構成する。左－中－右の順に訪問する**中順序探索**（inorder travasal）は中置記法数式を生成するが、得られる数式表現の演算順序を解釈規則だけでは表せなければ、カッコが必要となる。図 10.11 の構文木の探索結果を図 10.12 に示してある。それぞれ、探索順に記号を並べると、次のようになる。

　　前順序探索　　前置記法：＋ × 1 2 × 3 ＋ 4 5
　　後順序探索　　後置記法：1 2 × 3 4 5 ＋ × ＋
　　中順序探索　　中置記法：1 × 2 ＋ 3 × (4 ＋ 5)

なお、図 10.11 の構文木表現は、前置記法数式をリストとみたとき、リストの**根枝表現**による順序木表現となっていることを注意しておく。この意味では、式 (10.11), (10.12) の関数のリスト表現も、根枝表現に対応していると見ることができる。もちろん、構文木をリストの**分岐節点表現**で表すこともある。コ

＜コラム：文の構文木＞

次の英文について少し考えてみよう。

I saw a man on the hill with a telescope.

この英文は句を基本とする構造となっている。on the hill がひとまとまりで a man を修飾していて「丘の上の男」を意味し、a man はそれを含めて saw の対象（目的語）で、with a telescope もひとまとまりになって saw を修飾し「望遠鏡で見た」となる、という構造である。これらの句の構造をカッコで明示的に表すと、次のようになる。

(I (saw ((a man) (on (the hill))) (with (a telescope)))).

これは英文のリスト表現である。これを次のような順序木で表したものを**構文木**という。

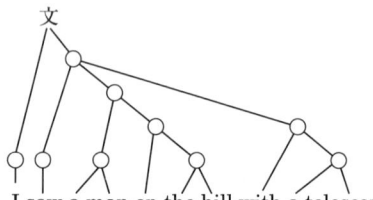

```
                        文
                        /|\
                       ○ ○ ○ ...
        I saw a man on the hill with a telescope.
```

文の表層的な（形式的な）意味は、文の中の語の修飾・被修飾関係などによる句の構造によって決まる。この意味で、構文木は意味構造を表現していることになる。これらの手法は、高校などの英文解釈でしばしば行う構文解析手法において使われる表記方法である。

ところで、この文には他にもいくつかの解釈がある。たとえば、次の構文木

(I (saw ((a man) (on ((the hill) (with (a telescope)))))))).

では、with a telescope は the hill を修飾しており「望遠鏡の設置されている丘」の意味になる。他にもさまざまな解釈があり得るし、それぞれの構文木は異なったものになる。

以上のことは、文を書くことは、構文木で表された語の間の関係を順序木と見なして線形に並べることである、ということを意味する。読む側は、文として表された線形なリストからもとの構文木を推測して、意味を理解するのである。数式の場合には演算記号によって各項が関係付けられていたが、文では修飾・被修飾などの語の間の関係によって各語が関係付けられている。しかし、この関係は、数式の演算記号のようには明確でなく、文の意味や文脈、解釈、あるいは状況、ときには背景文化に強く依存するので、人によって受け取る意味が異なることがしばしばおこる。

ラムでふれたが、通常の文の構文木を表現する場合は、名詞句や副詞句、名詞節といった句構造に対応するリストが分岐節点に対応することになる。

第10章　演習問題

[1] n 個の節点からなる無向グラフ T について、次のことが同値であることを示せ。
(証明は、(1)：(A)ならば(B)、(2)：(B)ならば(C)、(3)：(C)ならば(D)、(4)：(D)ならば(A)、を順次示すことで行うのがわかりやすい。これから、(A)～(D)の4つの表現が、ともに木(無向木)の定義であると見なしてよいことがわかる。)
  (A) T では、任意の節点間に順路が必ず1つだけ存在する。
  (B) T は、連結でかつ閉路をもたない。
  (C) T は、連結で $n-1$ 個の辺をもつ。
  (D) T は、$n-1$ 個の辺をもち閉路をもたない。

[2] n 個の節点からなる連結グラフにおいて、辺の数が n 以上ならば閉路が存在することを証明せよ。

[3] 次の無向木について、異なる(同型でない)木をすべて描け。
  (1) 節点が5個以下で構成される木
  (2) 6個の節点で構成される木
  (3) 7個の節点で構成される木

[4] 節点が5個以下で構成される異なる根付き木をすべて描け。また、6個、7個の節点で構成される異なる根付き木はそれぞれいくつあるか。

[5] 節点が5個以下で構成される異なる順序木をすべて描け。

[6] 8人のテニスプレーヤ A～H がトーナメントで試合をした結果、図のようになった。このトーナメントのグラフは2分木である。勝者を上位、敗者を下位にする関係を R とする。$X=\{A, B, \cdots, H\}$ として、次の問に答えよ。
  (1) X における関係 R を、関係グラフ、および関係行列に表せ。
  (2) 関係 R の反射的かつ推移的閉包 R^* は順序関係である。R^* をハッセ図に表せ。
  (3) 得られたハッセ図について、その特徴を説明せよ。

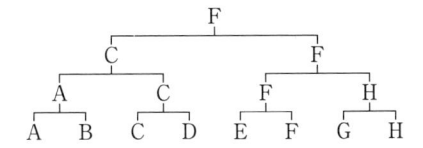

```
            F
        ┌───┴───┐
        C       F
      ┌─┴─┐   ┌─┴─┐
      A   C   F   H
     ┌┴┐ ┌┴┐ ┌┴┐ ┌┴┐
     A B C D E F G H
```

[7] 一般に、トーナメントの参加者の集合 X において、勝者を上位、敗者を下位にする関係 R の反射的かつ推移的閉包 R^* は順序関係となる。
 (1) R^* が順序関係であることを証明せよ。
 (2) R^* をハッセ図に描くと、根付き木となることを示せ。

[8] 次の無向グラフにおける可能な全域木をすべて示せ。

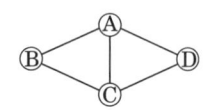

[9] [例 10.1] で示した縦型探索の例にならって、図 10.8(a) の離散グラフを横型探索し、OpenList, ClosedList が探索に従ってどう変化するか示せ。展開して得られた節点が複数あるときは、アルファベット順に並べるものとする。

[10] 次の重み付きグラフについて、S から G への最適径路を、ダイクストラのアルゴリズムで探索し、最適径路を示せ。OpenList, ClosedList が探索に従ってどう変化するかを示せ。展開して得られた節点で評価の同じものが複数あるときは、アルファベット順に優先するものとする。

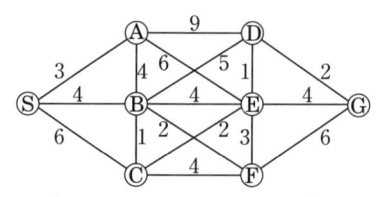

[11] [10] の重み付きグラフを、クルスカルのアルゴリズムで探索し、最小全域木を求めよ。複数ある場合は、すべて示せ。

[12] 次のリストを分岐節点表現の順序木で表し、図に描け。
 (1) ( )   (2) (a)   (3) (a, b)   (4) ((a), b)
 (5) (a, (b))   (6) ((a), (b))   (7) ((a, b))   (8) (a, b, c)
 (9) (a, (b, c))   (10) (( ), (a, b, c)) (11) ((a, b, c)) (12) (a, (b, ( ), c))
 (13) ((a), ( ), ((b, c)))
 (14) ((a, b, (( ))), (c, (d, e)), (f, g))   (15) ((a, b), (c, d, e), (f, g))

[13] 次のリストを分岐節点表現の順序木で表し、図に描け。
 ((The, (young, man)), ((saw), ((a, (little, girl))), ((coming, slowly), (towards, him)))))

[14] 中置記法数式 $2+3\times4+5$ を考える。この数式の可能な解釈で異なる計算結果を与えるものをすべて示せ。演算の順序はカッコ ( ) を用いて明示せよ。もし、中置記法の解釈規則を仮定するとこの数式の解釈は 1 通りに決まる。その解釈はどれか。

[15] 中置記法数式 $((x)+(((x+(x))) \times (x)))+(((x \times (x))+(((x) \times x))))$ は無用なカッコをいくつか含んでいる。中置記法の解釈規則を仮定する場合、そのような規則を仮定しない場合、それぞれの場合について無用なカッコを除いた数式を示せ。ただし、$+, \times$ の演算はともに交換律や結合律の成立を仮定しないこととする。

[16] 次の中置記法で表された数式の構文木を示し、それを利用してそれぞれ前置記法、後置記法の数式記法で表せ。

(1) $1+2\times(3-4)$ (2) $(1+2)\times(3-4)$ (3) $(1+2\times3)\div(4-5)$

(4) $1\times2-(3-4)\times(5+6)$ (5) $(23\times841+21)\times(72+246\times13+973)$

[17] 次の数式の構文木を示し、それを利用して、中置記法、前置記法、後置記法を求めよ。演算記号は、和 $+$、差 $-$、積 $\times$、商 $/$、ベキ $\hat{}$ を用いる。すべて2項演算である。中置記法では通常の解釈規則を適用し、適切にカッコを用いること。

(1) $\dfrac{a(b+c)}{x(y^2-z^2)}$ (2) $\dfrac{2}{\dfrac{1}{a}+\dfrac{1}{b}}$ (3) $\dfrac{5(a-b)^3(a+c)}{\dfrac{b(x+y)^2}{c(x-y)}}$

[18] [例 4.10] では、簡単な場合に正しい中置記法数式の形成規則を示した。それを参考に、加法 $+$ と乗法 $\times$ からなる「前置記法の数式」および「後置記法の数式」の形成規則を示せ。ただし、変数はすべて x で表せ。

[19] 通常の中置記法数式では、数式を見やすくするため、中置記法の解釈規則を適用し、できるだけ無用なカッコを付けない。[例 4.10] で示した形成規則では、たとえば、$(x+x)+((x\times(x))$ などと、省略可能なカッコが現れる。無用なカッコの現れない中置記法数式の形成規則を検討せよ。ただし、絵残は加法 $+$ と乗法 $\times$ のみとし、項はすべて x で表す。

[20] 1項演算と2項演算、および変数あるいは定数から構成された、前置記法で表された数式 F がある。F の文字列において、各文字(数値は何桁であっても1文字とみなす)が、1項演算記号ならば $+0$、2項演算ならば $+1$、変数あるいは定数ならば -1 を対応させる。この数列を左から順に加えると、途中までの和は0以上、すべての和は -1 となる。たとえば、$\times+ab+cd$ では、数列は、$+1, +1, -1, -1, +1, -1, -1$ であり、この数列の和は、順に、$1, 2, 1, 0, 1, 0, -1$ となる。数式が前置記法として正しくないときはこのようにはならない。この理由を説明せよ。

[21] 次の8パズルを探索問題として考えると、どのような探索木が得られるか、探索木の構成法について説明せよ。また、図の2つの初期配置について、目標配置に至る解の手順をそれぞれ1つ示せ。なお、8パズルとは、3×3のマスに1〜8の数字を書いた8枚のタイルを置き、タイルのない空白マスに上下左右に隣接するマスからタイルを移動できるようにしたもので、初期配置から1枚づつタイルを移動させながら目標配置へ変換するパ

ズルである。

初期配置 1

6	4	3
2		5
1	8	7

初期配置 2

6	4	5
2		3
1	8	7

目標配置

1	2	3
8		4
7	6	5

[22] 「狼と山羊とキャベツと男」のパズルを探索問題として探索木を構成せよ。このパズルは次のようなものである。川の左岸から右岸へ、男が、他に1つしか乗せられないボートで、狼、山羊、キャベツを安全に運ぶにはどうしたらよいか。ただし、男が一緒にいないと狼は山羊を食べてしまうし、山羊はキャベツを食べてしまう。

　状態を W(狼)、G(山羊)、C(キャベツ)、M(男)の組で表す。川は−の記号で表し、たとえば、GCM-W は、左岸に山羊・キャベツ・男が、右岸に狼がいることを示す。状態を節点として、移動する様子を探索木として表す。条件を満たしている状態のみ考えればよい。

[23]　次のようなニセがねパズルで、1台の天秤を使って、できるだけ少ない天秤使用回数でニセがねを発見する方法を検討し、発見する手順を探索木として表せ。

(1)　9枚の500円コインがある。そのうち1つはニセがねで重さが少し軽い。

(2)　12枚の500円コインに重さの異なる贋金が1枚混じっており、その重さは軽いか重いか不明である。

参考図書

　日本においても離散数学入門という名前の付いた教科書が多数目につくようになった。本書は、その中でもさらに入門的な項目と対象を中心に、できる限り本書だけで理解できるように心掛けたつもりである。しかし、どうしても記述が不十分になってしまう部分は避けられなかった。また、1つの分野の内容を具体的に例示しようとすると、多くの場合、他の分野の知識を利用することになるが、この依存関係はかなり錯綜したネットワークになっていて、単純に順を追って記述するという形にはなかなかならない。どのように構成するかで記述方法や内容も重点も異なってきてしまう。その意味で、類書といえども他の教科書を参照することは理解の助けになることが多い。ここでは、本書に関連した分野の教科書を中心に、他の類書を順不同に紹介する。また、これらの図書は、本書をまとめる上で参考にさせて頂いたものでもあるので、ここでこれらの著者に謝意を表わしておきたい。

[1] 野崎昭弘『離散系の数学』コンピュータサイエンス大学講座10、近代科学社(1980)
[2] 小野寛晰『情報代数』情報数学講座2、共立出版(1994)
[3] 柴田正憲・浅田由良『情報科学のための離散数学』コロナ社(1995)
[4] 秋山仁・R.L. Graham『離散数学入門』朝倉書店(1993)
[5] R. Johnsonbaugh "Discrete Mathematics(4-th ed.)"、Prentice Hall(1997)
[6] C.L. リュー、成島弘・秋山仁訳『コンピュータサイエンスのための離散数学入門』マグロウヒル(1986)
[7] S. リプシュッツ、成嶋弘監訳『離散数学』マグロウヒル大学演習シリーズ、マグロウヒル社(1983)
[8] Jhon Truss "Discrete Mathematics for Computer Scientists(2nd ed.)", Addison-Wesley(1999)
[9] J. マトゥシェク、J. ネシェトリル『離散数学への招待 上、下』シュプリンガー・フェアラーク東京(2002)
[10] R.L. グレアム・D.E. クヌース・O.P. パタシュニク『コンピュータの数学』共立出版(1993)
[11] 大山達雄『離散数学』サイエンスハウス(2002)

[12]　有澤誠『パターンの発見－離散数学－』朝倉書店(2001)
[13]　守屋悦朗『コンピュータサイエンスのための離散数学』サイエンス社(1992)
[14]　徳山豪『工学基礎 離散数学とその応用』新・工学系の数学 TKM-A2 数理工学社 (2003)
[15]　B.グロス・J.ハリス、鈴木治郎訳『数のマジック』ピアソン・エデュケーション (2005)
[16]　水上勉『チャレンジ！　整数の問題199』日本評論社(2005)
[17]　小倉久和・高濱徹行『情報の論理数学入門』近代科学社(1991)
[18]　小倉久和『形式言語と有限オートマトン入門』コロナ社(1996)
[19]　小倉久和『情報の基礎離散数学』近代科学社(1999)
[20]　小倉久和・小高知宏『人工知能システムの構成』近代科学社(2001)

　　[1]～[14]は本書と同様の離散数学の入門教科書であるが、さまざまなレベルであるし、内容も多様である。これらの中で、[1], [12]は、入門用教科書としては少々厳しいかもしれないが、内容は離散数学の中から厳選してあり、記述が著者特有の軽妙な語り口で、読み物としても非常に面白い。[9]は、離散数学入門とは謳っているが、本書の想定する読者には少々骨かもしれない。しかし、さまざまな話題が選ばれており、ざっと目を通すだけでも賢くなったような気がする。この[9]の教科書もそうであるが、外国で発行された教科書[5], [6], [8], [10]は大部である。他のものは日本の大学の授業で使われている入門的教科書である。これも本書の想定対象学生を考えると少しレベルの高い課題が多い気もするが、内容的には本書の取上げていない話題もたくさんあるので、余裕があれば、勧めておきたい。本書の第6章は、代数系への入門と近年注目を浴びている現代暗号理論への導きとして設定したが、[15], [16]はその参考にしたものである。非常にわかりやすく書かれている。整数論や暗号理論については、多数の入門書が出版されているので、それらを参照されたい。[17]－[20]は拙著の関連する教科書である。本書は[19]を下案にして簡潔化を試みたもので、記述も重複する部分が多い。これらも参考にして頂けたら幸いである。

演習問題略解

第1章　演習問題

[1]　(4)　離散数学の試験に合格しなかったし、授業に遅刻しなかった。(5)　授業に遅刻した。(6)　離散数学の試験に合格したので、授業に遅刻した。または、授業に遅刻しなかった。(10)　授業に遅刻したので、離散数学の試験に合格しなかった。他は省略。

[2]　(1)　$p \wedge q \to r$　(2) $\sim p \wedge \sim q \wedge r$　(4)　$p \wedge q \wedge \sim r$　(5)　$\sim q \wedge \sim (p \to r)$　他は省略。

[3]　(1)　$p=$佐藤さんがコンピュータを購入する、$q=$佐藤さんが10万円かせぐ、として、$p \to q$　(3)　$p(x,y)=x$先生がy科目の講義をする、$q(x)=x$は眠る、qのドメインを学生の集合として、$\forall x\ p$(千葉、解析学)$\to q(x)$　(5)　$p(x)=x$を理解できる、$q(x)=x$は論旨が通る、xのドメインを論文の集合として、$\forall x\ p(x) \to q(x)$ あるいは $\forall x \sim q(x) \to \sim p(x)$　他は省略。

[4]　(1)　$p \to q$　(2)　$p \wedge \sim q$　(3)　$\sim p \vee q$　(4)　$\sim p \to \sim q$　(5)　$q \to p$　(6)　$(p \to q) \wedge (q \to p)$

[5]
(1)　この命題は、$p \wedge \sim q$ であるから、$p=\mathsf{T}, q=\mathsf{F}$ のとき真となる。[4]のうちこのとき真となるのは、(2),(4),(5)の3つ。(2)　この命題は、$p \to q$ であるから、[4]のうち同じ真理値を与えるものは、(1),(3)の2つ。

[6]
(1)　$\sim(p \to q) = p \wedge \sim q$ であるから、"風が吹いても桶屋がもうからない"　(4)　$\sim(\sim p \to \sim q) = \sim p \wedge q$ であるから、"風が吹かないのに、桶屋がもうかる"　(6)　同値(必要十分条件)の否定だから排他的選言になる："風が吹いて桶屋がもうからないか、風が吹かなくて桶屋がもうかるか、どっちかである"

[7]　省略。

[8]　nor演算の真理値表はor演算の真理値表で、TとFを入れ替えたもの。nand演算については、and演算の真理値表で同様にしたもの。

[9]　意味内容が同じであれば、表現は任意性がある。以下は表現例。(1)　すべての人がすべての人を愛する。(2)　ある人が愛する人がいる。(3)　すべての人を愛する人がいる。(4)　すべての人にはそれぞれ愛する人がいる。(5)　すべての人に愛される人がいる。(6)　すべての人は誰かに愛されている。否定については、たとえば、(1)　$\sim(\forall x \forall y\ love(x,y)) = \exists x \exists y \sim love(x,y)$ だから、ある人には愛せない人がいる、などとなる。他は省

略。

[10] (1) 逆：$\sim q \to p$，裏：$\sim p \to q$，対偶：$q \to \sim p$　他は省略。

[11] (1) 逆：$x=0$ または $y=0$ ならば $xy=0$ である。裏：$xy \neq 0$ ならば $x \neq 0$ かつ $y \neq 0$ である。対偶：$x \neq 0$ かつ $y \neq 0$ ならば $xy \neq 0$ である。 (4) 順命題は、「1〜12の数字を円状に並べる」ならば「隣り合う3つの数字の和に20以上のものがある」、ということだから、要は、前件は1〜12の数字、後件は20を越える、である。したがって、逆：連続する12個の数字を円状にならべたとき、隣り合う3つの数字の和に20以上になるものがある、ならば、それは1〜12の数字である。裏：連続する12個の数字が1〜12の数字でなければ、それを円状にならべたとき隣り合う3つの数字の和に20以上になるものはない。対偶：連続する12個の数字を円状にならべたとき、隣り合う3つの数字の和に20以上になるものがなければ、それは1〜12の数字ではない。 (5) これは含意が複合している。$p(x,y)=$"x が y を所有する"，$q(x,y)=$"y は x のもの"，とすると、全体は、$(\forall y\, p(私, y) \to q(私, y)) \to (\forall y\, p(君, y) \to q(私, y))$ である。前件の y と後件の y は、同じ変数記号であるが、変域は別ドメインである。ここでは、簡単に、次のようにしておこう。逆：君の所有するものは私のものだから、私の所有するものも私のものだ。裏：私の所有するものは私のもの、というわけではないから、君の所有するものも私のもの、というわけでもない。対偶：君の所有するものは私のもの、というわけでもないから、私の所有するものも私のもの、というわけでもない。　他は省略。

[12] (1) 順、逆、裏、対偶ともすべて真。 (2) 順と対偶は真、逆と裏は偽（反例を挙げよ）。 (3),(4) 順と対偶は真（背理法によるのが簡明）、逆と裏は偽（反例を挙げよ） (5) は、主体の考え方に依存するから、真偽の証明は不可能。

[13] $p=$"$x=0$ かつ $y=0$"，$q=$"$x^2+y^2=0$" として、必要性 $(p \to q)$：$x=0$ かつ $y=0$ ならば、$x^2+y^2=0$ となるから、必要性は成立する。十分性 $(q \to p)$：対偶 $(\sim p \to \sim q)$）を証明する。任意の実数について、$x^2 \geq 0, y^2 \geq 0$ だから辺々加えて $x^2+y^2 \geq 0$。ところで、$x \neq 0$ ならば $x^2>0, y^2 \geq 0$ だから $x^2+y^2>0$、あるいは、$y \neq 0$ ならば $x^2 \geq 0, y^2>0$ だから $x^2+y^2>0$。よって、$x \neq 0$ あるいは $y \neq 0$ ならば $x^2+y^2 \neq 0$、となり、対偶が成立するから、十分性も成立する。■

[14] 背理法による。$x^2=2$ が有理数の解をもつと仮定する。その有理数は、共通な約数をもたない整数 p, q によって、q/p、ただし $p \neq 0$、と表現できる。$x=q/p$ を代入すると、$q^2/p^2=2$ となり、両辺に p^2 を掛け算して、$q^2=2p^2$。この関係が成立するためには、q は2を約数にもつ必要がある。したがって、$q=2q'$ と表せる。これを代入すると、$2q'^2=p^2$ が得られるから、p は2を約数にもつ必要がある。p,q には共通の約数がないとしているにかかわらず共通の約数2が現れたから、これは矛盾である。よって、背理法の仮定は成立しない。つまり、$x^2=2$ は有理数の解をもたない。■

第2章　演習問題

[1] 省略。

[2] (1) $A = B = \{2,3,5\}$　(2) $A = \{1,2,3\} \neq B = \{1,2,3,\phi\}$　(3) $A = B$　(4) $A \neq B = \{1,2,4,8\}$

[3] (1) $A =$ "方程式 $x^2+2x-5=0$ を満たす実数の集合" $= \{-1-\sqrt{6}, -1+\sqrt{6}\}$（以下、ことばによる説明は省略）　(2) $B = \{-3,-2,-1,0,1\}$　(3) C の要素を陽に表すのは結構大変なので、ことばによる説明だけでよい。もし、m, n を自然数として、$x = m^2 - n^2$, $y = 2mn, z = m^2 + n^2$ と表せることを知っていれば、$C = \{z \mid m, n \in N, m > n, z = m^2 + n^2\}$ と書くことができる。　(4) $D = \{\ \}$（これはフェルマーの大定理で、これを満たす自然数は存在しない。）

[4] （ドメインは明示せずに表す。）$T = \{z \mid \forall x\ SkiClub(x) \wedge Address(x, \text{F 市}) \wedge Friend(z, x) \wedge Address(z, \text{F 市})\}$

[5] (1) $\{2,3,5,7,11,13,17,19\}$　(2) $\{2,3,5,7\}$　(3) $\{1,6,8\}$　(4) $\{\{\ \}, \{1\}, \{6\}, \{8\}, \{1,6\}, \{1,8\}, \{6,8\}, \{1,6,8\}\}$

[6] (1) $\{6,7,8,9\}$　(2) $\{1,2,3,4\}$　(3) $\{1,2\}$　(4) $\{6,7\}$　(5) $\{1,3,5,7,9\}$　(6) $\{1,2,3,5\}$　(7) $\{1\}$　(8) $\{2,4,6,8\}$

[7] 理由は省略。(1) $A \supset B$（B の要素は 6 の倍数であることを示す）　(2) $A = B$（直接には、式 (6.17) を利用する。）　(3) $A = B$（n の下 2 桁を $10a + b$ として、n^2 の 10 の位が奇数になるときの a の条件を考える。）

[8] 省略。（所属表の構成方法から考えよ。）

[9] 省略。（たとえば、2 つの無理数を 10 進位取り記法の無限小数で表し、それを用いて間の無理数を構成する、などの方法も可能。）

[10] 省略。

[11] 問題中の説明は、"すべての H 学科の学生は男性であるか、あるいは、すべての男性は H 学科の学生である"という意味に解釈されるが、論理的にはこのような意味にはならない。"すべて"は全体に掛かる。これは（とくに含意では）、このような日常的な意味解釈と、論理的な意味解釈（文字どおりの解釈）との間にずれがあることの 1 つの例である。

　ドメイン D の部分集合を、$P = \{x \mid p(x)\}$, $Q = \{x \mid q(x)\}$ とする。$a \in D$ に対し、$(p(a) \rightarrow q(a)) \vee (q(a) \rightarrow p(a))$ は、$a \in P \cap Q$ のとき問題中の言明を与えており、論理的な意味とこの言明の意味は一致している。しかし、$a \notin P$ のときは、$p(a) \rightarrow q(a)$ の前件が成立していないから後件によらずこの含意は真であり、対応する言明としては "H 学科の学生でなければ男性でも女性でもよい" という意味である。同様に、$a \notin Q$ のときは、$q(a) \rightarrow p(a)$ の前件が成立していないから、対応する言明としては "男性でなければ H 学科の学生でもそうでなくてもよい" という意味である、したがって、$a \notin P \cap Q$ のときはこのいずれ

かの主張となる。よって、任意の $x \in D$ について、いずれかの言明が真であるから、論理式は常に真である。

[12] 式(2,9)より、$(a \in P) \to (a \in P)$ が成立するから、$P \subset P$。$(a \in \phi) \to (a \in P)$ は、任意の $a \in F$ について前件が偽なので成立するから、$\phi \subset P$。

[13] ドメインを D、$A = \{x | p(x)\}$、$B = \{x | q(x)\}$、$C = \{x | r(x)\}$ などとして、和、積、補の演算の定義、式(2.29)–(2.31)、を利用して、集合演算を論理式の演算で表し証明する。たとえば、分配律(2.41)は次のように証明できる。$A \cup (B \cap C) = \{x | p(x)\} \cup (\{x | q(x)\} \cap \{x | r(x)\}) = \{x | p(x)\} \cup (\{x | q(x) \wedge r(x)\}) = \{x | p(x) \vee (q(x) \wedge r(x))\} = \{x | (p(x) \vee q(x)) \wedge (p(x) \vee r(x))\} = \{x | p(x) \vee q(x)\} \cap \{x | p(x) \vee r(x)\} = (\{x | p(x)\} \cup \{x | q(x)\}) \cap (\{x | p(x)\} \cup \{x | r(x)\}) = (A \cup B) \cap (A \cup C)$ ∎ 他は省略。

[14] (1) $A = \{x | p(x)\}$、$B = \{x | q(x)\}$ として、$a \in A$ ならば $p(a) = T$、また、$p(a) = T$ ならば $p(a) \vee q(a) = T$、よって、$a \in A \cup B$。ゆえに、$A \subset A \cup B$。∎ (3) $B \cup (A - B) = B \cup (A \cap \overline{B}) = (B \cup A) \cap (B \cup \overline{B}) = (B \cup A) \cap U = B \cup A$ ∎ 他は省略。

[15] 省略。((2)は、式(2.53)を利用するのがわかりやすい。)

[16] (1) 十分性 ($A = A \cap B$ ならば $A \subset B$ の証明):任意の a について、$a \in A$ ならば条件より $a \in A \cap B$、よって $a \in B$ でなければならない。ゆえに、$A \subset B$。必要性 ($A \subset B$ ならば $A = A \cap B$ の証明):条件より任意の $a \in A$ について $a \in B$ である。したがって、$a \in A \cap B$、ゆえに $A \subset A \cap B$、[14](2)より $A \supset (A \cap B)$、よって、$A = A \cap B$。($A \subset B$ が論理式 $p(x) \to q(x)$ に対応することを利用して、論理式によって証明してもよい。) ∎ 他は省略。

[17] (1)(2) 省略。(3)は成立しない。例は省略。

[18] (1)(a) $\{1, 2, 6, 7\}$、他は省略。(2)(a) 左辺、右辺をそれぞれ展開して簡単にすると、ともに $(A \cup B \cup C) \cap (A \cup \overline{B} \cup \overline{C}) \cap (\overline{A} \cup B \cup \overline{C}) \cap (\overline{A} \cup \overline{B} \cup C)$ となる。∎ (b) A, B, C を定義する述語をそれぞれ p, q, r とすると(引数は省略)、$A \triangledown B$ は $(p \vee q) \wedge (\sim p \vee \sim q)$ に、$A \triangledown C$ は $(p \vee r) \wedge (\sim p \vee \sim r)$ に、対応する。これらの論理式の真理値表を作成すると(これは省略)、$A \triangledown B = A \triangledown C$ となる p, q, r の真理値の組(4通りある)については、すべて、$q = r$ となっている。∎ (c)省略。(両辺を対応する論理式で表し、真理値表を比較せよ。)

[19] 15通り。

[20] ベン図を描いて確認すればよい。なお、(4)は(1)から導くことができる。(5)は(3)、(4)から導ける。(数学的に厳密に証明するのは省略する。)

[21] (1) 7 (2) 27 (3) 48

[22] 問題文からベン図の各部分集合の要素数を決めると、図のようになる。

	P	0	0	12	9
男		R	8	10	7
			13	0	0
女			8	9	3 Q	6

(1) 8 人
(2) 15 人
(3) 15 人

[23] 1回目の試験の合格者は 40 人、両方合格したのは 30 人。

[24] たとえば、A が自分のプレゼントを受け取らない事象と、B が自分のプレゼントを受け取らない事象は独立ではない(両方が受け取らない事象が重複している)から、問題の考え方は誤り。A が自分のプレゼントを受け取る事象を A、受け取らない事象を $\overline{A}$、同様に B〜E についても定義すると、求める事象は $\overline{A \cup B \cup C \cup D \cup E} = \overline{A} \cap \overline{B} \cap \overline{C} \cap \overline{D} \cap \overline{E}$ である。[20](5) を 5 個の集合に拡張したものより、$|\overline{A} \cap \overline{B} \cap \overline{C} \cap \overline{D} \cap \overline{E}| = 5! - ({}_5C_1 4! - {}_5C_2 3! + {}_5C_3 2! - {}_5C_4 1! + {}_5C_5 0!) = 120 - 76 = 44$、よって、確率は $44/120 \fallingdotseq 0.37$。■

第 3 章 演習問題

[1] (1) $\{\{\ \}, \{0\}, \{1\}, \{0,1\}\}$ (3) $\{(0,a), (0,b), (0,c), (1,a), (1,b), (1,c)\}$ 他は省略。

[2] 省略。

[3] (1) $(a,b) \in A \times (B \cap C)$ とすると、$a \in A, b \in B \cap C$ だから、$b \in B$ かつ $b \in C$、よって、$(a,b) \in A \times B$ かつ $(a,b) \in A \times C$、ゆえに、$A \times (B \cap C) \subset (A \times B) \cap (A \times C)$。逆に、$(a,b) \in (A \times B) \cap (A \times C)$ とすると、$(a,b) \in A \times B$ かつ $(a,b) \in A \times C$ だから、$a \in A, b \in B \cap C$、よって、$A \times (B \cap C) \supset (A \times B) \cap (A \times C)$。以上より、$A \times (B \cap C) = (A \times B) \cap (A \times C)$。■ 他は省略。

[4] (1) 1 対 1 (2) 多対 1 (3) (狭義の)1 対 1 (4) 多対多

[5] (1) 1 対 1 (2) 多対多 (3) 1 対 1 (4) 多対 1

[6] (3)のみ写像、P の像 = $\{1,3\}$、Q の原像 = $\{\ \}$、R の原像 = $\{3,4\}$

[7] 省略。 ((4) $\log^{-1} x = e^x$ に留意すること。)

[8] (1) 写像 (2) 部分写像 (3) 単射 (4) 全射 (5) 全単射

[9] $f \cdot g(x) = 2(-x+2)^2 + 3(-x+2) + 2 = 2x^2 - 11x + 16$, $g \cdot f = -(2x^2 + 3x + 2) + 2 = -2x^2 - 3x$

[10] (1) 全単射 (2) 写像 (3) 写像 (4) 対応 (5) 部分写像

[11] (1) 全射 (2) 写像 (3) 対応 (4) 対応 (5) 全単射

[12] (1) $g \cdot f = \{(1,s), (2,q), (3,s)\}$, $h \cdot g = \{(a,0), (b,2), (c,0)\}$ (2) $h \cdot (g \cdot f) = \{(1,0), (2.0), (3,0)\}$ (3) $(h \cdot g) \cdot f = \{(1,0), (2,0), (3,0)\} = h \cdot (g \cdot f)$

[13] $f \cdot f(n) = (n+1) + 1 = n+2$, $g \cdot g(n) = 2(2n) = 4n$, $h \cdot f \cdot g(n) = 1$,

$h \cdot g \cdot f(n) = 0$

[14] 同じ B の要素に対応する 2 つの異なった A の要素が存在する。証明：鳩の巣原理で、A を鳩に、B を巣に対応させると、$n = |A| > k = |B|$ であるから、少なくとも 1 つの B の要素には 2 つ以上の A の要素が対応する。■

[15] 定義からほとんど自明である。たとえば次の様な説明でよい。$|A| = n$ として、A から A への写像 f が単射ならば、n 個の要素 $x \in A$ はそれぞれ異なった要素 $y \in A$ へ対応するから、f は狭義の 1 対 1 対応である。また、f が全射ならば、この対応はどちらにももれのない対応であるから、狭義の 1 対 1 対応である。よって、f が単射あるいは全射ならば、f は全単射である。■

[16] 鳩の巣原理は、次のように、より一般に表現できる。

n 羽の鳩が k 個の巣に入るとき、$i = \lceil n/k \rceil$ 羽以上入る巣がある。

$\lceil x \rceil$ の記号は、実数 x が整数でないとき x を切り上げて (x より大きい直近の) 整数とする記号である。

(1) 鳩をアメに、巣を子どもに対応させると、$\lceil 100/9 \rceil = 12$ であるから、12 個以上もらう子どもがいる。■ (2) 1 つの並べ方で、隣り合う 3 つ組の数は 12 組ある。12 組の数値の和は 1〜12 の和の 3 倍で 234 である。$n = 234$, $k = 12$ とすると、1 組の 3 つ組には、$\lceil 234/12 \rceil = 20$ 以上となるものがある。■ (3) 和が 11 になる組み合わせは 5 通りある。$k = 5, n = 6$ とすると、どれかの組み合わせには 2 つのカードが入る。■

[17] 省略。

[18] (1) $g \cdot f = \begin{pmatrix} a & b & c & d \\ P & R & S & P \end{pmatrix}$ (2) $f \cdot g = \begin{pmatrix} 1 & 2 & 3 & 4 & 5 \\ 4 & 5 & 3 & 3 & 1 \end{pmatrix}$ $g \cdot f = \begin{pmatrix} 1 & 2 & 3 & 4 & 5 \\ 1 & 4 & 2 & 1 & 3 \end{pmatrix}$

(3) は省略。(いずれも、ある i 以上で循環する。)

[19] (1) $a \in A$ に B の部分集合が対応、$8^4 = 4096$ (2) A の各要素が B の要素 1 つ以下に対応するから、$4^4 - 1 = 255$ (3) 1 対 1 対応が 1 組 (4×3 通り)、2 組 (($4 \times 3) \times 3$ 通り)、3 組 ($4 \times 3 \times 2$ 通り) のいずれかだから、計 72 通り。

[20] (1) $4^4 - 1 = 255$ (空対応を除く) (2) $3^4 = 81$ (3) $4 \cdot 3 \cdot 2 = 24$ (4) 36 (5) $3! = 6$

[21] (1) 2^{nm} (2) n^m (3) $n!$ (4) $n!/(n-m)!$ (5) $\sum_{i=0}^{n-1} (-1)^i {}_nC_i (n-i)^m$, (これは、$B$ の要素 x を含まない写像の集合を Fx とすると、$\overline{Fx}$ は x を必ず含む写像の集合だから全射の数は $|\bigcap_{x \in B} \overline{Fx}|$ となる。これに包除原理 (式 (2.35) および 2 章の演習 [20](5) 参照) を適用すると、容易に得られる。)

第 4 章 演習問題

[1] (1) $f : N \to N'$, $f(n) = n - 1$ (3) $f(n) = n/2$ (if n が偶数), $-(n-1)/2$ (if n が

奇数）他は省略。((4),(5),(6)は、[例4.2]を参考に、対応を考えよ。

[2] (1) A_1 から順に番号付けできるから、可算集合である。 (2) a_{ij} を A_i の j 番目の要素とする。$i+j=k$ となる要素の集合を B_k とすると B_k は有限である。$\cup_k B_k = \cup_i A_i$ であり、(1)より $\cup_k B_k$ は可算集合であるから、$\cup_i A_i$ は可算集合である。■

[3] n 次の整数係数の多項式方程式は係数の数を $n+1$ 個含むから、その集合は Z^{n+1} と対等であり可算集合である。n 次方程式は高々 n 個の解しかもたないから、n 次の整数係数多項式方程式の解の集合は可算である。よって、任意の次数の整数係数多項式方程式の解である代数的数の集合は可算集合である。■

[4] 省略。ヒント；まず、N と対等な F の部分集合の存在を示せ。次に、カントールの対角線論法を適用する。つまり、F が N と対等であるとして $F = \{f_i | i \in N\}$ とし、$i \to f_i$ となる全単射 $\sigma(i)$ の存在を仮定する。以下、[例4.3]と同様に証明する。

[5] 省略。ヒント：N と $[0,1]$ の対応については、カントールの対角線論法を適用する。$[0,1]$ の実数を10進位取り記法無限小数表現で表して、$i \to r_i \in [0,1]$ の全単射 $\sigma(i)$ を仮定する。無限小数表現では、たとえば、有限桁数の小数 0.123 は、$0.1229999\cdots$ という無限小数表現とする。これで実数の無限小数表現を一意的に行うことができる。

[6] 省略。

[7] (1) (a) $n=1$ のとき、$a_1 > \sqrt{2}$
 (b) $n=k$ のとき、$a_k > \sqrt{2}$ が成立すると仮定する。
 $n=k+1$ のとき、一般に、$x>0, y>0$ に対し $(x+y)/2 \geq \sqrt{xy}$（等号は $x=y$ のとき）であるから、$a_{k+1} = (a_k + 2/a_k)/2 \geq \sqrt{a_k \cdot (2/a_k)} = \sqrt{2}$。等号は $a_k = 2/a_k$ の時であるが、帰納法の仮定より $a_k > \sqrt{2}$ であるから等号は成立しない。よって、$a_{k+1} > \sqrt{2}$。
 (c) よって、任意の n について、$a_n > \sqrt{2}$ が成立する。
(2) $a_n - a_{n+1} = (a_n^2 - 2)/2a_n > 0$、よって、$a_n$ は単調減少数列である。
(3) $b_{n+1} = b_n^2/(2a_n)$ だから $0 < b_{n+1}/b_n = b_n/2a_n = (1/2)(1 - \sqrt{2}/a_n) < 1/2$、したがって b_{n+1} は $n \to \infty$ の極限で 0 に収束する。よって、a_n は $\sqrt{2}$ に収束する。■

[8] 省略。

[9] 誤り。$n=2$ のときに、帰納的段階の推論が成立しない。

[10] (1) 3で割ると1余る自然数の集合 (2) 2のベキからなる集合、$\{2^n | n \geq 0 \text{ の整数}\}$

[11] (1) $F(n) = 2^n - 1$ (2) $F(n) = n!$ (3) $G(n,m) = 2n+m$

[12] $F(n) = (2 \cdot 4^{n-1} + 8 \cdot (-1)^{n-1})/5$, $G(n) = (-3 \cdot 4^{n-1} + 8 \cdot (-1)^{n-1})/5$

[13] 省略。

[14] 省略。この数列は、[例4.9]のフィボナッチ数列となる。

[15] 省略。ヒント：$C(0)=1, C(1)=2, C(2)=4$ で、漸化式は $C(n+3) = C(n+2) +$

$C(n+1)+C(n), n \geqq 0$ となる。

[16]　GCD(7539, 22976) = 359,　GCD(77616, 267540) = 588

[17]　(1)　省略。(2)　$n=$ 奇数のとき A から C へ、偶数のとき A から B へ。$n=1, 2$ を初期段階として、帰納的段階では、$n+2$ のとき n と同じになることを示せばよい。

第 5 章　演習問題

[1]　(3)　$\overline{R} = A \times A - R = \{(a,a), (b,a), (b,c), (c,b), (c,c)\}$　(4)　$R \cdot S = \{(a,a), (a,b), (a,c), (b,b), (b,c), (c,a), (c,c)\}$ これは、次のような図に表すと分りやすい。他は省略。

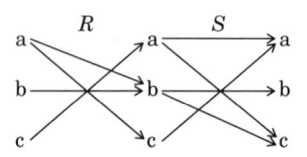

```
       R         S
   a ──→ a ──→ a
     ╲  ╱  ╲  ╱
      ╲╱    ╲╱
   b ──→ b ──→ b
      ╱╲    ╱╲
     ╱  ╲  ╱  ╲
   c ──→ c ──→ c
```

[2]　省略。

[3]　(1)　関係行列の対角成分がすべて 1、関係グラフではすべての節点にループがある。他は省略。

[4]　ほとんど自明であるが、たとえば次のような説明で良い。任意の要素を $a, b, c \in A$ とする。十分条件：a, b, c がこの順に推移的なとき、$(a,b), (b,c), (a,c) \in R$ である。このとき、間に b の入った間接的関係 $(a,c) \in R^2$ であるから、よって、$R^2 \subset R$。必要条件：$(a,b), (b,c) \in R$ とすると、間に b の入った間接的関係 $(a,c) \in R^2$ である。$R^2 \subset R$ ならば、$(a,c) \in R$ であるから、したがって、R は推移的である。■

[5][6]　省略。

[7]　(1)　反射的、対称的、推移的　同値関係である。(2)　反射的、対称的　推移的閉包は同値関係になる。(3)　反射的　推移的閉包はすべての参加者の間に対称的あるいは反対称的関係を有する関係。(4)　反射的、対称的　推移的閉包は同値関係になる。(5)　反対称的　反射的かつ推移的閉包は順序集合になる。(6)　反射的、反対称的　推移的閉包は同値関係になる。

[8]　(1)　反射律、反対称律、推移的　(2)　反対称律、推移律　(3)　反射律、対称律、推移律　(4)　対称律

[9]　(1)　反射的、反対称的、推移的　(2)　反射的、推移的　(3)　反射的、反対称的、推移的　(4)　反射的、反対称的、推移的

[10]　省略。

[11]　すべて推移的ではない。推移的閉包の図は省略。なお、$a \to b, b \to a$ があるとき、推移的ならば $a \to a, b \to b$ のループが必要であることに注意。

[12] 関係が対称的であることは、$aRb \to bRa$ が成立することであるが、前件が成立する場合は、推移律から aRa が成立する。しかし、前件が成立しない場合、つまり、他と関係をもたない孤立した要素については、この反射性は成立してもしなくてもよい。■

[13] 省略。[12]の略解参照。

[14] (1) R が反射的であればよい。任意の $a \in A$ に対し $b \in A$ が存在し、$(a,b) \in R$ とすると、R は対称的だから、$(b,a) \in R$ である。よって、推移性より、任意の a に対し、$(a,a) \in R$ であるから、反射的である。■ (2) R が対称的であればよい。条件を満たすとき、$(a,b) \in R$ ならば $(b,a) \in R$ が成立するから、R は対称的である。■ (3) 十分条件：R が同値関係であれば、条件を満たすことは容易に分るから省略する。必要条件：a,b,c が条件を満たすとき、a,b,c が推移的になっていることは容易に分る。さらに、条件の対称性から $(c,b) \in R$ である。反射的であるから $(a,b), (a,a) \in R$ となって、条件より $(b,a) \in R$ である。同様に $(c,a) \in R$ である。ゆえに、任意の要素間に関係があれば、対称的である。■

[15] 省略。

[16] (1) 同値関係、$U/R = \{\{0,2,4\}, \{1,3,5\}\}$、他は省略。(2)と(3) 同値関係ではない。(4) 同値関係、$U/R = \{\{0,3\}, \{1,4\}, \{2,5\}\}$、他は省略。(5) (4)と同じ同値関係（$R$ の関係行列を構成すると、(4)と同じになる）。(6) 関係行列を構成すると(1)と同じ。

[17] (1) R は反射的だから、任意の $a \in A$ について $(a,a) \in R$ となるから、$a \in [a]$。■ (2) 十分性：$[a] = [b]$ ならば、$a,b \in [a]$ だから $(a,b) \in R$。必要性：$(a,b) \in R$ のとき、$c \in [a]$ とすると、$(c,a) \in R$。R の同値関係性より、$(c,a) \in R$ かつ $(a,b) \in R$ だから $(c,b) \in R$、よって、$c \in [b]$ ゆえに、$[a] \subset [b]$。同様にして、$[b] \subset [a]$ が示せるから、$[a] = [b]$。■ (3) 対偶命題："$[a]$ と $[b]$ が互いに素でなければ、$[a] = [b]$ である"を証明する。$[a]$ と $[b]$ の共通の要素を c とすると、$(a,c) \in R, (b,c) \in R$ である。R の同値関係性より、$(a,c) \in R$ かつ $(c,b) \in R$ となるから $(a,b) \in R$ である。よって、(2)より $[a] = [b]$ である。■

[18] 15通り。

[19][20] 省略。

[21] (1) 省略。(2) $[0,1] \times [0,1]$ の平面で、周期的境界条件を付けた平面。形式的には、上下左右を同一視したドーナツ状（トーラス状）の曲面。

第6章 演習問題

[1] ほとんど自明である。たとえば、次のような説明でよい。$p = qn + r = q'n + r', 0 \leq r, r' < n$ となったとする。$r - r' = -(q-q')n$ となるので、$r-r'$ は 0 かあるいは n を約数として含む。しかるに、$-n < r-r' < n$ であるから $r-r' = 0$ となり、$n \neq 0$ であるから $q-$

$q'=0$ である。よって、$q=q', r=r'$ であり、商と剰余は一意的である。■

[2] すべて合成数。素因数分解は省略。

[3][4][5] 省略。

[6] (1) $x=7$ (2) $x=6$ (3) $x=28$ (4) $(x,y)=(0,4),(1,5),(2,6),(3,0),(4,1),(5,2),(6,3)$ (5) $(x,y)=(0,2),(1,1),(2,0),(3,4),(4,3)$

[7] (1) m,n にユークリッドの互除法を適用すれば、具体的な x,y の例が得られる。ここでは、ガウスの方法と呼ばれる方法で証明する。数学的帰納法でも証明は容易である。

$GCD(m,n)=d$ とする。$mx+ny$ の形で表される整数の集合を S とし、S の中で正の整数の最小のものを D とする。D はある整数 a,b によって $D=ma+nb$ と表わされる。この関係より、D は m,n の公約数をすべて約数とするから、$D \geq d$ である。ところで、m を D で割った剰余 r は、商を q とすると、$r=m-qD=m-q(ma+nb)=m(1-qa)-nqb$、$0 \leq r < D$ であるから、r は S に属する 0 または正の整数である。D は S における正の最小の整数であったから、$r=0$ である。したがって、D は m の約数である。同様の議論によって D は n の約数でもあるから、D は m,n の公約数である。したがって、$D \leq d$。以上より、$D=d$ である。■ (2)(3) 省略。

(4) (2)より分るように、互いに素な a,b に対して $ax+by=n$ は整数解 (x,y) をもつ。まず、$(a-1)(b-1)$ 以上の自然数は、非負整数 (x,y) によって $ax+by$ の形で表現できることを示す。$n \geq ab-a-b+1$ の整数として、$ax+by=n$ の 1 つの整数解を (x_0,y_0) とすると、任意の解は、$x=x_0+bs, y=y_0-as$ と表現できる。$0 \leq y \leq a-1$ となる解が必ず存在するから、その時の s を s_0 とすると、$0 \leq b(y_0-as_0) \leq a-1$ となる。そのとき、$a(x_0+bs_0)+b(y_0-as_0)=n$ であるから、$x_0+bs_0 \geq 0$ となっていればよい。$a(x_0+bs_0)=n-b(y_0-as_0) \geq ab-a-b+1-b(y_0-as_0) \geq ab-a-b+1-b(a-1)=-a+1$ となるから、$x_0+bs_0 \geq -1+1/a > -1$。$x_0+bs_0$ は整数だから $x_0+bs_0 \geq 0$。よって、$(a-1)(b-1)$ 以上の自然数は非負整数 x,y によって $ax+by$ の形に表せる。次に、$(a-1)(b-1)-1=ab-a-b$ は表現できないことを示す。背理法による。$ab-a-b=ax+by$ と仮定する。$ab=a(x+1)+b(y+1)$。a,b は互いに素だから、$(x+1)$ は b で割り切れ、$(y+1)$ は a で割り切れる。したがって、$x+1 \geq b, y+1 \geq a$。したがって $ab \geq 2ab$、これは $ab>0$ であるからあり得ない。よって、$ab-a-b=ax+by$ を満たす非負整数 x,y は存在しない。■

[8][9] 省略。

[10] (1) 1 (2) 7 (3) 4 (4) 6 (5) 34 (6) 1 (7) 32

[11] 証明は省略。(1) 2 (2) 5 (3) 53

[12] (1) (a)1 (b)2 (c)1 (d)2 (2) (a)2 (b)4 (c)4 (d)3 (3) (a)1 (b)3 (c)3 (d)2 (4) (a)2 (b)9 (c)2 (d)4

[13] いろいろな証明があるが、ここでは p についての数学的帰納法による。

(a) $p=1$ のとき、自明である。

(b) $p=k$ のとき、$k^M = k \pmod{M}$ と仮定する。
$p=k+1$ のとき、左辺 $= (k+1)^M \pmod{M} = 1 + k^M + \sum_{i=1}^{M-1} {}_M C_i k^i \pmod{M}$
第3項において、${}_M C_i$ は M で割り切れるから、帰納法の仮定より、
$= 1 + k^M \pmod{M} = 1 + k \pmod{M} =$ 右辺。よって成立する。

(c) 以上より、任意の自然数 p に対し、$p^M = p \pmod{M}$ が成立する。■

[14] 省略。

[15] (1) CRYPTOGRAPHY (2) This is secret (3) 省略

第7章 演習問題

[1] 代数系：(1), (2), (3), (5), (6), (7), (9), (10), (11)。(12)は $(R - \{0\} ; /)$ であれば代数系となる。他は省略。

[2] (1) $*: e_1 = $ b, d $\bigcirc: e_1 = e_2 = $ b $\triangle: e_2 = $ b, c

(2) ○に関する逆元

x	a	b	c	d
x'	a, c	b	a, c	—

(3) $e_1 = e_1 * e_2 = e_2$、よって左右の単位元は一致する。e' が単位元とすると、$e' = e_1 * e' = e_1$、$e' = e' * e_2 = e_2$ であるから、単位元は一意的である。■

[3] (1)

+	1	2	3	12	18	36
1	1	1	1	1	1	1
2	1	2	1	2	2	2
3	1	1	3	3	3	3
12	1	2	3	12	3	12
18	1	2	3	3	18	18
36	1	2	3	12	18	36

·	1	2	3	12	18	36
1	1	2	3	12	18	36
2	2	2	12	12	18	18
3	3	12	3	12	18	36
12	12	12	12	12	36	36
18	18	18	18	36	18	36
36	36	36	36	36	36	36

(2) 零元 (+ に関する単位元) = 36 (・に関する) 単位元 = 1

(3) それぞれの単位元以外は逆元は存在しない。

[4] (1) 成立 (2) 不成立 (3) 成立 (4) 不成立 (5) 不成立 (6) 成立 (7) 成立

[5] (1)(a) (1 4)(2 3 5) (b) (1 5 3 4)(2 6 7) (c) (1 3 5 6 7)(4 8) (2) 例を挙げる $(2\ 4\ 1\ 3) = (2\ 3)(2\ 1)(2\ 4)$、$(1, 4, 2, 5, 3) = (1\ 3)(1\ 5)(1\ 2)(1\ 4)$ (3) 省略。

[6] (1) (4 5)(2 3)(3 4)(1 2)(2 3)(4 5)(3 4)(1 2)(4 5)(2 3) (2) 省略。

[7] (1) $3! = 6$ (2) 省略 (3) $\alpha = (1\ 2\ 3)$ を生成元とする位数3の巡回群、$\beta_1 = (1\ 2), \beta_2 = (1\ 3), \beta_3 = (2\ 3)$ をそれぞれ生成元とする位数2の巡回群、計4通り。

[8] (1) 巡回置換 C のベキをとると対応が1つずつずれるから、C^i は i ずれる。C^k で恒等置換となる。(2)(a) (1 4 3)(2 5) だから、3と2の最小公倍数で、$i = 6$。他は省略。

[9] (1) e, e' が単位元であるとすると、$e' = e * e' = e$ ■ (2) $x \in G$ の逆元を x', x'' として、

$x'=x'*e=x'*(x*x'')=(x'*x)*x''=e*x''=x''$、よって逆元は一意的である。■

(3) $(a・b)^{-1}・(a・b)=e$, $(b^{-1}・a^{-1})・(a・b)=b^{-1}・(a^{-1}・a)・b=b^{-1}・b=e$、よって、逆元の一意性より、与式が成立する。■

[10] (1) f が全単射であるためには、任意の $b \in G$ に対して $b=a*x$ となる x が存在すればよい(3章演習問題[15]参照)。実際、$x=a^{-1}*b \in G$ である。g についても同様である。■

(2) H が単位元を有し、H の各要素の逆元が H に属すればよい。$f(x)=a*x$, $a \in H$ とする。$*$ は H に閉じているから、任意の $x \in H$ に対し $f(x) \in H$ である。よって、$a*H = \{f(x) | x \in H\}$ とすると、$a*H \subset H$ である。ところで、f は全単射であるから、$a*H$ と H は要素数が等しい。ゆえに、$a*H=H$ である。さて、$f(x)=a$ となる要素 $x \in H$ は単位元 e である。また、$f(x)=e$ となる要素 $x \in H$ は、a の単位元である。ともに H に属する。これは任意の $a \in H$ について同様である。■ (3) 省略。

[11] (1) 左合同関係 R_L が、反射的、対称的、推移的であることを示す。式(7.17)で、$h=e \in H$ とすれば、$aR_L a$ が成立するから反射的。$h'=h^{-1} \in H$ とすれば、$aR_L b \to bR_L a$ が成立するから対称的。$h_1*a=b$, $h_2*b=c$ とすると、$h=h_2*h_1 \in H$ とすれば、$(aR_L b \wedge bR_L c) \to aR_L c$ が成立するから推移的。■ (2) 結合律の成立と、単位元および逆元の存在を示せばよい。$[a]*([b]*[c])=[a]*(\{y*z|y \in [b], z \in [c]\})=\{x*(y*z)|x \in [a], y \in [b], z \in [c]\}=\{(x*y)*z|x \in [a], y \in [b], z \in [c]\}=(\{x*y|x \in [a], y \in [b]\})*[c]=([a]*[b])*[c]$. 単位元を e とすると、定義より、$[e]=\{x*e|x \in H\}=H$ で、$[e]*[a]=\{x*y|x \in [e], y \in [a]\}=\{x*y|x \in H, y \in [a]\}=[a]$. よって、$G/H$ の単位元は $[e]=H$. a の逆元を a' とすると、$[a']*[a]=\{x*y|x \in [a'], y \in [a]\}=\{x*y|x=h'*a', y=h*a, h' \in H, h \in H\}=\{z|z=(h'*h)*(a'*a), h' \in H, h \in H\}=\{z|z=h''*e, h'' \in H\}=H=[e]$ となる。以上より、$(G/H; *)$ は群をなす。■

[12] (1) 生成元:2, 10 (2) (3)省略。

[13] 演算表は省略。(1)巡回群、(2)対称群、(3)は可換群で、置換を順に M_0, M_1, M_2, M_3 とすると、M_0 は単位元、$M_i, i=0, 1, 2, 3$ の逆元は自分自身。

[14][15] 省略。

[16] 省略。すべての要素に逆元が存在することを示せばよい。

[17] (1) 性質の式で、$a \to c, b \to a, c \to b$ と置き換えると、$(c*a)*(a*b)=a$ となるから、これを左辺に代入すると、左辺 $=((c*a)*(a*b))*((a*b)*c)$ となり、性質の式より、$=a*b=$ 右辺。■ (2) 省略。

[18] (1) $(a*b)*(a*b)=(a*a)*(b*b)=a*b$ ■ (2) $(a*b)*c=a*(b*c)=a*(c*b)=(a*c)*b=(c*a)*b=c*(a*b)$ ■

[19] (1) $a*b=a*(a*a)=(a*a)*a=b*a$ ■ (2) $a*b=x$, $x \in \{a, b\}$ として、

$a*x=a*a*b=b*b$。$x=a$ とすると、$b*b=a*x=a*a=b$、$x=b$ とすると、$b*b=a*x=a*b=b$。いずれにしても、$b*b=b$ である。■

[20] 省略。(3)は、零因子が存在することを示せばよい。

[21] 省略。結合律の成立を確認し、単位元、逆元を示せばよい。

[22] 乗法に関する逆元が存在すればよい。まず、任意の $a \in F, a \neq 0$ について、F から F への写像 $f(x)=a \cdot x$ が全単射であることを示す。f が単射でない、つまり、ある $x_1, x_2 \in F$ が存在して $f(x_1)=f(x_2)$ かつ $x_1 \neq x_2$ であると仮定する(背理法の仮定)。そうすると、$a \cdot x_1 = a \cdot x_2$ であるから、この両辺に $-(a \cdot x_1)$ を加えると、左辺 $= a \cdot x_1 + (-(a \cdot x_1)) = 0$、よって、右辺 $= a \cdot x_2 + (-(a \cdot x_1)) = a \cdot x_2 + a \cdot (-x_1) = a \cdot (x_2 + (-x_1)) = 0$。$F$ には零因子がなく $a \neq 0$ であるから、$x_2 + (-x_1) = 0$。この両辺に x_1 を加えれば $x_2 = x_1$ となり、背理法の仮定と矛盾する。したがって、f は単射である。F は有限集合であるから、この写像 f は全単射である。f が全単射であるならば、$a \cdot x = a$ となる $x \in F$ が存在する。$x = a^{-1} \cdot a = 1$ であるから単位元 $1 \in F$ が存在する。また、任意の y に対して、$y \cdot x = 1$ となる $x \in F$ が存在し、それは逆元 y^{-1} である。

第8章 演習問題

[1] 省略。

[2] 図は省略。(1)(3)順序関係 (2)(4)順序関係ではない((2)では(0,1)と(1,0)の関係があいまいである。)

[3] 反射律、反対称律、推移律を示す。関係を R とする。(1) 本文中に示した。他は、これを参考にすればよい。省略。

[4] (1) 関係グラフは省略。

関係行列 $R = \begin{pmatrix} & A & B & C & D \\ A & 0 & 1 & 0 & 0 \\ B & 0 & 0 & 0 & 0 \\ C & 1 & 0 & 0 & 1 \\ D & 0 & 0 & 0 & 0 \end{pmatrix}$ 　(2) $R^* = \begin{pmatrix} 1 & 1 & 0 & 0 \\ 0 & 1 & 0 & 0 \\ 1 & 1 & 1 & 1 \\ 0 & 0 & 0 & 1 \end{pmatrix}$ 　(3) 省略。

[5]

	極大元	極小元	上界	下界	上限	下限
(1)	c	g	{a,c}	{g}	c	g
(2)	a	d	{a}	{d,f,g}	a	d
(3)	d,e	f,g,h	{a,c}	−	c	−
(4)	c	d	{a,c}	{d,f,g}	c	d
(5)	−	−	{a,c}	{g}	c	g
(6)	c	g	{a,c}	{g}	c	g

[6] (1) A,B,C いずれも、最大元 $=a$、最小元 $=f$ (2) {b,c}について、A:{a},{f}、B:{a},{d,e,f}、C:{a},{d,f}。{a,c}は省略。(3) {b,c}について、A:a,f、B:a,−、

C：a, d。{a,c}は省略。(4) A, Cは束、ともに、零元＝f, 単位元＝a
[7] 省略。Uは束とはならない。
[8][9] 省略。
[10] 省略。Xの分割は、15通り。
[11] 省略。Xの分割は、図8.6参照。
[12] (1) 上限の定義より、$\sup(x,y) \geqq x$■ (2) 上界の定義より、$z \in \mathrm{Upper}(\{x,y\})$で、$x+y = \min(\mathrm{Upper}(\{x,y\})) \leqq z$■ (3)(4) 省略。(5) 上限の定義より、$x+(y+z) = \sup(\{x, \sup(\{y,z\})\}) = \sup(\{x,y,z\}) = \sup(\{\sup(\{x,y\}), z\}) = (x+y) + z$■ 積については省略。(6) $x+(x \cdot y) = \sup(\{x, \inf(\{x,y\}) = x (x \geqq \inf(\{x,y\})$だから$)$■ もう一方は省略。
[13] 省略。ヒント：(1)は ABCDE を展開して、まとめればよい。(2)は、F, G, H, I を P, Q, R, S の式で表して、FGHI を展開する。(3)は、(2)と同様にして、ABCDE を展開する。
[14] 式(8.23)で、$y=x$とすると、$x+x=x$だから$x \geqq x$となり反射的。$x \geqq y$かつ$y \geqq x$ならば$x+y=x$かつ$y+x=y$なので、$x=y$、よって反対称的。$x \geqq y$かつ$y \geqq z$ならば、$x+y=x, y+z=y$となり$x=x+y=x+(y+z)=(x+y)+z=x+z$なので、$x \geqq z$、よって推移的。以上より$\geqq$は順序関係である。■ 式(8.24)が成立するとき、$x+y=x+x \cdot y=x$（吸収律より）だから、式(8.23)が成立するから、同じ順序関係となる。■
[15] 吸収律$x \cdot y + x = x$において、$y \to x+y$の置き換えを行うと、$x \cdot (x+y) + x = x$となるが、左辺第1項はもう一つの吸収律よりxとなるから、$x+x=x$を得る。■ $x \cdot x = x$についても同様である。
[16] $O+I=I, O \cdot I = O$であるから、互いに補元である。
[17] (1) 反例は省略。[6] A：分配束でない、C：分配束、[8] 分配束でないもの：(3), (6)、[9] 分配束でないもの：(4), (6), (7)。(2) 零元、単位元はすべて存在する。(3) ブール束は、[8](1)、[9](1), (3), (8)
[18][19] 省略。
[20] (1) $x\bar{y} + \bar{x}y$、あるいは、$(x+y)(\bar{x}+\bar{y})$ (2) $x \cdot y \cdot \bar{z} + x \cdot \bar{y} \cdot \bar{z} + \bar{x} \cdot y \cdot \bar{z} + \bar{x} \cdot \bar{y} \cdot z$ (3) $(x+y)(y+z)(z+x)$
[21] (1) $p = I \cdot p = (x+\bar{x}) \cdot p = x \cdot p + \bar{x} \cdot p = x \cdot q + \bar{x} \cdot q = (x+\bar{x}) \cdot q = I \cdot q = q$ ■ (2) 省略。
[22] (1) 十分条件：$x=y$ならば、$x+\bar{y}=I$かつ$x \cdot \bar{y}=O$は自明。必要条件：補元の一意性より、$\bar{y}$はxの補元、よって、$x=y$■ (2) 十分条件は自明。必要条件：$O = x \cdot \bar{y} + \bar{x} \cdot y = (x+y) \cdot (\overline{x \cdot y}) = (x+y) \overline{(x \cdot y)}$、$(x+y) + \overline{x \cdot y} = (x+y) + \overline{(x \cdot y)} = I$、よって、$\overline{x \cdot y}$は$x+y$の補元。ゆえに、$x+y=xy$。$x = xy + x = (x+y) + x = x + y = (x+y) + y = xy + y = y$■ (3) 省略。必要条件は、条件から$\overline{x \cdot y}$が$x \cdot y$の補元であることを導けば$xy=x$

$+y$ が得られるから、あとは(2)と同じ。

[23] (1) $x = x + O = x + (x + y) = x + y = O$、同様に $y = O$ ■ (2) 省略。 (3) 省略、吸収律を利用すればよい。

第9章 演習問題

[1] 省略。

[2] (1) 省略。 (2) 長さ2の径路のある節点間の関係。 (3) すべての要素が1となる。すべての節点間が長さ2以内で接続している。

[3] (1) 連結、カットポイント：B (2) 非連結、ブリッジ：(A,C) (3) 連結、カットポイント：A,B、ブリッジ：(A,B),(B,E)

[4] 省略。

[5] (A)(1) 3 (2) 4 (3) B,E,H (4) (B,C),(B,E),(E,H) (B)(1) A-E-F-I-J-G (2) たとえば、F-J (3) たとえば、片方向連結の例：A-F、弱連結の例：B-H

[6][7] 省略。

[8] (1) グラフは省略。aからbへ至る長さ2以下の有向径路の数：1、長さ4の有向径路：16 (2)(3)省略。

[9] 任意の $x, y, z \in V$ について、x から x への長さ0の径路があるから R は反射的、x から y への径路があれば y から x への径路もあるから R は対称的、x から y への径路と y から z への径路があれば x から z への径路もあるから R は推移的である。よって、R は同値関係。同値類は、連結な節点の集合。

[10] (1) 辺は節点対で構成され、節点の次数はその節点を端点とする節点の数であるから、辺の2倍が節点の次数の和となる。■ (2) 省略。 (3) (1)より節点の次数の和は辺の2倍であるから偶数である。よって奇節点は偶数個でなければならない。■ (4) $n=1$ のとき、辺の数は $n-1=0$ であるから、成立する。$n=k$ のとき $k-1$ 本以上の辺を有するとする。$n=k+1$ のとき、$n=k$ のグラフに節点を1つ加えて連結にするためには1本以上の辺を加える必要がある。よって、k 本以上の辺がある。以上より、任意の n について連結ならば $n-1$ 本以上の辺がある。■

[11] 節点数が n の連結無向グラフを G_n とする。基本段階：$n=1$ の G_1 が木であるのは、辺の数が0のとき、かつそのときに限る。帰納段階：$n=k$ のとき、G_k が木であるのは、辺の数が $k-1$ であるとき、かつそのときに限るとする。$n=k+1$ のとき、G_{k+1} は G_k に1個の節点 a を付け加えたものである。a と G_k の節点 b を1つの辺でつなぐと G_{k+1} は連結で閉路を持たないから、木である。a と G_k を2つ以上の辺でつなぐと G_{k+1} では必ず閉路が形成される。たとえば2つの節点 $b, c \in G_k$ を a とそれぞれ辺でつなぐと、G_k でも b, c 間に径路が存在したから、G_{k+1} では閉路が形成される。したがって、$n=k+1$ のと

き、G_{k+1} が木であるのは、G_k に辺を1つだけ加えたとき、つまり、辺の数が k のとき、かつそのときに限る。結論：以上より、任意の n について、G_n が木であるのは、$n-1$ 本の辺をもつとき、かつ、そのときに限る。■

[12][13] 省略。

[14] (1) 省略。 (2) 存在しない。 (3) 省略。

[15] 省略。

[16] 節点数3個、6個、7個の自己補グラフは存在しない。理由は省略。

[17] (1) 節点集合を $V=\{v_1,\cdots,v_6\}$ とする。節点 v_1 は、残りの5個のすべての節点 v_2〜v_6 と、G あるいは $\overline{G}$ で隣接する。したがって、G あるいは $\overline{G}$ のどちらかで少なくとも3個の節点と隣接する。v_1 が v_2,v_3,v_4 と G で隣接しているとしても一般性を失わない。もし、G で v_2,v_3,v_4 のうち少なくとも2つが隣接していれば、v_1 とあわせて三角関係が存在する。もし、どの2つも隣接していなければ、v_2,v_3,v_4 は $\overline{G}$ で三角関係にある。■

(2) 省略。

[18] 奇節点が0個のグラフはオイラーグラフであるから、オイラー閉路が存在し、周遊可能である。1個のグラフは存在しない（[10](1)参照）。2個のグラフは、奇節点間に辺を追加するとオイラーグラフになる。そのグラフのオイラー閉路から追加した辺を除去すると、奇節点を終端節点とする周遊小道が得られる。■

[19] 省略。

[20] すべて存在する。

[21] 数学的帰納法による。基本段階：$n=2$ のとき、n-cube は $2^2=4$ 個の頂点からなる正方形であり、ハミルトン閉路が存在する。（$n=1$ のときは、2個の頂点からなる直線で閉路はない）

帰納的段階：$n=k$ のとき、n-cube は 2^k 個の頂点からなる超立方体であり、ハミルトン閉路が存在すると仮定する。閉路を構成する辺の1つを (p,q)（ただし、p,q は辺の両端の頂点である）として、閉路からこの辺を除いて得られる p から q へ至る順路を L_1 とし、それを逆に廻る q から p への順路を L_2 とする。$n=k+1$ のときの n-cube は、2つの $n=k$ の n-cube A と B を置き、それらのすべての対応する頂点どうしを辺でつないで得られる、2^{k+1} 個の頂点からなる超立方体である。A の辺 (p,q) に対応した B の辺を (p',q') とすると、$(p,p'), (q,q')$ が辺でつながれる。A における順路 L_1 は p から q への順路 L_A、B における順路 L_2 は q' から p' への順路 L_B とする。p から q への順路 L_A、q から q' への辺 (q,q')、q' から p' への順路 L_B、p' から p への辺 (p',p)、で構成される順路は閉路であり、$n=k+1$ の n-cube におけるハミルトン閉路になっている。

結論：以上より、任意の n について、n-cube はハミルトン閉路を有する。■

$n=2$ の2つの n-cube A,B の対応する節点を辺でつないで、$n=3$ の n-cube を構成す

る例を示しておこう。

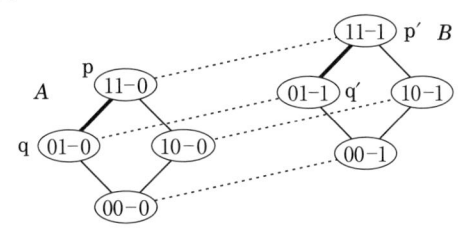

```
         p  ┌──────┐         ┌──────┐ p'  B
       ┌────┤ 11-0 │─────────│ 11-1 │────┐
     A │    └──────┘         └──────┘    │
       │         ┌──────┐ q' ┌──────┐    │
       │    ┌────│ 01-1 │────│ 10-1 │    │
       │    │    └──────┘    └──────┘    │
     q ┌────┴─┐         ┌──────┐         │
       │ 01-0 │─────────│ 10-0 │         │
       └──────┘         └──────┘         │
                 ┌──────┐                │
                 │ 00-1 │────────────────┘
                 └──────┘
                 ┌──────┐
                 │ 00-0 │
                 └──────┘
```

[22]　基本段階：$V=1, E=1$ のとき、$R=2$ だから、$V-E+R=2$ が成立する。
　　帰納段階：$V=v, E=e$ のとき、$R=r$ として、$v-e+r=2$ であると仮定する。
　　　$V=v, E=e+1$ のとき、追加した辺によって R が 1 増加しているから、
　　　　$v-(e+1)+(r+1)=v-e+r=2$ となり、やはり成立する。
　　　$V=v+1$ のとき、連結グラフとするには少なくとも辺を 1 つ追加しておく必要があるから、$E=e+1$ であり、このときは R は変化しない。よって、
　　　　$(v+1)-(e+1)+r=v-e+r=2$ となり、やはり成立する。
　　結論：任意の連結平面グラフは以上の手続きで得られるから、任意の連結連結平面グラフで、$V-E+R=2$ が成立する。■

第 10 章　演習問題

[1]　(1)(対偶を証明するのが簡単である。つまり、後件の(B)の否定から、前件の(A)の否定を導く。)連結でなければ、ある節点間に径路が存在しないことがある。また、閉路があれば、その閉路を構成している 2 つの節点間には少なくとも 2 つの径路が存在する。よって、(B)を否定すると(A)の否定が成立するから、(A)ならば(B)、も正しい。つまり、任意の節点間に 1 つだけ順路が存在すれば、連結で閉路をもたない。■

(2)　n 個の節点からなる連結で閉路をもたないグラフを A_n とする。数学的帰納法による。
　　基本段階：$n=1$ のとき、A_1 は 1 つの節点からなる。A_1 は連結で辺の数は $n-1=0$ であり、閉路をもたない。
　　帰納段階：$n=k$ のとき、A_k が $k-1$ 個の辺をもっていると仮定する。
　　　$n=k+1$ のとき、A_{k+1} の最長の順路(直径に沿った順路)を P とすると、P は閉路ではないから P には端点(次数=1の節点)が存在する。A_{k+1} からその端点とそれにつながる辺を 1 つ除いたものを A_k' とすると、A_k' は連結でかつ閉路をもたない。帰納法の仮定より A_k' は $k-1$ 個の辺をもつから、A_{k+1} は k 個の辺をもつ。
　　結論：以上より、任意の n について、A_n が連結でかつ閉路をもたなければ、$n-1$ 個の辺をもつ。■

(3)　$n-1$ 個の辺をもつ連結グラフを B とする。B に閉路が存在すると仮定する。閉路を

構成する辺を1つだけ除去したグラフを B' とすると、B' は連結である。B' に閉路が存在すればさらにこの手続きをして得られたグラフを B' とし、B' に閉路がなくなるまで続ける。最後に得られたグラフ B' は連結で閉路が存在しないが、辺の数は $n-1$ より少ない。ところで(2)で証明したことによれば B' は $n-1$ 個の辺を有するから、矛盾する。したがって、B には閉路が存在しない。■

(4) $n-1$ 個の辺をもち閉路をもたないグラフを C とする。C は閉路をもたないからループや多重辺をもつ多重グラフではない、つまり、単純グラフである。まず、C が連結であることを、背理法により示す。C が連結でないと仮定する。C の連結部分からなる部分グラフを $C_1, C_2, \cdots, C_k, k>1$ とし、各 C_i は n_i 個の節点からなるとすると、$n=\sum_i n_i$ である。各 C_i は、閉路をもたない連結グラフだから、(2)より n_i-1 個の辺をもつ。したがって、C のすべての辺の数は $\sum_i (n_i-1) < n-1$ となり、C が $n-1$ 個の辺をもつことと矛盾する。よって、C は連結である。C は連結であるから任意の節点間に順路が存在する。C で、ある2つの節点間に2つの異なる順路 P_1, P_2 が存在したとすると、P_1 の一部と P_2 の一部からなる閉路が存在することになるから、C に閉路が存在しないことと矛盾する。よって、C では任意の節点間に必ず1つだけ順路が存在する。■

[2] [1]より、n 個の節点からなる連結グラフは、$n-1$ 個の辺をもつならば閉路をもたないし、逆に、閉路をもたないならば $n-1$ 個の辺をもつ。よって、n 個以上の辺をもつ n 節点の連結グラフは閉路をもつ。■

[3] (1) 節点1個:1種、2個:1、3個:1、4個:2、5個:3 (2) 6 (3) 11 図は省略。

[4] 2節点:1種、3節点:2種、4節点:4種、5節点:9種、6節点:20種、7節点:48種。グラフは省略。

[5] 節点1個:1通り、2個:1通り、3個:2通り、4個:5通り、5個:14通り

[6] 省略。なお、R は、直接の対戦によって得られる勝敗結果を表すが、その推移的閉包 R^+ は、トーナメントによって決定された上下関係である。たとえば、CとBは直接対戦をしていないが、CがAの上位であり、AがBの上位であることから、推移的にCはBの上位である。R^* はこれに反射的関係を加えたものである。図は省略。

[7] (1) 省略。R が反射的、反対称的、推移的であることを示せばよい。 (2) 直接の対戦で、勝者を上位に敗者を下位に置くグラフを描く。このグラフは、対戦数は $n-1$ であるから、有向木である。最上位は優勝者の1人だけであるから、根は1つである。これは根付き木である。このグラフは、R^* のハッセ図になっている。■

[8] 全域木は3本の辺からなる。${}_5C_3=10$ 通りのうち、2通りは連結ではない。全域木は8通り。図は省略。

[9] 省略。

演習問題略解　215

[10]　省略。最適径路は、S-B-C-E-D-G。
[11]　省略。最小全域木は 2 通り。
[12]　(1) nil　(2) a　(3) a-b　(4) a-b(下にa)　(7) a-b(下にa,b)　(12) a-b-c(下にnil)

他は省略。
[13]

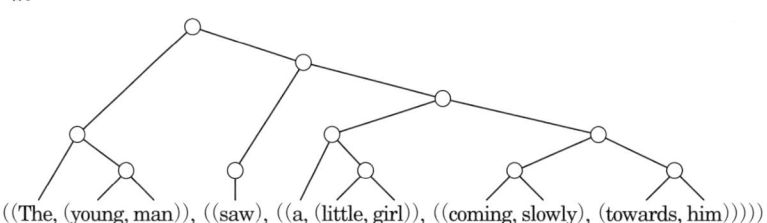

((The, (young, man)), ((saw, ((a, (little, girl)), ((coming, slowly), (towards, him)))))

[14]　$((2+3) \times 4) + 5, (2+3) \times (4+5), (2+(3 \times 4)) + 5, 2+((3 \times 4) + 5), 2+(3 \times (4+5))$
の 5 通り（うち 3 番目と 4 番目は同じ計算結果となる）。中値記法解釈は 3 番目。

[15]　$x+(x+x) \times x+(x \times x+x \times x), (x+((x+x) \times x)) + ((x \times x) + (x \times x))$

[16]　構文木は省略。(1)　前置記法：＋１×２－３４，後置記法：１２３４－×＋
(2)　前置記法：×＋１２－３４，後置記法：１２＋３４－×　　(3)-(6)は省略。

[17]　省略。

[18]　F を前置記法数式の集合とする。F の形成規則を帰納的に示す。
　(a)　$x \in F$
　(b)　$P \in F, Q \in F$ ならば，$+PQ \in F, \times PQ \in F$
　(c)　以上の手続きを有限回適用して得られるものだけが F の要素である。
後置記法は省略。

[19]　省略。

[20]　省略。前置記法は構文木の前順序探索で得られるから，構文木との関係で考えよ。

[21]　省略。

[22]　省略。WGCM－が初期状態，－WGCM がゴール状態。状態の遷移は，M だけかあるいは M と他の 1 つを一緒に，"－"の片側から反対側へ移動させて行う。危険な状態は実現しない禁止状態とする。状態を節点とし，遷移の可能な状態間を辺でつないで，有向グラフを作成すればよい。

[23]　省略。天秤は，右下がり，平衡，左下がりの 3 通りを区別できるから，探索木は 3 分木とするのがよい。
ヒント：状態は，にせがねの可能性のあるコインの候補リストで，探索木の葉はコインが

1つだけ残っているリストである。(1)では、(1 2 … 9)が初期リストで、探索木の根となる。葉は(1), (2), …, (9)の9個ある。(2)では、軽いか重いか2通りの可能性があるから、それぞれでリストを作ることになる。2段に表すのが分りやすいだろう。上段を軽い方の候補リスト、下段を重い方の候補リストとすると、初期リストは $\begin{pmatrix} 1 & 2 & \cdots & 12 \\ 1 & 2 & \cdots & 12 \end{pmatrix}$ で、探索木の根となる。葉は、上段か下段のどちらかに1つだけ残っているリストで、24通りある。上段と下段に同じコインが残っている場合もあり得るが、にせがね検出という意味では、それを葉としてもよい。最短手順ならば、(1)は2回、(2)は3回の天秤の使用で、にせがねとその軽重判別ができる。

索　引

数字、アルファベット

0 項演算　110
1 項演算　27, 109, 112, 143, 187, 188
2 項演算　27, 60, 87, 109, 121, 138, 187
2 項関係　68
2 進木　173
2 の補数表現　94
2 部グラフ　161
2 分木　173, 178, 188
2 変数関数　42
2 変数写像　42
and 演算　5
if-then 命題　12
FIFO　181
LIFO　181
n 項組　36
n 進木　173
n 分木　173
not 演算　4
or 演算　5
RSA 暗号　103

あ 行

アーク　151
後入れ先出し　181
後順序探索　189
アッカーマン関数　57
アトム　1, 63, 176
アーベル群　114
アルゴリズム　51, 58, 60, 102

アルファベット　121, 134
暗号　101, 103
暗号化　101
暗号化鍵　102
暗号化関数　102
暗号文　101
因子群　117
因数　90
因数分解　90
上への写像　38
裏　11
裏命題　11
枝　172, 173
エッジ　151
エラトステネスの篩　104, 105
演算　26
演算結果　26
演算表　109
オイラーグラフ　162
オイラー図　27
オイラーの定理　165, 169
オイラー閉路　162
重み　183
重み付きグラフ　184
親節点　173

か 行

外延的記法　19
開始節点　177
開始セル　179
換字法　107
下界　137
可換　112

可換環　124
可換群　113, 114, 118
可換代数系　112
可換律　112
加群　114
下限　137, 138, 140, 144
仮言的三段論法　10
仮言的命題　10
加算　26, 109
可算集合　22, 52
片方向連結　155, 156
価値評価　184
カットポイント　155
合併集合　26
可付番集合　22, 52
加法　26, 109
加法演算　109
加法表　109
可補束　141
環　90, 124, 126
含意　7, 9, 12, 29, 76
関係　34, 68
関係行列　43, 74, 134
関係グラフ　73
関係データベース　72
関係の積　71
関数　40, 42
間接法　11
完全2部グラフ　161
完全グラフ　160
完全系　146
完全探索木　179
完全有向グラフ　161
カントールの対角線論法　53
環和　98
木　161, 170, 171, 174
偽　1
奇偶性　119

基数　51
奇節点　154
奇置換　119
帰納的構成的定義　56
帰納的定義　56
帰納法　54
帰納法の仮定　54
基本命題　1
逆　11
逆演算　114
逆関係　70
逆関数　41
逆元　88, 96, 111, 112, 114, 118, 122, 124
逆元の一意性　114
逆写像　41
逆数　88, 99
逆対応　35
逆置換　46
逆部分写像　41
逆ポーランド法　187
逆命題　11
逆有向辺　155
吸収律　28, 144
狭義の1対1対応　35
兄弟節点　173
共通鍵方式　103
共通集合　27
行列のブール積　75, 158
行列のブール和　74, 79, 158
強連結　155, 156
極小元　136
極大元　136
距離　155
空語　121
空集合　19
空集合の性質　28
偶節点　154

索　引　219

空対応　34
偶置換　119
空リスト　64, 177
グラフ　151
グラフの探索　177
繰り返し2乗法　93
クルスカルのアルゴリズム　186
群　113, 121
形式言語　121
径路　154, 155
経路の長さ　154
結合律　25, 28, 44, 87, 88, 96, 112, 114, 121, 139, 144
決定木　172
結論　7
ゲーム木　180
元　18
減算　96
原像　37
言明　1
限量記号　3
限量子　3
弧　151
語　134
公開暗号鍵　103
交換律　25, 28, 87, 88, 96, 112, 139, 143
広義の1対1対応　35
後件　7
後者関数　55
合成数　90
合成関係　71
合成写像　43
後置記法　187
合同　92, 95, 115, 116
合同方程式　105
恒等関係　71
恒等写像　39

恒等置換　46
構文木　186, 188, 190
公約数　91
互換　118
コスト評価　184
子節点　173
語の長さ　121
小道　154
孤立点　154
ゴール　177

さ 行

差　27
再帰的定義　56
最小元　136, 139
最小公倍数　137
最小全域木　185
最大元　136, 139
最大公約数　61, 91, 137
最適探索　185
細分　135, 140
先入れ先出し　181
三段論法　10
自己補グラフ　162
始集合　37
辞書式順序　175
次数　154, 173
始節点　152
自然数　20
自然数の公理　55
自然数の分割　136
自然数のラベル　56
四則演算　26, 45, 87, 89, 92, 97, 123, 187
実数　20, 87
実数体　87, 123
姉妹節点　173
自明な部分代数系　112

弱隣接行列　158
弱連結　155, 156
写像　37, 42
写像の合成　43, 71, 118
集合　18
集合族　23
集合代数　143, 145
集合表現　156
終集合　37
終節点　152
十分条件　13
自由モノイド　122
周遊可能グラフ　162
周遊可能小道　162
主値　42
出次数　154
十進位取り記法　56
巡回群　119
巡回セールスマン問題　165
巡回置換　118
巡回モノイド　122
循環論法　56
順序関係　80, 131, 174, 175, 176, 183
順序木　174, 177, 183, 188, 190
順序集合　132
順序対　35, 68, 70, 73, 156
順序根付き木　174
順命題　11
順路　154
商　90
上界　137
商群　116
条件　7
条件付き言明　8
条件付き命題　7, 9, 10, 12, 14
上限　137
乗算　109
商集合　81, 95

商代数系　116
乗法　109
乗法演算　109
乗法表　109
剰余　90
剰余演算　92, 99
剰余群　116
剰余類　95, 116
所属表　23
除法定理　90
シロギズム　10
真　1
真部分集合　22
真理値　1
真理値表　4
推移的　76
推移的関係　77
推移的閉包　77, 147, 174, 191
推移律　77, 131
数学的帰納法　54
数式の構文木　188
スタック　181
整域　126
正規部分群　116
整除　90
整数環　90, 124
生成元　119, 122
正則　173
正則グラフ　160
成分　35, 63, 157, 176
積　5, 25, 43, 44, 71, 75, 96, 117, 138
積集合　27
切断点　155
節点　73, 151
節点ラベル　152
接頭辞　134
接尾辞　134
全域木　171

全域的写像　37
全仮言的三段論法　10
線形リスト　177
選言　5
前件　7
全射　38
全順序関係　132
全称記号　3
全体集合　24
全体集合の性質　28
全単射　39
前置記法　187
素因数　90
像　37
双対律　142
相補律　24, 28
束　138
素数　90
素数定理　90
素命題　1
存在記号　3

た 行
体　87
対応　34
対偶　11
対偶命題　11
対偶問題　10
ダイクストラ　184
ダイグラフ　152
対合律　4, 28
対合律(二重否定)　144
対称群　118
対称的　76
対称的関係　77
対称律　77
代数系　87, 110
対等　39, 51

代表元　81
互いに素　28, 91
多価関数　40
高さ　173
多項式環　125
多重グラフ　152
多重集合　18
多重有向グラフ　153
縦型探索　180
多変数関数　42
多変数写像　42
単位元　88, 96, 111, 112, 118, 121, 139, 143
単位元の一意性　114
単位元の存在　88, 121
単位的環　124
単位的半群　121
探索木　179
単射　38
単純グラフ　152
単純閉路　154
単純有向グラフ　153
単純有向閉路　155
端点　170
値域　38
置換　39, 44, 45, 101, 117, 118, 119, 158
置換群　118
置換の積　45, 117
地図　165
中置記法　69, 187
中置記法の解釈規則　187
稠密　22
頂点　151
直積　35, 42, 50, 68
直和　28, 95, 116
直和分割　28, 81, 116, 135
直径　155

定義域　37
定数　2
ディレクトリ　172
デリミタ　175, 176
点　151
同一律　24
同型　153
同型グラフ　153
同型写像　154
同値　7, 12, 13
同値類　81, 93, 115, 116, 161
同値関係　80, 93, 115, 161
特性関数　24
ドメイン　2
ド・モルガン律　6, 28, 144

な 行

内包的記法　19
中順序探索　189
中への写像　38
二重帰納法　55
二重否定　4
入次数　154
根　171
根枝表現　177
根付き木　161, 171, 173, 174, 175
濃度　51
ノード　151

は 行

葉　171
排他的選言　7
排他的論理和　7, 98
排中律　24, 28
背理法　14
背理法の仮定　14
橋　155
パス　172

派生語　134, 175
派生語関係　134
派生語の木　175
バックトラック　181
ハッセ図　133, 152, 175
鳩の巣原理　40
ハノイの塔のパズル　62
幅優先探索　180
ハミルトングラフ　165
ハミルトン閉路　165
林　161
半群　121
反射的　76
反射的かつ推移的閉包　78, 147, 174, 191, 192
反射的関係　77
反射律　77, 131
半順序関係　132
反射称的　76
反対称的関係　77
反対称律　77, 131
ハンティントンの公理　142
反転　98
反例　3
非可換　121
非可換群　118
非可換モノイド　121
比較可能　132
比較不能　132
引数　2
左合同関係　115
左同値類　115
必要十分条件　13
必要条件　13
否定　4, 145
一筆書き　162
非平面グラフ　165
評価　26, 184, 187

索　引　223

平文　101
フィボナッチ数列　59, 67
フェルマーの小定理　100, 107
深さ　173
深さ優先探索　180
復号鍵　102
復号関数　102
複合命題　1
複素数体　123
部分木　173
部分木根　173
部分グラフ　153
部分群　115
部分写像　36, 37
部分集合　22
部分代数系　111
普遍集合　23
ブリッジ　155
ブール演算　145
ブール関数　146
ブール形式　146
ブール積　145
ブール束　142
ブール代数　142, 143
ブール変数　145
ブール和　145
分割　28, 135, 140
分割境界　135
分岐次数　173
分岐節点　170, 172
分岐節点表現　177
分配束　140
分配律　25, 28, 88, 89, 122, 124, 140, 143
ペアノの公理　55
閉包　121
平面グラフ　165
平面地図　165

平面的グラフ　165
閉路　154
ベキ演算　120
ベキ集合　23
ベキ等律　24, 28, 144
辺　151
変域　2
変換群　118
ベン図　27
変数　2, 36
辺ラベル　152
包括的選言　7
包含する　22
包除原理　27
補　26, 144
補演算　143
補グラフ　162
補元　141
補元の吸収　144
補集合　27
法　92, 97, 115
ポーランド記法　187

ま 行

枚挙法　19
前順序探索　189
交わり　27
待ち行列　181
右同値類　116
道　154
未定義　37
未定義域　37
無限グラフ　152
無限集合　19
無限束　138
無向グラフ　152
無向辺　152
矛盾律　24, 28

命題　1
命題関数　2
命題記号　1
盲目的探索　182
モダス・ポネンス　10
モノイド　121
森　161

や 行
約数　90
約数関係　133
有限グラフ　151
有限集合　19
有限束　138
有限体　97, 124
有限代数系　111
有向木　171
有向グラフ　152
有向径路　155
有向弧　152
有向小道　155
有向順路　155
有向閉路　155
有向辺　72, 152
有理数　22
有理数体　123
ユークリッドの互除法　61, 62, 91
要素　18
横型探索　180

ら 行
ラベル付きグラフ　152
離散グラフ　151
離散指数関数　100

離散集合　20
離散対数　101
離散代数系　111
リスト　63, 157, 176, 185, 186, 187, 189
リスト構造　178
両立する　111
隣接関係を保存　153
隣接行列　157
累積帰納法　55
ルカシヴィッチ　187
ループ　73
ループ辺　152
零因子　125
零元　88, 96, 112, 122, 124, 139, 143
連結　155
連結グラフ　155, 161, 170
連言　5
連鎖律　10
連接　121
連接演算　134
論理関数　146
論理式　24, 146
論理積　5, 145
論理代数　145
論理否定　4, 145
論理和　5, 145

わ 行
和　5, 26, 70, 74, 95, 123, 138, 159
和グラフ　159
和集合　27
割り切る　90

著者略歴

小 倉 久 和（おぐら　ひさかず）
1969 年　京都大学理学部物理学科卒業
1977 年　京都大学大学院理学研究科博士課程修了
1979 年　高知医科大学(医学情報センター)
1988 年　福井大学工学部情報工学科
1999 年　福井大学工学部知能システム工学科
2006 年　福井大学大学院工学研究科
現　在　福井大学名誉教授(理博)

著　書

『情報の論理数学入門』（近代科学社，共著）
『情報科学の基礎論への招待』（近代科学社）
『形式言語と有限オートマトン入門』（コロナ社）
『人工知能システムの構成』（近代科学社，共著）
『情報の基礎離散数学』（近代科学社）
『技術系の数学』（近代科学社）
『はじめての離散数学』（近代科学社）
『文理融合 データサイエンス』（共立出版，共著）など

離散数学への入門
――わかりやすい離散数学――

Ⓒ 2005　小倉久和　　　　　　　Printed in Japan

2005 年 12 月 10 日　初 版 発 行
2022 年 9 月 30 日　初版第11刷発行

著　者　小　倉　久　和
発行者　大　塚　浩　昭

発行所　株式会社 近代科学社

〒101-0051　東京都千代田区神田神保町 1-105
お問合せ先：reader@kindaikagaku.co.jp
https://www.kindaikagaku.co.jp

大日本法令印刷　　　　ISBN978-4-7649-0321-0

定価はカバーに表示してあります。